房建地基工程施工
及处理技术研究

主　编　张晓林

文化发展出版社
Cultural Development Press

图书在版编目（CIP）数据

房建地基工程施工及处理技术研究 / 张晓林主编 . —北京：文化发展出版社，2020. 12
(2022.1重印)

ISBN 978-7-5142-3253-0

Ⅰ . ①房… Ⅱ . ①张… Ⅲ . ①地基－基础（工程）－工程施工－研究 Ⅳ . ① TU47

中国版本图书馆 CIP 数据核字（2020）第 207617 号

房建地基工程施工及处理技术研究

主　　编：张晓林

责任编辑：唐小君　　　　　　责任校对：岳智勇

责任印制：邓辉明　　　　　　责任设计：侯　铮

出版发行：文化发展出版社有限公司（北京市翠微路 2 号 邮编：100036）

网　　址：www. wenhuafazhan. com

经　　销：各地新华书店

印　　刷：阳谷毕升印务有限公司

开　　本：787mm×1092mm　1/16

字　　数：305 千字

印　　张：16.875

印　　次：2021 年 5 月第 1 版　2022 年 1 月第 2 次印刷

定　　价：48. 00 元

I S B N：978-7-5142-3253-0

◆ 如发现任何质量问题请与我社发行部联系。发行部电话：010-88275710

编委会

作　者	署名位置	工作单位
张晓林	主　编	中铁十一局集团建筑安装工程有限公司

前　言

　　建筑地基施工是整个建筑项目的基础环节，地基施工技术的选择的合理性和工程质量有着密切的联系。建筑地基施工主要是指对于下卧层和持力层的施工，一旦出现质量问题就可能造成巨大安全事故。极端天气和自然灾害频发，不同区域的地质条件存在巨大差异，这些问题都对建筑地基施工技术提出了更高的要求。建筑施工企业要重视地基施工技术的创新和优化，要由专业技术人员在建筑地基工程施工之前进行科学调研。逐步的完善地基施工技术的每一个步骤，为提升建筑施工质量打下坚实基础。

　　当建设建筑区域的地基强度、稳定性不足或者是其压缩性比较大时，则需要对其进行一定的地基处理，由此可见，地基处理的目的实质就在于采取一定的手段来提高地基土的抗剪强度，增大地基的承载力和改善土的压缩特性，以便达到满足工程建设的需要。

　　工程建设中，地基处理的对象一般包括软弱的地基和不良地基，前者指的是地表下一定深度范围内存在着一定的软弱土，而软土层一般包括淤泥、淤泥土质、冲填土、杂填土以及粉土等等。通过一系列实验知道这类土的工程特性是压缩性高、强度比较低，使得其在实际中比较难满足地基承载力和变形的要求，而不良地基一般包括湿陷性黄土、膨胀土、土洞地基等等。

　　为了满足地基工程施工和地基处理技术研究及工作人员的实际要求，作者翻阅大量地基工程施工和地基处理技术的相关文献、并结合自己多年的实践经验编写了此书。

　　由于编写时间和水平有限，尽管编者尽心尽力，反复推敲核实，但难免有疏漏及不妥之处，恳请广大读者批评指正，以便做进一步的修改和完善。

《房建地基工程施工及处理技术研究》编委会

目录

第一章　条形基础施工 1

第一节　基坑（槽）施工 1

第二节　基地检验 2

第三节　条形基础施工 6

第二章　筏板基础施工 10

第一节　深基坑施工 10

第二节　复合地基施工 19

第三节　筏板基础施工 25

第四节　基础验收、回填 29

第三章　粉喷桩复合基础施工 32

第一节　粉喷桩施工 32

第二节　粉喷桩检测、验收 37

第四章　预制钢筋混凝土柱基础施工 41

第一节　沉桩设备选用 41

第二节　沉桩施工 46

第三节　桩基验收 52

第五章　灌注桩基础施工 55

第一节　成　孔 55

第二节　吊放钢筋笼骨架 74

第三节　灌注水下混凝土 76

第四节　承台施工 82

第五节　桩基础检验、验收 85

第六章　柱下独立基础施工　91

第一节　基坑施工　91

第二节　基底检验　95

第三节　柱下独立基础施工　96

第四节　基础验收、回填　100

第七章　常见的地基处理技术　108

第一节　置换法　108

第二节　排水固结法　112

第三节　强夯法与挤密法　121

第四节　复合地基　142

第五节　土工聚合物　148

第六节　注浆加固法与深地层孔内强夯桩法　151

第八章　特殊土地基技术　178

第一节　湿陷性黄土的处理方法　178

第二节　膨胀土地基处理技术　186

第三节　冻土地基处理　201

第四节　土壤(或地基)液化处理与地基抗震　220

第九章　特殊条件下的地基处理技术　239

第一节　水下地基处理　239

第二节　冷冻法施工　245

第三节　建筑物纠倾与移位技术　248

参考文献　260

第一章　条形基础施工

第一节　基坑(槽)施工

一、基坑(槽)排水

在开挖基坑(槽)的一侧、两侧或四侧,或在基坑(槽)中部设置排水明沟,在四角或每隔 20~30m 设一集水井,使地下水流汇集于集水井内,再用水泵将地下水排出基坑(槽)外。排水沟、集水井应在挖至地下水位以前设置,排水沟、集水井应设在基础轮廓线以外,排水沟边缘应离开坡脚不小于 0.3m。排水沟深度应始终保持比挖土面低 0.4~0.5m,集水井应比排水沟低 0.5~1.0m,或深于抽水泵的进水阀的高度以上,并随基坑(槽)的挖深而加深,保持水流畅通,地下水位低于开挖基坑(槽)底 0.5m。一侧设排水沟应设在地下水的上游。一般小面积基坑(槽)排水沟深 0.3~0.6m,底宽应不小于 0.2~0.3m,水沟的边坡为 1.1~1.5,沟底设有 0.2%~0.5% 的纵坡,使水流不至阻塞。集水井截面为 0.6m×0.6m~0.8m×0.8m,井壁用竹笼、钢筋或木方、木板支撑加固。至基底以下井底应填以 20cm 厚碎石或卵石,水泵抽水龙头应包以滤网,防止泥沙进入水泵。抽水应连续进行,直至基础施工完毕,回填土后才停止。如为渗水性强的土层,水泵出水管口应远离基坑(槽),以防抽出的水再渗回坑内;同时抽水时可能使临近基坑(槽)的水位相应降低,可利用这一条件,同时安排数个基坑(槽)一起施工。

本法施工方便,设备简单,降水费用低,管理维护较易,应用最为广泛。适用于土质情况较好,地下水不很旺,一般基础及中等面积群和建(构)筑物基坑(槽)的排水。

二、基坑支护方法

根据不同的地形地质条件和开挖深度,结合施工现场条件,常用的基坑支护方法见表 1-1。

表 1-1　不同条件下的基坑支护方法

支撑方式	支撑方法	适用条件
锚拉支撑	水平挡土板支在柱桩的内侧,柱桩一端打入土中,另一端用拉杆与锚桩拉紧,在挡土板内侧回填土	适于开挖较大型、深度不大的基坑或使用机械挖土,不能安设横撑时使用
斜柱支撑	水平挡土板钉在柱桩内侧,柱桩外侧用斜撑支顶,斜撑底端支在木桩上,在挡土板内侧回填土	适用开挖较大型、深度不大的基坑或使用机械挖土时
型钢桩横挡板支撑	沿挡土位置预先打入钢轨、工字钢或 H 型钢桩,间距 1.0～1.5 m,然后边挖方,边将 3～6cm 厚的挡土板塞进钢柱之间挡土,并在横向挡板与型钢桩之间打上楔子,使横板与土体紧密接触	适于地下水位较低、深度不很大的一般黏性或砂土层使用
挡土灌注桩支护	在开挖基坑的周围,用钻机或洛阳铲成孔,桩径 400～500mm,现场灌筑钢筋混凝土桩。桩距为 1.0～1.5 mm,在桩间土坑挖成外拱形使之起土拱作用	适用于开挖较大、较浅(<5 m)基坑,邻近有建筑物,不允许背面地基有下沉、位移时采用
叠袋式挡墙支护	采用编织袋或划袋装碎石(砂砾或土)堆砌成重力式挡墙作为基坑的支护。在墙下部砌 500mm 厚块石基础,墙底宽由 1500～2 000mm,顶宽由 500～1200mm,顶部适当放坡卸土 1.0～1.5m,表面抹砂浆保护	适用于一般黏性土、面积大、开挖深度应在 5m 以内的浅基坑支护
短桩横隔板支撑	打入小短木桩,部分打入土中,部分露在地面,钉上水平挡土板,在背面填土,夯实	适于开挖宽度大的基坑,当部分地段下部放坡不够时使用
临时挡土墙支撑	沿坡脚用砖、石叠砌或用装水泥的聚丙烯扁丝编织袋、草袋装土、砂堆砌,使坡脚保持稳定	适于开挖宽度大的基坑,当部分地段下部放坡不够时使用

第二节　基地检验

一、表面检验槽法

(1)根据槽壁土层分布情况及走向,初步判明全部基底是否已挖至设计所要求的土层。

(2)检验槽底是否已挖至原(老)土,是否需要继续下挖或进行处理。

(3)检查整个槽底土的颜色是否均匀一致;土的坚硬程度是否一样,是否有局部过松软或过坚硬的部分;是否有局部含水量异常现象,走上去有没有颤动的感觉等。如有异常部位,要会同设计单位进行处理。

二、钎探检查验槽法

（1）钢钎的规格和质量：钢钎用直径 22~25mm 的钢筋制成，钎尖呈 60°尖锥状，长 1.8~2.0m。大锤用质量为 3.6~4.5kg 的铁锤。打锤时，举高离钎顶 50~70cm，将钢钎垂直打入土中，并记录每打入土层 30cm 的锤击数。

（2）钎孔布置和钎探深度：应根据地基土质的复杂情况和基槽宽度、形状而定，一般可参考表 1-2。

表 1-2　钎孔布置和钎探深度

槽宽/cm	排列方式及图示	间距	钎探深度/m
小于 80	中心一排	1~2	1.2
80~200	两排错开	1~2	1.5
大于 200	梅花形	1~2	2.0
柱基	梅花形	1~2	≥1.5m，并不浅于短边宽度

（3）钎探记录和结果分析，先绘制基槽平面图，在图上根据要求确定钎探点的平面位置，并依次编号制成钎探平面图。钎探时按钎探平面图标定的钎探点顺序钎探，最后整理成钎探记录表。

全部钎探完后，逐层分析研究钎探记录，然后逐点进行比较，将锤击数显著过多或过少的钎孔在钎探平面图上做记号，然后再在该部位进行重点检查，如有异常情况，要认真进行处理。

验槽内容包括尺寸、定位轴线、基底标高及土层是否达到设计要求的持力层。观察基槽土层变化的内容如图 1-1 和表 1-3 所示。

图 1-1　观察槽基土质变化情况示意图

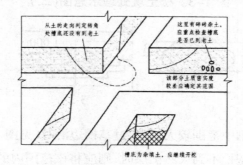

三、松土坑的处理方法

（1）松土坑在基槽中范围内（见图 1-2）

将坑中松软土挖除，使坑底及四壁均见天然土为止，回填土与天然土压缩性相近的材料，当天然土为砂土时，用砂或级配砂石回填；当天然土为较密实的

表 1-3 观察验槽

观察项目		观察内容
槽壁土层		土层分布情况及走向
重点部位		应选择在柱基、墙角、承重墙下或其他受力较大的部位
整个槽底	槽底土质	是否挖到老土层上
	土的颜色	是否均匀一致
	土的坚硬	是否坚硬一致、是否局部过松
	土层行走	有没有局部含水量异常现象，行走是否有颤动的感觉

黏性土用 3:7 灰土分层回填夯实;天然土为中密可塑的黏性土或新近沉积黏性土,可用 1:9 或 2:8 灰土分层回填夯实,每层厚度不大于 20cm。

图 1-2 松土坑处理示意图(一)

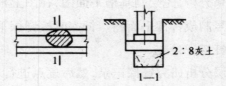

（2)松土坑范围较大,且长度超过 5m 时(见图 1-3)

如坑底土质与一般槽底土质相同,可将此部分基础加深,做 1:2 踏步与两端相接,每步高不大于 50cm,长度不小于 100cm,如深度较大,应灰土分层回填夯实至坑(槽)底一平。

图 1-3 松土坑处理示意图(二)

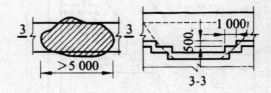

（3)松土坑在基槽中范围较大,且超过基槽边沿时(见图 1-4)

因条件限制,槽壁挖不到天然土层时,则应将该范围内的基槽适当加宽,加宽部分的宽度可按下述条件确定,当用砂土或砂石回填时,基槽壁边均应按 $L_1:h_1=1:1$ 坡度放宽;用 1:9 或 2:8 灰土回填时,基槽每边应按 $b:h=0.5:1$ 坡度放宽,用 3:7 灰土回填时,如坑的长度 ≤2m,基槽可不放宽,但灰土与槽壁接触处应夯实。

图 1-4 松土坑处理示意图（三）

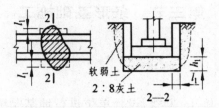

（4）松土坑较深，且大于槽宽或 1.5m 时（见图 1-5）

按以上要求处理挖到老土，槽底处理完毕后，还应适当考虑加强上部结构的强度，方法是在灰土基础上 1~2 皮砖处（或混凝土基础内）、防潮层下 1~2 皮砖处及首层顶板处，加配 4φ8~12mm 钢筋跨过该松土坑两端各 1m，以防产生过大的局部都不均匀沉降。

图 1-5 松土坑处理示意图（四）

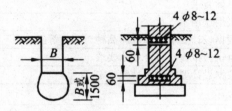

（5）松土坑地下水位较高时（见图 1-6）

当地下水位较高，坑内无法夯实时，可将坑（槽）中软弱的松土挖去后，再用砂土、砂石或混凝土代替灰土回填；如坑底在地下水位以下时，回填前先用 1:3 粗砂、碎石分层回填夯实；地下水位以上用 3:7 灰土回填夯实至要求高度。

图 1-6 松土坑处理示意图（五）

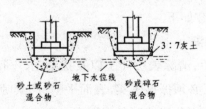

第三节　条形基础施工

一、施工准备

1. 作业条件

（1）由建设、监理、施工、勘察、设计单位进行地基验槽，完成验槽记录以及地基验槽隐检手续，如遇地基处理，办理设计洽商，完成后监理、设计、施工三方复验签认。

（2）完成基槽验线预检手续。

2. 材质要求

材质要求的具体内容，见表 1-4。

表 1-4　材质要求

材料名称	具体要求
水	采用饮用水
水泥	根据设计要求选择水泥品种、强度等级
砂、石子	有试验报告，符合规范要求
外加剂、掺合料	根据设计要求通过试验确定

3. 工器具

备有搅拌机、磅秤、手推车或翻斗车、铁锹、振捣棒、刮杆、木抹子、胶皮手套、串桶或溜达溜槽等。

二、工艺流程

清理→混凝土垫层→清理→钢筋绑扎→支模板→相关专业施工→清理→混凝土搅拌→混凝土浇筑→混凝土振捣→混凝土找平→混凝土养护。

操作工艺的具体内容如下。

1. 清理以及垫层浇灌

（1）地基验槽完成后，清除表层浮土以及扰动土，不得积水，立即进行垫层混凝土施工，混凝土垫层必须振捣密实，表面平整，严禁晾晒基土。基础垫层施工必须测定水平标高，严格分层控制各层厚度。

（2）混凝土垫层分段施工时，做好接头处理，避免接头和混凝土点层表面缺浆少浆蜂窝现象，必要时适当加浆抹面，12 小时后应以及浇水保养。混凝土垫层必须振捣密实，表面平整。

2. 钢筋绑扎

垫层浇灌达到一定强度后,在其上弹线、支模、铺放钢筋网片。

上下部垂直钢筋绑扎牢,将钢筋弯钩朝上,按轴线位置校核后用方木架成井字形,将插筋固定在基础外木板上;底部钢筋网片应用与混凝土保护层同厚度的水泥砂浆或塑料垫块垫塞,以保证位置正确,表面弹线进行钢筋绑扎,钢筋绑扎不许漏扣,柱插筋除满足搭接要求外,应满足锚固长度的要求。

当基础高度在 900mm 以内时,插筋伸至基础底部的钢筋网上并在端部做成直弯钩;当基础高度较大时,位于柱子四角的插筋应伸到基础底部,其余的钢筋只需伸至锚固长度即可。插筋伸出基础部分长度应按柱的受力情况及钢筋规格确定。

与底板筋连接的柱四角插筋必须与底板筋成 45°绑扎,连接点处必须全部绑扎,距底板 5cm 处绑扎第一个箍筋,距基础顶 5cm 处绑扎最后一个箍筋,作为标高控制筋及定位筋,柱插筋最上部再绑扎一道定位筋,上下箍筋及定位筋绑扎完成后将柱插筋调整到位并用井字木架临时固定,然后绑扎剩余箍筋,保证柱插筋不变形走样,两道定位筋在打注混凝土前必须进行更换,如图 1-7 所示。钢筋混凝土条形基础,在 T 字形和十字形交换出的钢筋沿一个主要受力方向通长放置。

图 1-7 条基钢筋绑扎示意图

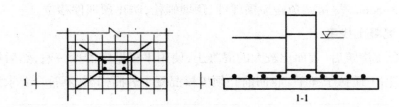

3. 模板安装

钢筋绑扎及相关专业施工完成后立即进行模板安装,模板采用小钢模或木模,利用架子管或木方加固。锥形基础坡度 >30°时,采用斜模板支护,利用螺栓与底板钢筋拉紧,防止上浮,模板上部设透气及振捣孔。坡度≤30°时,利用钢丝网(间距 30cm),防止混凝土下坠,上口设井子木控制钢筋位置。

4. 清理

清除模板内的木屑、泥土等杂物,木模浇水湿润,堵严板缝及孔洞,清除积水。

5. 混凝土搅拌

根据配合比和砂石含水率计算出每盘混凝土材料的用量。后台认真按配合比用量投料。投料顺序为石子→水泥→砂子→水→外加剂。严格控制用水量，搅拌均匀，搅拌时间不少于 90s。

6. 混凝土浇筑

浇筑现浇柱下条形基础时，注意柱子插筋位置的正确，防止造成位移和倾斜。在浇筑开始时，先满铺 5~10cm 厚的混凝土，并捣实，使柱子插筋下段和钢筋网片的位置基本固定，然后对称浇筑。对于锥形基础，应注意保持锥体斜面坡度的正确，斜面坡度的模板应随混凝土浇捣分段支设并顶压紧，以防模板上浮变形；边角处的混凝土必须捣实。严禁斜面部分不支模，用铁铲拍实。基础上部柱子后施工时，可在上部水平面设施工缝，施工缝的处理应按有关规定执行。条形基础根据高度分段分层连续浇筑，不留施工缝，各段各层间应相互衔接，各段长2~3m，做到逐段逐层呈阶梯形推进。浇筑时先使混凝土充满模板内边角，然后浇注中间部分，以保证混凝土密室。分层下料，每层厚度为振动棒的有效震动长度。防止由于下料过厚、振动不实或漏振、吊帮的根部砂浆涌出等原因造成蜂窝、麻面或孔洞。

7. 混凝土振捣

采用插入式振捣器，插入的间距不大于作用半径的 1.5 倍。上层振捣棒插入下层 3~5cm。尽量避免碰撞预埋件、预埋螺栓，防止预埋件移位。

8. 混凝土找平

混凝土浇筑后，表面比较大的混凝土，使用平板振捣器振一遍，然后用大杆刮平，再用木质抹子搓平。收面前必须校核混凝土表面标高，不符合要求处立即整改。

浇筑混凝土时，经常观察模板、支架、螺栓、预留孔洞和管线有无走动情况，一经发现有变形、走动或者移位时，立即停止浇筑，并及时修整和加固模板，然后再继续浇筑。

9. 混凝土养护

已经浇筑完的混凝土，常温下，应在 12h 左右覆盖和浇水。一般常温养护不得少于 7 昼夜，特种混凝土养护不得少于 14 昼夜。养护设置专人检查落实，防止由于养护不及时，造成混凝土表面裂缝。

10. 模板拆除

侧面模板在混凝土强度能保证其棱角不因拆模板而受损坏时方可拆模,拆模前设专人检查混凝土强度,拆除时采用撬棍从一侧顺序拆除,不得采用大锤砸或者撬棍乱撬,以免造成混凝土棱角破坏。

第二章　筏板基础施工

第一节　深基坑施工

一、基坑降水

在开挖基坑或沟槽时,土壤的含水层常被切断,地下水将会不断地渗入坑内。雨季施工时,地面水也会流去坑内。为了保证施工的正常进行,防止边坡塌方和地基承载能力的下降,必须做好基坑降水工作。降水方法可分为集中井降水法和井点降水法两种。

1. 集中井降水法

集中井降水法是在基坑开挖过程中,在坑底设置集水坑,并沿坑底的周围或中央开挖排水沟,使水流入集水坑中,然后用水泵抽水,如图 2-1 所示。抽出的水应及时引开,防止倒流。

图 2-1　集水井降低地下水位示意图

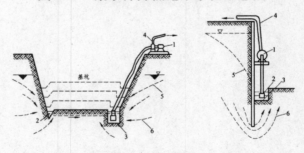

（a)斜坡边沟(b)直坡边沟

1—水泵;2—排水沟;3—集水井;4—压力水管;5—降落曲线;6—水流曲线

四周的排水沟及集中井一般应设置在基础范围以外,地下水流的上游。基坑面积较大时,可在基础范围内设置盲沟排水。根据地下水量、基坑平面形状及水泵能力,集水井每隔 20m~40m 设置一个。

集水井的直径或宽度,一般为 0.6m~0.8m,其深度随着挖土的加深而加深,要始终低于挖土面 0.7m~1.0m,井壁可用竹、木等简易加固。当基坑挖至设计标高,井底应低于坑底 1m~2m,并铺设 0.3m 碎石滤水层,以免在抽水时将泥砂抽出,并防止井底的土被搅动。坑壁必要时可用竹、木等材料加固。

采用集水井降水时,应根据现场土质条件保持开挖边坡的稳定,应在渗水处设置过滤层,防止土粒流失,并设置排气沟,将水引出坡面。

建筑工程基坑施工中用于排水的水泵主要有离心泵、潜水泵和软抽水泵等。排水施工中应根据实际情况选用。集水井降水法由于设备简单和排水方便,采用较为普遍,宜用于粗粒土层(因为土粒不致被水流带走)和渗水量小的黏性土。当土为细砂和粉砂时,地下水渗水出会带走细粒,发生流砂现象,导致边坡坍塌、坑底凸起,给施工造成困难。

防止流砂的方法主要有:水下挖土法、打板桩法、抢挖法、地下连续墙法、枯水期施工法及井点降水等(见表 2-1)。

表 2-1　防止流砂的方法

方法	具体操作
水下挖土法	即不排水施工,使坑内外的水压互相平衡,不致形成动水压力。如沉井施工,不排水下沉,进行水中挖土、水下浇筑混凝土,是防止流砂的有效措施
打板桩法	是将板桩沿基坑周围打入不透水层,便可起到截住水流的作用;或者打入坑底面一定的深度,这样将地下水引至桩底以下才流入基坑,不仅增加了渗流长度,而且改变了动水压力方向,从而可达到减小动水压力的目的
地下连续墙法	是沿基坑的周围先浇筑一道钢筋混凝土的地下水连续墙,从而起到承重、截水和防流砂的作用,它又是深基础施工的可靠支护结构
抢挖法	即抛大石块、抢速度施工。如在施工过程中发生局部的或轻微的流砂现象,可组织人力分段抢挖,挖至标高后,立即铺设芦席并抛大石块,增加土的压重以平衡动水压力,力争在未产生流砂现象之前,将基础分段施工完毕
枯水期施工法	即选择枯水期间施工,因为此时地下水位低,坑内外水位差小,动水压力减小,从而可预防和减轻流砂现象

表 2-1 中的这些方法都有较大的局限,应用范围狭窄。采用井点降水方法降低地下水位到基坑底以下,使动水压力方向朝下,增大土颗粒间的压力,则不论细砂、粉砂都一劳永逸地消除了流砂现象。实际上井点降水方法是避免流砂危害的常用手法。

2. 井点降水

井点降水有两类:一类为轻型井点(包括电渗井点与喷射井点);一类为管井井点(包括深井泵)。各种井点降水方法一般根据土的渗透系数、降水深度、设备条件及经济性选用,可参照表 2-2 选择。其中轻型井点应用最为广泛。

表 2-2　各种井点的适用范围

井点类型		土层渗透系数/(m/d)	降低水位深度/m
轻型井点	一级轻型井点	0.1～0.5	3～6
	二级轻型井点	0.1～50	6～12
	喷射井点	0.1～5	8～20
	电渗井点	<0.1	根据选用的井点确定
管井类	管井井点	20～200	3～5
	深丼井点	10～250	>15

(1)一般轻型井点

轻型井点设备由管路系统和抽水设备组成,管路系统包括:滤管、井点管、弯联管及总管等。

滤管为进水设备(见图 2-2),通常采用长 1.0~1.5m、直径 38mm 或 51mm 的无缝钢管,管壁钻有直径为 12~18m 的呈梅花形排列的滤孔,滤孔面积为滤管表面积的 20%~25%。骨架管外面包孔径不同的滤网,内层为 30~50 孔 /cm² 的黄铜丝或尼龙丝布的细滤网,外层为 3~10 孔 /cm² 的同样材料粗滤网或棕皮。为使流水畅通,在骨架管与滤管之间用塑料管或梯形铅丝隔开,塑料管沿骨架管绕成螺旋形。滤网外面再绕一层粗铁丝保护网,滤管下端为一铸铁塞头。滤管上端与井点管连接。

图 2-2　滤管构造示意图

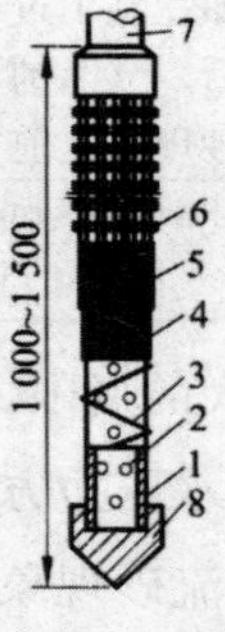

1—钢管;2—管壁上的小孔;3—缠绕的塑料管;4—细滤网;5—粗滤网;6—粗铁丝保护网;7—井点管;8—铸铁头

井点管为直径 30mm 或 51mm、长 5~7m 的钢管,可整根或分节组成。井点管的上端用弯联管与总管相连。

集水总管为直径 100~127mm 的无缝钢管,每段长 4m,其上装有与井点管连接的短接头,间距为 0.8~1.6m。

抽水设备常用的有真空泵、射流泵和隔膜泵井点设备。

一套抽水设备的负荷长度(即集水总管长度)为 100~120m。常用的 W5、W6 型干式真空泵,其最大负荷长度分别为 100m 和 120m。

井点系统的布置,应根据基坑大小与深度、土质、地下水位高低与流向、降水深度要求等而定。

1)平面布置

当基坑或沟槽宽度小于 6m,且降水深度不超过 5m 时,可用单排线状井点,布置在地下水流的上游一侧,两端延伸长度不小于坑槽宽度。

如宽度大于 6m 或土质不良,则用双排线状井点,位于地下水流上游一排井点管的间距应小些,下游一排井点管的间距可大些。面积较大的基坑宜用环状井点,有时亦可布置成 U 型,以利挖土机和运土车辆出入基坑。井点管距离基坑壁一般可取 0.7~1.2m,以防局部发生漏气。井点管间距一般为 0.8m、1.2m、1.6m,由计算或经验确定。井点管在总管四角部位适当加密。

2)高程布置

轻型井点的降水深度,从理论上讲可达 10.3m,但由于管路系统的水头损失,其实际降水深度一般不超过 6m。井点管埋设深度 H(不包括滤管)按下式计算:

$$H \geq H_1 \geq h \geq iL$$

式中 H_1——井点管埋设面基坑底面的距离(m);

h——降低后的地下水位至基坑中心底面的距离,一般取 0.5~1.0m;

i——水力坡度,根据实测:单排井点 1/4~1/5,双排井点 1/7,环状井点 1/10~1/12;

L——井点管至基坑中心的水平距离,当井点管为单排布置时 L 为井点管至对边坡脚的水平距离。

根据上式算出的 H 值,如大于 6m,则应降低井点管抽水设备的埋置面,以适应降水深度要求。即将井点系统的埋置面接近原有地下水位线(要事先挖槽),个别情况下甚至稍低于地下水位(当上层土的土质较好时,先用集水井排水法挖去一层土,再布置井点系统),就能充分利用抽吸能力,使降水深度增加,井点管露出地面的长度一般为 0.2~0.3m,以便与弯联管连接,滤管必须埋在透水层内。

当一级轻型井点达不到降水要求时,可采用二级井点降水,即先挖去第一级井点所疏干的土,然后再在其底部装设第二级井点。

根据井底是否达到不适水层,水井可分为完全井与不完全井。根据地下水有无压力又分为无压井和承压井,如图 2-3 所示。水井时类型不同,用水量时计算方法也不同。

图 2-3　水井的分类

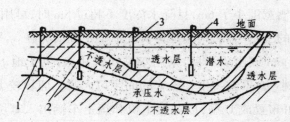

1—承压完整井;2—承压非完整井;3—无压完整井;4—无压非完整井

（2）回灌井点法

轻型井点降水有许多优点,在基础施工中广泛应用,但其影响范围较大,影响半径可达百米甚至数百米,且会导致周围土壤固结而引起地面沦陷。特别是在弱透水层和压缩性大的黏土层中降水时,由于地下水造成的地下水位下降、地基自重应力增加和土层压缩等原因,会产生较大的地面沉降;又由于土层的不均匀性和降水后地下水位呈漏斗曲线,四周土层的自重应力变化不一而导致不均匀沉降使周围建筑基础下沉或房屋开裂。因此,在建筑物附近进行井点降水时,为防止降水影响或损害区域内的建筑物,就必须阻止建筑物地下水的流失。除可在降水区域和原有建筑物之间的土层中设置一道固体抗渗屏幕(如水泥搅拌桩、灌注桩加压密注浆桩、旋喷桩、地下连续墙)外,较经济也比较常用的是用回灌井点补充地下水的办法来保持地下水位。回灌井点就是在降水井点与要保护的已有建(构)筑物之间打一排井点,在井点降水的同时,向土层中灌入足够数量的水,形成一道隔水帷幕,使井点降水的影响半径不超过回灌井点的范围,从而阻止回灌井点外侧的建(构)筑物的地下水流失(如图 2-4 所示)。这样,也就不会因降水而使地面沉降,或减少沉降值。

图 2-4　回灌井点布置示意图

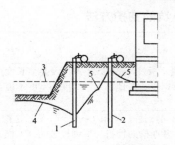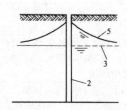

（a）回灌井点布置　　　　（b）回灌井点水位图

1—降水井点；2—回灌井点；3—原水位线；4—基坑内降低后的水位线；5—回灌后水位线

为了防止降水和回灌两井相通，回灌井点与降水井点之间应保持一定的距离，一般不宜小于 6m，否则基坑内水位无法下降，失去降水的作用。回灌井点的深度一般应控制在长期降水曲线下 1m 为宜，并应设置在渗透性较好的土层里。

为了观测降水及回灌后四周的建筑物、管线的沉降情况及地下水位的变化情况，必须设置沉降观测点及水位观测井，并定时测量记录，以便及时调节灌、抽量，使灌、抽基本达到平衡，确保周围建筑物或者管线等的安全。

二、深基坑支护

基坑开挖过程中，基坑土体的稳定，主要依靠土体内摩擦阻力和黏结力来保持平衡。一旦土体失去平衡，土体就会塌方，这不仅会造成人身安全事故，同时亦会影响工期，有时还会危及附近的建筑物。

造成土壁塌方的原因主要有：

（1）边坡过陡，使土体的稳定性不足导致塌方，尤其是在土质差、开挖深度大的坑槽中。

（2）雨水、地下水渗入土中泡软土体，从而增加土的自重同时降低土的抗剪强度，这是造成塌方的常见原因。

（3）基坑上口边缘附近大量堆土或停放机具、材料，由于行车等动荷载，土体中的剪应力超过土体的抗剪强度。

（4）土壁支撑强度破坏失效或刚度不足导致塌方。

对于筏板基础施工在基坑开挖过程中大部分碰到的是深基坑问题，工程上采用以下几种方法,见表 2-3。

表 2-3　一般深基坑的支护方法

支护（撑）方法	支护（撑）方法及适用条件
钢板桩支撑	在开挖基坑的周围打钢板桩或钢筋混凝土板桩,板桩入土深度及悬臂长度应经计算确定,如基坑宽度很大,可加水平支撑适用于一般地下水、深度和宽度不很大的黏性砂土层中应用
型钢桩横挡板支撑	沿挡土位置预先打入钢轨、工字钢或 H 型钢桩,间距 1～1.5m,然后边挖方,边将 3～6cm 厚的挡土板塞进钢桩之间挡土,并在横向挡板与型钢桩之间打入楔子,使横板与土体紧密接触适于地下水位较低,深度不是很大的一般黏土性或砂土层中应用
钢板桩与钢构架结合支撑	在开挖的基坑周围打钢板桩,在柱位置上打入暂设的钢柱,在基坑中挖土,每下 3～4m,装上一层构架支撑体系,挖土在钢构架网格中进行,亦可不预先打入钢柱,随挖随接长支柱。适于在饱和软弱土层中开挖较大、较深基坑,钢板桩刚度不够时采用
挡土灌注桩与土层锚杆结合支撑	同挡土灌注桩支撑,但在桩顶不设锚桩锚杆,而是挖至一定深度每隔一定距离向桩背面斜下方用锚桩钻机打孔,安放钢筋锚杆,用水泥压力灌浆,达到强度后,安上横撑,拉紧固定,在桩中间进行挖土,直至设计深度。如设 2～3 层锚杆,可挖一层土,装饰一次锚杆,适于大型较深基坑,施工期较长,邻近有高层建筑,不允许支护,邻近地基不允许有任何下沉位移时采用
挡土灌注桩支撑	在开挖基坑的周围,用钻机钻孔,现场灌注钢筋混凝土桩,达到强度后,在基坑中间用机械或人工挖土,下挖 1m 左右装上横撑,在桩背面装上拉杆与已设锚桩拉紧,然后继续挖土至要求深度。在桩间土方挖成外拱形,使之起土拱作用如基坑深度小于 6m,或邻近有建筑物,亦可不设锚拉杆,采取加密桩距或加大桩径处理适于开挖较大、较深（>6 m）基坑,临近有建筑物,不允许支护,背面地基有下沉、位移时采用
双层挡土灌注桩支护	系将挡土灌注桩在平面布置上由单排桩改为双排桩,呈对应或梅花式排列,桩数保持不变,双排桩的桩径 d 一般为 400～600mm,排距 L 为（1.5～3)d,在双排桩顶部设圈梁使其成为整体刚架结构。亦可在基坑每侧中段设双排桩,而在四角仍采用单排桩。采用双排桩支护可使支护整体刚度增大,桩的内力和水平位移减小,提高护坡效果适于基坑较深,采用单排混凝土灌注桩挡土,强度和刚度均不能胜任时使用
挡土灌注桩与旋喷桩组合支护	系在深基坑内侧设置直径 0.6～1.0m 混凝土灌注桩,间距 1.2～1.5m;在紧靠混凝土灌注桩的外侧设置直径 0.8～1.5 m 的旋喷桩,以旋喷水泥浆方式使形成水泥土桩与混凝土灌注桩紧密结合,组成一道防渗帷幕,既可起抵抗土压力、水压力作用,又起挡水抗渗作用;挡土灌注桩与旋喷桩采取分段间隔施工。当基坑为於泥质土层,有可能在基坑底部产生管涌、涌泥现象,亦可在基坑底部以下用旋喷桩封闭。在混凝土灌注桩外侧设旋喷桩,有利于支护结构的稳定,防止边坡坍塌、渗水和管涌等现象发生适于土质条件差、地下水位较高,要求既挡土又挡水防渗的支护工程
地下连续墙与土层锚杆结合支护	在开挖基坑的周围先建造地下连续墙支护,在墙中部用机械配合人工开挖土方至锚杆部位,用锚杆钻机在要求位置钻孔,放入锚杆,进行灌浆,待达到强度,装上锚杆横梁,或锚头垫座,然后继续下挖至要求深度,如设 2～3 层锚杆,每挖一层装一层,采用快凝砂浆适于开挖较大、较深（>10m）、有地下水的大型基坑,周围有高层建筑,不允许支护有变形、采用机械挖方、要求有较大空间、不允许内部支撑时采用
地下连续墙支护	在开挖的基坑周围,先建造混凝土或钢筋混凝土地下连续墙,达到强度后,在墙中间用机械或人工挖土,直至要求深度。对跨度、深度很大时,可在内部加设水平支撑及支柱。用于逆作法施工,每下挖一层,把下一层梁、板、柱浇注完成,以此作为地下连续墙的水平框架支撑,如此循环作业,直到地下室的底层全部挖完土,浇注完成

	适于开挖较大、较深（＞10 m）、有地下水、周围有建筑物、公路的基坑，作为地下结构的外墙一部分，或用于高层建筑的逆作法施工，作为地下室结构的部分外墙
板桩（灌注桩）中央横顶支撑	在基坑周围打板或设挡土灌注桩，在内侧放坡挖中间部分土方到坑底，先施工中间部分结构至地面，然后再利用此结构作支承向板桩（灌注桩）支水平横顶撑，挖除放坡部分土方，每挖一层支一层水平横顶撑，直到设计深度，最后再建该部分结构适于开挖较大、较深的基坑。支护桩刚度不够，又不允许设置过多支撑时用
土层锚杆支护	沿开挖基坑，边坡每2～4m设置一层水平土层锚杆，直到挖土至要求深度适于较硬土层或破碎岩石中开挖较大、较深基坑、邻近有建筑物必须保证边坡稳定时采用
板桩（灌注桩）中央斜顶支撑	在基坑周围打板桩或设挡土灌注桩，在内侧放坡挖中间部分土方到坑底，并先施工好中间部分基础，再从基础向桩上方支斜顶撑，然后再把放坡的土方挖除，每挖一层，支一层斜撑，直至坑底，最后建该部分结构适于开挖较大、较深基坑、支护桩刚度不够、坑内不允许设置过多支撑时用
分层板桩支撑	在开挖厂房群基础，周围先打支护板桩，然后在内侧挖土方至群基础底标高，再在中部主体深基坑基础四周打二级支护板桩，挖主体深基础土方，施工主体结构至地面，最后施工外围群基础适于开挖较大、较深基坑，当中部主体与周围群基础标高不等，而又无重型板桩时采用

深基坑支护结构由挡墙、冠梁和撑锚体系三部分组成。

1. 挡墙

挡墙主要起挡土和止水作用，其种类很多，下面主要介绍常用的几种。

（1）钢板桩

钢板桩是带锁口的热轧型钢制成。常用的截面类型有平板型、波浪型板桩等。钢板桩通过锁口连接、相互咬合而形成连续的钢板桩挡墙。

钢板桩在软土层施工方便，在砂砾层及密实砂土中则施工困难。打设后可立即组织土方开挖和基础施工，除可起挡土作用外，还有一定的止水作用。但一次性投资较大，若施工完成后拔出重复使用，可节省成本。另外钢板桩的刚度较低，一般深基坑开挖就需设置支撑（或拉锚）体系。它适用于基坑深度不太大的软土层的基坑支护。

（2）混凝土灌注桩挡墙

混凝土灌注桩作为支护结构的挡墙，其布置方式有连续式排列、间隔式排列和交错相接排列等类型。该挡墙平面布置灵活，施工工艺简单，成本低，无噪声，无挤土，有利于保护周围的环境。在桩顶设置一道钢筋混凝土圈梁（冠梁）以增强单桩的整体性和刚度。在工程中常采用钻孔灌注桩和沉管灌注桩。

（3）地下连续墙

地下连续墙是沿拟建工程基坑周边，利用专门的挖槽设备，在泥浆护壁的条件下,每次开挖一定长度(一个单元槽段)的沟槽,在槽内放置钢筋笼,利用导管法浇筑水下混凝土。施工时,每个单位槽段之间,通过接头管等方法处理后,形成一道连续的地下钢筋混凝土封闭墙体,简称地下连续墙。它既可挡土,又可挡水,也可以作为建筑物的承重结构。地下连续墙整体性好,刚度大,变形小,能承受较大的竖向荷载及水平荷载。但施工复杂,工程造价高,适用于深、大基坑和邻近建筑物净距较近的基坑开挖。

2. 冠梁

在钢筋混凝土灌注桩挡墙、水泥土墙和连续墙顶部设置的一道钢筋混凝土圈梁,称为冠梁,亦称压顶梁。

施工时应先将桩顶或地下连续墙顶上的浮浆凿除,清理干净,并将外露的钢筋伸入冠梁内,与冠梁混凝土浇注成一体,有效地将单独的挡土构件联系起来,以提高挡墙的整体性和刚度,减少基坑开挖后挡墙顶部的位移。冠梁宽度不小于桩径或墙厚,高度不小于 400mm,冠梁可按构造配筋,混凝土强度等级宜大于 C20。

3. 撑锚体系

深基坑的支护结构,为改善挡墙的受力状况,减少挡墙的变形和位移,应设置撑锚体系,撑锚体系按其工作特点和设置部位,可分为坑内支撑体系和坑外拉锚体系。

(1)坑内支撑体系

坑内支撑体系由支撑、腰梁和立柱等构架组成,根据不同的基坑宽度和开挖深度,可采用无中间立柱的对撑,有中间立柱的单层或多层水平支撑和斜撑(见图 2-5)。支撑结构体系必须具有足够的强度、刚度和稳定性,节点构造合理,安全可靠,能满足支护结构变形控制要求,同时要方便土方开挖和地下结构施工。

图 2-5 坑内支撑形式示意图

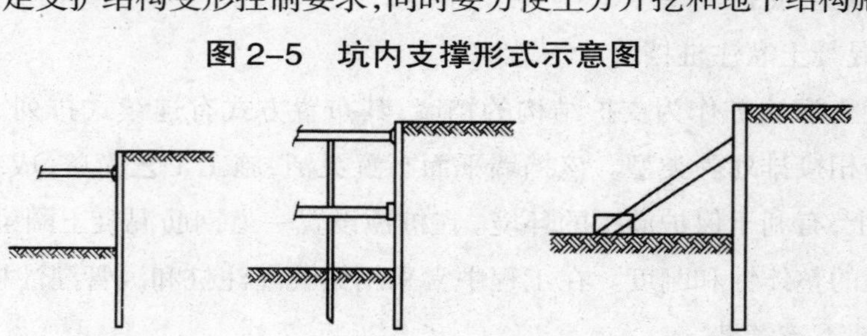

(a)对撑   (b)两层水平撑   (c)斜撑

（2）坑外拉锚体系

坑外拉锚体系由杆件与锚固体组成。根据拉锚体系的设置方式及位置不同可分为两类：水平拉杆沿基坑外表水平设置和土层锚杆在坑外土层中设置。

水平拉杆沿基坑外表水平设置，一端与挡墙顶部连接，另一端锚固在锚碇上，用于承受挡墙所传递的土压力、水压力和附加荷载等产生的侧压力。拉杆通过开挖浅埋于地表下，以免影响地面交通，锚碇位置应处于地层滑动面之外以防坑壁土体整体滑动引起支护结构整体失稳。拉杆通常采用粗钢筋或钢绞线。根据使用时间长短和周围环境情况，事先应对拉杆采取相应的防腐措施，拉杆中间设置紧固器，将挡墙拉紧之后即可进行土方开挖作业。

土层锚杆在坑外土层中设置，锚杆的一端与挡墙联结，另一端锚固在土层中，利用土层的锚固力承受挡墙所传递的土压力、水压力等侧压力。锚杆通常采用粗钢筋和钢绞线，成孔后放入锚杆并注浆，在锚固段长度范围内形成抗拔力，只要抗拔力大于挡墙侧压力产生的锚杆轴向力，支护结构就能保持稳定。

第二节　复合地基施工

一、复合地基的分类

复合地基中桩间土的性状不同。桩体材料不同、成桩工艺不同，复合地基的效应也就不同。综合各种桩型的复合地基效应有几个方面。

1. 置换作用（桩体效应）

复合地基中桩体的强度和模量比桩间土大，在荷载作用下，桩顶应力比桩间表面应力大。桩可将承受的荷载向较深的土层中传递并相应减少了桩间土承载的荷载。由于桩的作用使符合地基承载力提高、变形减小，工程中称之为置换作用或桩体效应。

2. 挤密、振密作用

对松散填土、松散粉细砂和粉土，采用非挤土和振动成桩工艺，可使桩间土孔隙比减小，密实度增加，提高桩间土的强度和模量。如振动沉管挤密碎石桩、振冲碎石桩、振动沉管 CFG 桩，对上述类型的土具有挤密、振密效果。如石灰桩，即使采用了排土成桩工艺，由于石灰吸水膨胀，使桩间土局部产生挤密作用。桩间土挤密、振密是使复合地基承载力提高的一个组成部分，但是对于饱和软黏土、硬的黏性土、粉土、密实砂土，振动沉桩工艺不仅不能使桩间土挤密、振密，反而使土体结构强度丧失，孔隙比增大、密实度减小、承载力降低。

3. 排水作用

复合地基中的桩体，很多具有良好的透水性。例如：碎石桩、砂桩是良好的排水通道；由生石灰和粉煤灰组成的石灰桩，也具有良好的透水性；振动沉管CFG桩在桩体初凝以前也具有很大的渗透性，可使振动产生的超孔隙水压力通过桩体得以消散。孔隙水压力消散，有效应力就会增加，桩间土强度和复合地基承载力提高。

4. 减载作用

对排土成桩工艺，用轻质材料取代原土成桩，在加固土层范围内，复合土层的有效重度将比原土有明显的降低，这称之为减载作用。

二、几种常见的复合地基

1. 碎石桩复合地基

其桩体材料由碎石组成，桩体本身没有黏结强度，围压越大，桩体传递垂直荷载的能力越强。根据成桩工艺可分为：振冲碎石桩、振动沉管挤密碎石桩和干法振动挤密碎石桩。施工一般采用振动成桩工艺，主要靠施工设备产生的振动力，使桩间土挤密、振密，提高桩间土地承载力和模量。

碎石桩主要用于加固松散粉细砂、粉土、可液化土及挤密效果好的填土。由于施工时产生振动和噪声污染，碎石桩在居民区和城区施工受到限制。

2. 石灰桩复合地基

当下沉钢管成孔后，灌入生石灰碎块或在生石灰中加入20%~30%（体积比）的粉煤灰或火山灰（有利于离子交换作用），就形成了生石灰桩。生石灰的水化膨胀、放热、离子交换、胶凝反应等作用及成孔时的挤压等对桩间土可能产生的副作用，即引起地面隆起，使桩间土强度降低。石灰桩既是一种挤密桩，同时它与桩周土又构成了复合地基。石灰桩的直径d一般不宜大于500mm，桩距一般不宜超过3.5d。

石灰桩适用于处理软弱黏性土、淤泥质土、素填土及填土地基。如果采用人工洛阳铲成孔，则不宜超过6m，机械成孔不宜超过8m。

采用排土成桩工艺，不产生振动和噪声污染，但需对石灰粉和粉煤灰作适当处理,防止污染环境,特别要防止夯实桩体时偶尔可能发生的冒顶产生的高温对工人造成的烫伤。

3. 水泥土桩复合地基

水泥土桩系指由固化剂水泥和土形成的桩体,桩、桩间土和褥垫层一起形成复合地基。根据施工工艺可分为浆喷水泥土桩(深层搅拌桩)、粉喷水泥土桩(粉喷桩)、高压喷射注浆形成的旋喷水泥土桩。

水泥土桩是通过搅拌装置和喷射头,将水泥固化剂与现场原土强制搅拌形成水泥土桩桩体。

搅拌水泥土桩适用于处理正常固结的淤泥、淤泥质土、粉土、饱和黄土、素填土、黏性土等地基,对塑性指数 IP>25 的黏土,须通过现场试验确定其适用性。该复合地基的施工,对周围环境没有不利影响,对桩间土也没有扰动和挤密。复合地基承载力的提高主要依据桩的置换作用。

三、CFG 桩复合地基

CFG 桩是水泥粉煤灰碎石桩的简称。它是由水泥、粉煤灰、碎石、石屑或砂加水拌和形成的高黏结强度桩,和桩间土、褥垫层一起形成复合地基。CFG 桩属于高粘结强度桩,它与素混凝土桩的区别仅在于桩体材料的构成不同,而在其受力和变形特性方面没有什么区别。按照施工工艺不同分为振动沉管 CFG 桩和长螺旋钻管内泵压 CFG 桩。振动沉管成桩工艺桩材料碎石是粗骨料,石屑为中等颗粒骨料。当桩体材料小于 5MPa 时,石屑的掺入可使桩体级配良好,对桩体强度起重要作用。相同的碎石和水泥掺量,掺入石屑可比不掺石屑的强度增加 50% 左右。粉煤灰既是细骨料又有低等级水泥作用,可使桩体具有明显的后期强度。长螺旋钻管内泵压灌注成桩工艺桩体材料由水泥、卵石(或碎石)、砂、三级及三级以上粉煤灰(必要时加适量泵送剂),加水在搅拌机中强制搅拌而成。

1. CFG 桩复合地基的基本原理

CFG 桩、桩间土的褥垫层一起形成复合地基,在荷载作用下,桩和桩间土都要发生变形。桩的模量远比土的模量大,桩比土的变形小,由于基础下面设置了一定厚度的褥垫层,桩可以向上刺入,伴随这一变化过程,垫层材料不断调整补充到桩间土上,以保证在任一荷载下桩和桩间土始终参与工作。

桩体是由机械成孔后将搅拌好的混凝土利用泵机打入孔中,在拔管的过程中利用高差产生的重力将混凝土振捣，这样在成桩的过程中不仅挤密桩间土还挤密桩身，使其具有水硬性，使处理后的复合地基的强度和抗变形的能力明显提高。

在复合地基中，基础和桩间土之间设有一定厚度的散粒状组成的褥垫层，是地基的核心部分，基础下是否有褥垫层对地基的承载能力难以发挥，不能称作复合地基。基础下只有设置了褥垫层，桩间土承载能力才能发挥出其潜在的作用。

2. CFG 桩复合地基的设计计算

CFG 桩复合地基设计同其他地基基础设计一样，必须同时满足强度和变形两个条件，但除了这两个条件外还要考虑结合综合因素确定设计参数。

（1）CFG 桩复合地基承载力计算

结合工程实践经验，CFG 桩复合地基承载力可用下面的公式进行估算：

$$f_{sp,k} = m\frac{R_k}{A_p} + a\beta(1-m)fk$$

$$f_{sp,k} = [1 + m(n-1)]a\beta fk$$

式中 $f_{sp,k}$——复合地基承载力标准值（kPa）；

F_b——天然地基承载力标准值（kPa）；

m——面积置换率；

n——桩土应比力；

A_p——CFG 单桩截面面积（m²）；

a——桩间土强度提高系数，$a = f_{sk/fk}$，f_{sk} 为加固后间土承载力标准值；

β——桩间土强度发挥系数，宜按地区经验取值，无经验时可取 $\beta = 0.75 \sim 0.95$，天然地基承载力高时可取最大值；

R_k——CFG 单桩承载力标准值（kN）。

经 CFG 桩处理后的地基，当考虑基础宽度和深度对地基承载力标准值进行修正时，一般宽度不作修正，即基础宽度地基承载力修正系数取零，基础埋深地基承载力修正系数取 1.0，经深度修正后 CFG 桩复合地基承载力标准值 $f_a = f_{sp,k} + \gamma_0(d - 1.5)$，CFG 桩复合地基承载力计算时需满足建筑物荷载要求：

当承受轴心荷载时 $P_k \leqslant f_a$

承受偏心荷载时除满足上式外，尚应满足下式要求：

$P_{k,max} \leq 1.2f_a$

（2）CFG 桩复合地基的沉降计算

在工程中应用较多且计算结果与实际符合较好的变形计算方法是复合模量法。复合地基最终变形量可按下式计算：

$$S_C = \psi \left[\sum_{i=1}^{n} \frac{p_o}{\xi E_m} \left(z_i \bar{a}_i - z_{i-1} \bar{a}_{i-1} \right) + \sum_{i=m}^{n} \frac{p_o}{E_m} \left(z_i \bar{a}_i - z_{i-1} \bar{a}_{i-1} \right) \right]$$

式中 n——加固区范围区土层分层数；

n_2——沉降计算深度范围内土层总的分层数；

p_0——对应于荷载效应准永久组合时的基础地面处的附加应力；

E_m——基础底面下第 i 层土的压缩模量；

Z_i, Z_{i-1}——基础底面至第 i 层土、第 i-1 层土底面的距离；

a_i, a_{i-1}——基础底面计算点至第 i 层土、第 i-1 层土底面范围内平均附加应力系数；

ζ——加固区土的模量提高系数；

$\zeta = (f_{sp,k})/f_{kw}$——沉降计算修正系数。

（3）CFG 桩复合地基设计主要 5 个参数的确定

CFG 桩复合地基设计主要确定 5 个设计参数，分别为桩长、桩径、桩间距、桩体强度、褥垫层厚度及材料（见表 2-4）。

表 2-4　CFG 桩复合地基设计主要参数

参数名称	主要内容
桩径 d	桩径取决于所采用的成桩设备，一般设计桩径为 350～600mm
桩长	桩长是 CFG 桩复合地基设计时首先要确定的参数，它取决于建筑物对承载力和变形的要求、土质条件和设备能力等因素
桩体强度	原则上桩体配比按桩体强度控制
桩间距	一般桩间距 s=(3～5)d，桩间距的大小取决于设计要求的复合地基承载力和变形、土性与施工机具
褥垫层厚度	褥垫层厚度一般取 10～30cm 为宜，本工程采用 25cm，材料为粒径不大于 16mm 碎石，夯填度不大于 0.9

3. CFG 桩复合地基的施工

（1）振动沉管 CFG 桩施工工艺

施工设备：图 2-6 是振动沉管机示意图。

图 2-6　振动沉管机示意图

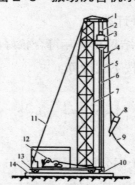

1—导向滑轮；2—滑轮组；3—激振器；4—混凝土漏斗；5—桩管；6—加压钢丝绳；7—桩架；8—混凝土吊斗；9—回绳；10—活瓣桩尖；11—缆风绳；12—卷扬机；13—行驶用钢管；14—枕木

施工程序：施工准备、CFG 桩施工（桩机进入现场、桩机就位、启动马达、沉管过程中记录、停机投料、启动马达拔管、沉管拔出地面、抽样试块）。

（2）长螺旋钻管内泵压 CFG 桩施工工艺

施工程序：施工准备、CFG 桩施工（钻机就位、混合料搅拌、钻进成孔、灌注机拔管、移机），如图 2-7 所示。

图 2-7　长螺旋钻管内泵压 CFG 桩复合地基施工流程图

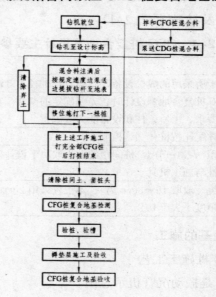

（3）清土及 CFG 桩桩头处理

在 CFG 桩施工中，由于采用排土或桩工艺，其排出的土量取决于桩长和桩间距，在施工中及时清运打桩弃土是保证 CFG 桩正常施工的一个重要环节，它可以减少施工中找桩位点设备就位的时间，提高工作效率。当场地质图在施工中存在蹿孔可能时，及时清理便于施工监测，容易发现蹿孔桩和采取措施。另外，及时清运打桩弃土，场地内废弃的混合料强度较低，亦可减轻清运的难度。保护土层清除后即可进行下一道工序，将桩顶设计标高以上桩头截断。

（4）褥垫层的铺设

桩间土保护土层和 CFG 桩桩头清除至桩顶设计标高，CFG 桩复合地基检验（静荷载检验和低应变监测）完毕并且满足设计要求后，可进行褥垫层的铺设。褥垫层材料多为粗砂、中砂或碎石，碎石粒径宜为 8~20mm，但不宜选用卵石，卵石咬合力弱，施工扰动容易使褥垫层厚度不均匀。

4. 施工检测

CFG 桩施工完毕后，一般 28 天后对 CFG 桩和 CFG 复合地基进行检测，检测包括低应变对桩身质量的检测和静荷载试验对承载力的检测。静荷载试验多为单桩或多桩复合地基，根据试验结果评价复合地基的承载力，也可采用单桩荷载试验通过计算评价复合地基承载力。

第三节　筏板基础施工

一、基底验槽

1. 验槽的目的

验槽是一般工程地质勘察工作中的最后一个环节，当施工单位开挖完基槽并普遍钎探后，由甲方约请勘察、设计、监理和施工单位技术负责人共同到工地上验槽。

验槽的目的是检验岩土工程勘察成果及结论建议是否正确，是否与基槽开挖后的实际情况相一致；根据挖槽后的直接揭露，设计人员可以掌握第一手工程地质和水文地质资料，对出现的异常情况及时提出分析处理意见；解决勘察报告中未解决的遗留问题，必要时布置施工勘察项目，以便进一步完善设计，确保施工质量。

2. 验槽的内容

验槽以观察为主,以钎探、夯声配合,内容有:

(1)校验基槽开挖的平面位置与槽底标高是否符合勘察设计要求。

(2)校验槽底持力层土质与勘察报告是否相同。

(3)当发现基槽平面土质显著不均匀,或局部有古井、菜窑、坟穴、河沟等不良地基,可用钎探查明平面范围与深度。

(4)检查基槽钎探情况。

3. 验槽注意事项

(1)验槽前应完成合格钎探,提供验槽数据;验槽时,应验新鲜土面,清除加填虚土。

(2)验槽时间要抓紧,基槽挖好后立即组织验槽,避免雨水浸泡和冬季冰冻。

(3)槽底设计标高位于地下水位以下较深时,必须做好基槽排水,保证槽底不泡水。

二、基础模板施工

基础底板的集水坑、电梯井坑的模板需要在现场进行制作,现场保证模板制作的精度和质量,是模板工程施工重点之一:基础底板侧模采用 15mm 厚木胶合板,周围钢管支撑加固,基础梁及承台基础因为在地板以下,其模板采用砌筑砖模,周围用灰土分层夯实。上面导墙模板采用 15mm 厚木胶合板,模板分块制作,边框采用 50×100 木方,竖向边框面板做成企口型,竖肋采用 50×100 木方,间距 300mm,内侧模通过在底板焊接钢筋头支撑。

三、基础钢筋绑扎

1. 接头形式

地板钢筋的接头形式采用等强剥肋滚压直螺纹链接、闪光对焊、电渣压力焊和搭接绑扎四种链接方法。纵向钢筋直径 $d \geqslant 22$,采用直螺旋套筒连接,直径 $d=18$、20 采用搭接电弧焊(单面帮条焊)和闪光对焊、电渣压力焊(墙柱纵筋),直径 $d \leqslant 16$ 采用绑扎连接。

2. 钢筋绑扎接头要求

(1)绑扎接头中钢筋横向净距大于或等于钢筋直径且不小于 25mm。

(2)从任意绑扎接头中心至搭接长度的 1.3 倍区段范围内,有接头的受力钢筋截面面积占受力钢筋总截面面积的允许百分率应符合以下规定:受拉区不超过 25%,受压区不超过 50%。

3. 钢筋的绑扎

筏板基础底板钢筋绑扎的重点在于筏板基础底板钢筋网的绑扎、定位以及墙柱插筋的固定。

(1)作业条件:防水保护层已施工完毕并满足上述条件;轴线、墙线、柱线、门位置线、后浇带位置、暗梁位置、楼梯位置已弹好并经过预检验收。

(2)工艺流程:清理弹线→绑电梯井及积水坑钢筋→地板下筋绑扎及垫垫块→摆放马凳→底板上筋绑扎→墙、柱、楼梯插筋→清理、验收→隐蔽记录并进入下道工序。

四、混凝土浇筑

1. 浇筑方向

混凝土浇筑方向应平行于次梁长度方向,对于平板式筏板基础则应平行于基础长边方向。

2. 施工缝的留设

混凝土应一次浇筑完成,若不能整体浇筑完成,则应留设施工缝。施工缝留设位置:当平行于次梁长度方向浇筑时,应留在次梁中部 1/3 跨度范围内;对平板式筏板基础可留设在任何位置,但施工缝应平行于底板短边且不应在柱脚范围内。在施工缝处继续浇筑混凝土时,应将施工缝表面松动石子等清扫干净,并浇水湿润,铺上一层水泥浆或与混凝土成分相同的水泥砂浆,再浇筑混凝土。对于梁板式筏板基础,梁高出底板部分应分层浇筑,每层浇筑厚度不宜超过200mm。混凝土应浇筑到柱脚页面,留设水平施工缝。

3. 混凝土的振捣

混凝土浇筑好应振捣密实,对于插入式振捣棒应快插慢拔,插点要均匀排列,逐点移动,顺序进行,不得遗漏,做到均匀振实。振捣拌移动方式采用"行列式"移动,移动间距不大于有效振捣作用半径的 1.5 倍(300~400mm)。分层的厚度决定于振动棒的棒长和振动力大小,也要考虑混凝土的供应量大小和可能浇筑量的大小。每层厚度 400mm 左右。

4. 表面处理

按标高控制线,刮杠刮平后,木抹子压实抹面,用铁滚子碾压数遍,然后用木抹压实收光。及时覆盖塑料布,防止混凝土表面失水开裂。

5. 混凝土的养护

基础浇筑完毕,表面应覆盖和洒水养护,并防止浸泡地基。待混凝土强度达到设计强度的25%以上时,即可拆除梁的侧模。

6. 大体积混凝土的浇筑

对于筏板基础大都属于大体积混凝土浇筑,要及时做好大体积混凝土的测温和养护。大体积混凝土的表面处理和养护工艺的实施是保证混凝土质量的重要环节。掺加膨胀剂的混凝土需要更充分的水化,对大体积混凝土更应注意防止升温和降温的影响,防止过大的内部及表面与大气的温差,温差控制在25℃之内。在混凝土浇筑两小时后按标高用长刮尺初步刮平后,木抹子压实抹面,用铁滚子碾压数遍,然后用木抹压实收光。之后立即覆盖一层塑料布,塑料布的搭接不少于100mm,在钢筋头周围再覆盖一层塑料布,将混凝土表面盖严,以减少水分的损失,保温保湿。

7. 后浇带的处理

筏板基础底板上设置后浇带。混凝土浇筑前在后浇带及变形缝处采用快易收口网。该产品由热浸镀锌钢板制成,自重轻,安装方便,具有先进的科学性和广泛实用性。底板后浇带两侧设钢板止水带。混凝土浇筑前做好混凝土等级试配,采用比原有混凝土抗压强度和抗渗要求提高一个等级的混凝土,膨胀剂比原有混凝土增加。在浇筑后浇带混凝土之前,应清除垃圾、水泥薄膜,剔除表面上松动砂石、软弱混凝土层及浮浆,用水冲洗干净并充分湿润不少于24h,残留在混凝土表面的积水应予清除。混凝土要振捣密实使新旧混凝土紧密结合。

8. 基坑回填

当筏板混凝土达到设计强度的30%时,应进行基坑回填。基坑回填应在四周同时进行,并按基底排水方向由高到低分层进行。

9. 基础底板的观测

在基础底板上埋设好沉降观测点,定期进行观测、分析,并且做好记录。

第四节 基础验收、回填

一、基础验收

1. 基础模板验收

分为模板安装和模板拆除。

（1）模板安装

主控项目为模板支撑、立柱位置和垫板、避免隔离剂污染。

一般项目为模板安装的一般要求、用作模板地坪、胎膜质量、模板起拱高度、预埋件预留孔的允许偏差、模板安装允许偏差。

（2）模板拆除

主控项目为底模及其支架拆除时的混凝土强度、后张法预应力构件侧模和底模的拆模时间、后浇带拆模和支顶。一般项目为避免拆模损伤、模板拆除、堆放和清运。

2. 基础钢筋验收

分为钢筋加工和钢筋安装。

（1）钢筋加工

主控项目为力学性能检验、抗震用钢筋强度实测值、化学成分等专项检验、受力钢筋的弯钩和弯折、箍筋弯钩形式。

一般项目为外观质量、钢筋调直、钢筋加工的形状和尺寸（受力钢筋顺长度方向全长的净尺寸、弯起钢筋的弯折位置、箍筋内净尺寸）。

（2）钢筋安装

主控项目为纵向受力钢筋的连接方式、机械连接和焊接接头的力学性能、受力钢筋的品种级别规格和数量。

一般项目为接头位置和数量、机械连接和焊接的外观质量、机械连接和焊接的接头面积百分率、绑扎搭接接头面积百分率和搭接长、搭接长度范围内箍筋、钢筋安装允许偏差。

3. 基础混凝土验收

分为混凝土原材料及配合比和混凝土施工。

（1）混凝土原材料及配合比

主控项目为水泥进场检验、外加剂质量及应用、混凝土中氯化物、碱的总含量控制、配合比设计。一般项目为矿物掺合料质量及掺量、粗细骨料的质量、拌制混凝土用水、开盘鉴定、依砂石含水率调整配合比。

（2）混凝土施工

主控项目为混凝土强度等级及试件的取样和留置、混凝土抗渗及时间取样和留置、原材料每盘称量的偏差、初凝时间控制。一般项目为施工缝的位置和处理、后浇带的位置和浇筑、混凝土养护。

4. 现浇结构外观及尺寸偏差

主控项目为外观质量、过大尺寸偏差处理及验收。

一般项目为外观质量一般缺陷、轴线位移、垂直度（层高、全高）、标高（层高、全高）、截面尺寸、电梯井（进筒长宽对定位中心线、井筒全高垂直度）、表面平整度、预埋设施中心线位置（预埋件、预埋螺栓、预埋管）、预留洞中心位置。

二、土方回填

在土方回填中为保证填方工程满足强度、变形和稳定性方面的要求，既要正确选择填土的土料，又要合理选择填筑和压实方法。土方回填前应清楚基地的垃圾、树根等杂物，抽除坑穴积水、淤泥，验收基底标高。如在耕植土或松土上填方，应在基底压实后再进行。

1. 土料选择

对填方土料应按设计要求验收后方可填入。

2. 铺土方式

大面积回填土，采用汽车运输土方直接倒入应填部位，采用铲运机二次倒运、平铺，人工表面整平方式；基坑肥槽回填，采用人工推土人工平铺的回填方式。

3. 施工要求

根据工程特点、填料种类、设计压实系数、施工条件等合理选择压实机具，并确定填料含水量控制范围、铺路厚度和压实遍数等参数。对于重要的填方工程或采用新型压实机具时，压实参数应通过压实试验确定。如无试验依据应符合表 2-5 的要求。

4. 填土工程质量检验

在大面积压实前，先进行局部试压，试压期间根据虚铺厚度及其他综合因素，确定符合规定压实系数的碾压遍数；打夯应一夯一打，夯夯相接，行行相连，

表 2-5　填方施工时的分层厚度及压实遍数

压实机具	分层厚度/mm	每层压实遍数
平碾	250～300	6～8
振动压实机	250～350	3～4
柴油打夯机	200～250	3～4
人工打夯	<200	3～4

纵横交叉。

回填最上层土时,室外部分应充分考虑表面地面做法厚度、设计排水坡度、散水坡度及做法厚度、管线、管沟等;室内部分应充分考虑地面做法厚度、整体排水坡向及坡度等后续施工内容,避免出现回填标高达不到要求,过高或过低。

修整找平:填土全部完成后,应进行表面拉线找平,凡超过标准高程的地方,及时依线铲平;凡低于标准高程的地方,应补土夯实。

5. 取样抽检

回填土每层填土夯实后,应按规范规定进行环刀取样,取样应有代表性:见证取样后,将样土装入塑料袋密封,及时送实验室进行压实系数或质量干密度等试验,对取样部位做记录,以便与试验结果进行校核,达到要求后,再进行上一层的铺土。

6. 验收

验收项目:基底处理,必须符合设计要求或施工规范的规定;回填的土料,必须符合施工方案或施工规范的规定;回填土必须按规定分层夯实。取样测定夯实后的干土质量密度,其合格率不应小于 90%,不合格的干土质量密度的最低值与设计值的差,不应大于 0.08g/cm³,且不应集中;环刀取样的方法及数量应符合规定。

允许偏差:表面平整度(用 2m 靠尺和楔形尺量检查)为 20mm。

第三章 粉喷桩复合基础施工

第一节 粉喷桩施工

一、施工准备

1. 材料准备

（1）原材料准备

采用水泥作为固化剂材料，在其他条件相同，在同一土层中水泥掺入比不同时，水泥土强度将不同。由于块状加固属于大体积处理，对于水泥土的强度要求不高，因此为了节约水泥，降低成本，可选用 7%~12% 的水泥掺量。水泥掺入比大于 10% 时，水泥土强度可达 0.3MPa~2MPa 以上。一般水泥掺入比 aw 采用 12%~20%。水泥土的抗压强度随其相应的水泥掺入比的增加而增大，但因场地土质与施工条件的差异，掺入比的提高与水泥土强度增加的百分比是不完全一致的。水泥进入建筑场地，注意结块、失效，混入纺织带、水泥纸的原料不准入库。

水泥标号直接影响水泥土强度，水泥土强度等级提高 10 级，水泥土强度 f_{cu} 约增大 20%~30%。如果要达到相同强度，水泥强度等级提高 10 级可降低水泥掺入比 2%~3%。

水泥进入工地后存放在水泥棚中，为了避免水泥在棚中受潮，在地面上搁置模板支架作支垫。水泥入库、出库后严格登记水泥台账，以便在施工时能及时核对每天完成的喷粉桩数量和水泥用量是否相符。每批水泥进场后，项目部实验室及时按频率抽检，检测水泥各种物理性能。

（2）掺灰量配比确定

1）土样物理性质实验

试桩前，项目部试验室将分别选取有代表性位置进行钻孔取不同层面的天然土样，对取出的土样进行物理性质的实验。

2）掺灰量的确定

本工程通过室内 45kg/m、50kg/m、55kg/m 三种灰剂量的配比和试件抗压强度试验发现，随着水泥掺量的增加，试件的无侧限抗压强度明显增加，且不同掺灰量的水泥随着龄期的增长，其无侧限抗压强度明显增加。项目部在保证质量、节约成本的前提下，选用 50kg/m 的掺灰量。

3）通过室内配合比进行试桩

粉喷桩施工前应根据设计进行工艺性试桩，数量不得少于 2 根。当桩周位成层土时，应对相对软弱土层增加搅拌次数或增加水泥掺量。通过试桩来确定搅拌次数、喷灰量、下钻的速度、提升速度及水泥泵中水泥粉压力等参数。

工艺性试桩目的如下：提供满住设计固化剂掺入量的各种操作参数；验证搅拌均匀程度及成桩直径；了解下钻及提升的阻力情况，并采取相应的措施。

2. 粉喷桩施工准备

粉体喷搅法（干法）粉喷施工机械必须配置经国家计量部门确认的具有能瞬时检测并记录出粉量计量装置及搅拌深度自动记录仪。一般由搅拌主机、粉体固化材料供给机（包括材料储存罐、输送机）、空气压缩机、搅拌翼和动力部分组成。

（1）搅拌主机

搅拌主机是粉体喷搅法施工的主要成桩机械。国产水泥搅拌机的搅拌头大都采用双层（或多层）十字杆形或叶片螺旋形。这类搅拌机头切削和搅拌加固软土十分合适，但对径大于 100mm 的石块，树根和生活垃圾等大块物体的切割能力较差，即使将拌头作了加强处理后已能穿过块石层，但施工效率较低，机械磨损严重。因此，施工时应予以挖出后再填素土为宜，增加的工程量不大，但施工效率却可大大提高。钻机及桅杆架可以安装在汽车上，也可运至工地后移至于地面上进行操作。

（2）粉体固化材料供给机

粉体固化材料供给机工作原理：由空压机输送进来的压缩空气，通过节流阀调节风量的大小，进入气水分离器时压缩空气里气水分离，然后干风到达气体发送喉管，与转鼓定量输出的分体材料混合，成为气粉混合体，进入钻机的旋转龙头，通过空心钻杆喷入地下。粉体的定量输出，由控制转鼓的转速来实现。施工前必须加固工程的地质条件，通过室内实验室，找出最佳粉体掺入量，选用合理的粉体发送量。

（3）空气压缩机

空气压缩机作为粉体喷射风源,其选型主要受加固工程地质条件和加固深度所控制。粉体喷射搅拌法是以机械强制搅拌,气粉混合体只需克服喷灰口处土及地下水的阻力雨喷入土中,通过控制搅拌叶的机械搅拌作用,使灰土混合,形成加固柱体。因此所用空压机的压力不需要很高,风量也不宜太大。

二、粉喷桩施工的一般要求

（1）粉喷桩搅拌机翼片的枚数、宽度应与搅拌头的回转数、提升速度相互匹配,以确保加固深度范围内土体的任何一点均能经过 20 次以上的搅拌。

深层搅拌机施工时,搅拌次数越多,则搅拌和越均匀,水泥土强度也越高,但施工效率就降低。实验证明,当加固范围内土体任何一点的水泥土每遍经过 20 次的拌和,其强度即可达到较高值,每遍搅拌次数 N 由下式计算:

$$N = \frac{h \cos \beta \sum Z}{V} n$$

式中 h——搅拌叶片的宽度(m);

β——搅拌叶片与搅拌轴的垂直夹角(°);

$\sum Z$——搅拌叶片的总枚数;

V——搅拌头的提升速度(m/min)。

（2）竖向承载搅喷柱桩施工时,停灰面应高于桩顶设计标高 300~500mm。搅拌法在施工到顶端 0.3~0.5m 范围时,因上覆盖压力较小,搅拌质量较差,因此,其场地整平标高再高 0.3~0.5m,桩制作时仍施工到地面,待开挖基坑时,再将上部 0.3~0.5m 的桩身质量较差的挖去, 当搅拌桩作为承重桩进行基坑开挖时,桩身水泥已有一定的强度,若有机械开挖基坑,往往容易碰坏桩顶,因此基底标高以上采用 0.3m,宜采用人工开挖,以保护桩头质量。

（3）施工中应保持搅拌桩的底盘的水平和导向架的竖直,搅拌桩的垂直偏差不得超过 1%, 桩位的偏差不得大于 50mm, 成桩直径和桩长不得小于设计值。桩位偏差是指桩后的偏差,因此对于桩位放线的偏差不得大于 20mm。

（4）水泥土搅拌法施工步骤应为:

①搅拌机就位、调平。

②搅拌下沉至设计加固深度。

③边喷粉、边搅拌提升至要预定的停灰面。

④重复搅拌下沉至设计加固深度。

⑤根据设计要求,喷粉或仅搅拌提升至预定的停灰面。

⑥关闭搅拌机械。

在预(复)搅下沉时,也可采用喷粉施工工艺。按此施工步骤进行,就能达到搅拌均匀、施工速度较快的目的,其关键点是必须确保全桩上下至少再重复搅拌一次。

三、粉喷桩施工工艺

深层搅拌水泥粉喷桩施工工艺分为就位、钻入、预览、搅拌、成桩等过程。

1. 深沉搅拌机就位

钻机移至桩位,调整钻机平台、导向架,分别以经纬仪、水平尺在钻杆及转盘的两正交方向校正垂直度和水平度,使钻机倾斜小于 1.5%。检查钻头直径,使钻头对中桩位误差不大于 5cm,测定钻杆长度,记录储存罐初使读数及钻杆初始标高。

2. 储料

打开粉喷机料罐上盖,按(设计有效桩长 + 余桩长)× 每米用料计算出水泥用量。将水泥过筛,加料入罐,第一罐应多加一袋水泥。关闭粉喷机灰路蝶阀、球阀,打开气路蝶阀。

3. 预搅下沉

开动钻机,启动空气压缩机后缓慢打开气路调节阀,对钻机供气,视地质及地下障碍物情况采用不同转速正转下钻,宜用慢档先试钻。观察压力表读数,随钻杆下钻压力增大而调节压差,使后阀较前阀大 0.02~0.05MPa。下钻过程主要搅拌软土,为了避免堵塞喷射口,要求边旋转边喷高压气,有利于钻进,减少负扭矩。

4. 提升喷粉

钻头钻到设计桩长底标高,关闭气路蝶阀,反转提升,打开调速电机,视地质情况调整转速,旋转提升同时开启灰路蝶阀开始喷粉。钻机正转下钻复搅,反转提钻复喷。根据地质情况及余灰情况重复数次,保证桩体水泥土搅拌均匀。大提升到设计停灰标高后,应慢速在原地搅拌 1~2min。

5. 复搅下沉

为保证桩体中水泥粉更均匀,须再次将钻头下钻到设计深度,提升复搅时,速度仍控制在 1.08m/min,复搅深度一般为桩长的 1/3,且不小于 5m。桩长不足 5m 的要调桩复搅。

6. 成桩

钻头提至桩顶标高下 0.5m 时,关闭调速电机,停止供灰,充分利用管内余灰喷搅。原位旋转钻具 2min,脱开减速箱、离合器,将钻头提离地面 0.2m。打开球阀,减压放气,打开料罐上盖,检查管内余灰。

钻机移位,进入下一个成桩位。

四、现场施工应注意事项

(1)每个场地开工前的成桩工艺试提必不可少,由于制桩的喷灰量与土性、孔深、气流量等有关,故粉喷桩施工前应仔细检查搅拌机械、供粉泵、送气(粉)管路、接头和阀门的密封性、可靠性。送气(粉)管路长度不宜大于 60m,减少送粉阻力,保证送粉量恒定,满足设计要求。

(2)搅拌头每旋转一周,其提升高度不得超过 16mm,保证搅拌的均匀性。但每次搅拌时,桩体将出现极薄软弱结构面,对承受水平剪力不利,一般可通过复搅的方法来提高桩体的均匀性,消除软弱结构面,提高桩体抗剪力强度。

(3)当搅拌达到设计桩底以上 1.5m 时,应即开启喷粉机提前进行喷粉作业。搅拌头提升到地面下 500mm 时,喷粉机应停止喷粉。

(4)每根桩完成后,及时检查电脑小票中的各种技术参数,如出现桩体中喷粉量不足时,应及时整桩复打,复打的喷灰量应不小于设计喷灰量,如果出现机械故障喷粉中断时,必须复打,复打重叠应超过 1m,防止断桩。

(5)固化剂从料罐到喷灰口有一点的时间延迟,要严格控制喷粉提升时的速度和复搅速度,严禁尚未喷粉的情况下提升钻杆作业。

(6)贮灰罐容量应超过一根桩的灰量加 50kg,当贮灰量不足时,不得对下一根桩进行施工。粉喷桩进口处设滤网,防止结块的水泥或杂物进入储灰罐。需要在地基天然含水量小于 30% 的土层喷粉成桩时才应用地面注水搅拌工艺,保证地下水位以上区段的水泥土水化完全,保证桩身强度。

(7)钻头经过一段时间施工后,应卸下来检查其尺寸,定期复核检查,其磨耗量不得大于 10mm。保证打出来的桩体尺寸能满足规范要求,否则将予以更换。

(8)施工过程中复搅时可能会出现卡钻头现象,因为经喷过粉的黏土与钻头的摩擦阻力增大从而出现卡钻现象。可以采用复搅时沿钻杆加水减少摩擦阻力，以满足整桩复搅的需要。

第二节　粉喷桩检测、验收

一、粉喷桩检测、验收的基本规定

1.验收阶段

粉喷桩地基检测验收分 3 个阶段。

(1)施工前应检查水泥及外掺剂的质量、桩位、搅拌机工作性能及各种计量设备完好程度。

(2)施工中应检查机头提升速度、水泥注入量、搅拌柱的长度及标高。

(3)施工结束后,应检查桩体强度、桩体直径及地基承载力。进行强度检测时,对承载粉喷桩应取 90d 后的试件。

2.粉喷桩地基质量检验标准

粉喷桩地基质量检验标准应符合表 3–1 的规定。

表 3–1　粉喷桩地基质量检验标准

项目	序号	检查项目	允许偏差或允许值		检查方法
			单位	数值	
主控项目	1	水泥及外掺剂质量	设计要求		查产品合格证书或抽样送检
	2	水泥用量	参数指标		查看流量计
	3	桩体墙体	设计要求		按规定办法
	4	地基承载力	设计要求		按规定办法
一般项目	1	机头提升速度	m/min	≤0.5	量机头上升距离及时间
	2	桩底标高	mm	±200	测机头速度
	3	桩顶标高	mm	+100	水准仪
				−50	(最上部 50mm 不计入)
	4	桩位偏差	mm	<50	用钢尺量
	5	桩径		<0.04D	用钢尺量, D 为桩径
	6	垂直度	%	≤1.5	经纬仪
	7	搭接	mm	>200	用钢尺量

二、完成桩体的质量检验

1.施工过程中的质量检验

搅拌桩的施工质量控制应贯穿在施工的全过程，并应坚持全程的施工监理。施工过程中必须随时检查施工记录和计量记录,并对照规定的施工工艺对每根桩进行质量评定。施工记录应反映每根桩施工全过程的真实情况,应按规范规定的内容填写,应做到详尽、完善、真实并及时汇总分析,凡是需要了解的施工问题,应都能从施工记录中找到答案,检查的重点是:水泥用量、桩长、搅拌头转速和提升速度、复搅次数和复搅深度、停浆处理方法等。

对每根制成的粉喷桩须随时进行检查:施工人员和监理人员签字后作为施工档案。除进行上述的施工质量检查外,还需进行如下的施工质量检验:

(1)桩位。通常定位偏差不应超过50mm。施工前在桩中心插桩位标复原,以便验收。

(2)桩顶、桩底高程。均不应低于设计值,桩底一般应超过100~200mm,桩顶应超过0.5m。

(3)桩身垂直度。每根桩施工时均应用水准尺或其他方法检查导向架和搅拌轴的垂直度,间接测定桩身垂直度。通常垂直度误差不应超过1.5%。当设计对垂直度有严格要求时,应按设计标准检验。

(4)桩身水泥掺量。按设计要求检查每根桩的水泥用量。通常考虑到按整包水泥计量的方便,允许每根桩的水泥用量在±25kg(半包水泥)范围内调整。

(5)水泥强度等级。水泥品种按设计要求选用。对无质保书或有质保书的小水泥厂的产品,应先做试块强度试验,试验合格后方可使用。对有质保书(非乡办企业)的水泥产品,可在搅拌施工时,进行抽查试验。

(6)搅拌头上提喷粉速度。一般均在上提时喷粉,提升速度不超过0.5m/min。通常采用二次搅拌。当第二次搅拌时不允许出现搅拌头未到桩顶,水泥粉已拌完的现象。有剩余时可在桩身上部第三次搅拌。

(7)外掺剂的选用。采用的外掺剂应按设计要求配置。常用的外掺剂有氯化钙、碳酸钠、三乙醇胺、木质素磺酸钙、水玻璃等。

(8)喷粉搅拌的均匀性。应有水泥自动计量装置,随时指示喷粉过程中的各种参数,包括压力、喷粉速度和喷粉量等。

(9)喷粉到距地面1~2m时,应无大量粉末飞扬,通常需适当减小压力,在孔口加防护罩。

(10)对基坑开挖工程中的侧向围护桩,相邻桩体要搭接施工,施工应连续,其施工间歇时间不宜超过8~10h。

2. 成桩的质量检验

（1）对成桩 7d 的粉喷桩检测

随机按规定频率进行以下几项检测：

1）浅部开挖：属自检范围。成桩 7d 后，采用浅部开挖桩头（深度不宜超过停灰面以下 0.5m），目测检查外观是否圆顺，水泥土是否密实，搅拌是否均匀，量测成桩直径，检测量为总桩数的 5%。

2）成桩 3d 后，用 N 轻型动力触探仪检测每米桩身的均匀性。检验数量为施工总桩数的 1%，且不少于 3 根。触探部位距桩头标高以下 10cm、150cm、270cm 开始触探，每 10cm 触探击数应大于 30 击，连续触探 30cm，累计不少于 100cm；对达不到触探击数要求的粉喷桩，待 28d 龄期进行钻芯取样检测。

（2）28d 龄期的粉喷桩检测

1）通过钻取的芯样检测桩体喷粉和搅拌是否均匀，桩体有没有断粉现象，桩长是否达到设计要求。

2）对芯样进行加工、磨制成等高试件做无侧限抗压强度试验，尽可能在芯样上、中、下 3 个部位各磨制一组，一组 3 个试件，根据 3 个试件的代表值评定桩体强度。

检验数量为桩总数的 0.5%~1%，且每项单体工程不少于 3 点。

3. 单桩和复合地基承载力检验

竖向承载水泥土搅拌桩地基竣工验收时，承载力检验应采用复合地基荷载试验和单桩荷载试验。通过 28d 钻芯取样检测评估不合格的施工面，将采用静荷载试验，检验复合地基承载力或单桩承载力。静荷载试验每施工面不小于 3 点，取 3 点的代表值确定其是否满足设计要求。

三、桩体强度及地基承载力检测方法

桩体强度及地基承载力检测的主要方法，见表 3-2。

表 3-2　桩体强度及地基承载力检测方法

检测方法	具体内容
轻便触探仪触探法	该方法也是规范规定的方法。轻便触探需在早期进行，一般龄期不能超过 5~7d。且轻便触探探测深度不超过 4m，故对粉喷桩深层质量无法测定，和前一种方法一样，测定结果无代表性
挖桩检查法	挖桩检查法是目前软基础设计规范规定的方法，要求按桩总数 2% 的取样，挖桩检查桩的成型情况，然后分别在桩顶以下 50cm、150cm 等部

	位截取足尺桩头,进行无侧限抗压强度试验。该方法对于粉喷桩易于出问题的下部则无法检测。不仅挖桩、截桩头工程量大,而且破坏了天然地层,回填困难
静载试验法	该方法能根据桩承载力的大小定性地确定桩体质量,但由于测试费用较高,每个工程只能抽检很少数量,故测试结果也无代表性
动测法	主要是指低应变动测法,它是基于一维波动理论,利用弹性波的传播规律来分析桩身完整性。检测速度快,检测简单,但国内大量资料表明,粉喷桩桩体强度与波速之间关系离散,桩端阻抗与周围介质没有明显变化,桩底反射不明显,因而难以用动测法评价桩身质量
钻孔取芯法	采用地质钻机对粉喷桩进行全程钻孔取芯样(龄期一般为 28d),这是目前粉喷桩质量检测中常用的方法,测定结果能较好地反映粉喷桩的整体质量。但该方法也存在检测时间长、钻孔费用高,钻孔取芯时间一般需在 28d 以后,难以对粉喷桩质量实施动态控制等问题

第四章 预制钢筋混凝土柱基础施工

第一节 沉桩设备选用

一、锤击沉桩施工机具

锤击法是利用桩锤的冲击力克服土对桩的阻力将桩尖送到设计深度。打桩设备包括桩锤、桩架和动力设装置。

1. 桩锤

桩锤的作用是对桩施加冲击力,将桩打入土中。桩锤主要有落锤、单动汽锤、双动汽锤、柴油锤等。

(1)落锤

一般由生铁铸成,利用卷扬机提升,以脱钩装置或松开卷扬机刹车使其落到桩头上,逐渐将桩打入土中。落锤重力为5~20kN,构造简单,使用方便,故障少。适用于普通黏性土和含砾石较多的土层中打桩。但打桩速度较慢,效率低,提高落锤的落距,可以增加冲击能,但落距太高又会击坏桩头,故落距一般以1~2m为宜。只有当使用其他锤型不经济或小型工程才使用。

(2)单动汽锤

单动汽锤(见图4-1)的冲击部分为气缸,活塞是固定于桩顶上的,动力为蒸汽。其工作过程和原理是:将锤固定于桩顶上,用软管连接锅炉阀门,引蒸汽入气缸活塞上部空间,因蒸汽压力推动而升起气缸。当升到顶端位置时,停止供气并排出气体,汽锤则借自重下落到桩顶上击桩。如此反复循环进行,逐渐把桩打入土中。气缸只在上升时耗用动力,下落完全靠自重。单动汽锤的落锤重力为30~150kN,具有落距小、冲击大的优点,其打桩速度较自由落锤快,适用于打各种桩。但存在蒸汽没有被充分利用、软管磨损较快、软管与汽阀连接处易脱开等缺点。

(3)双动汽锤

图 4-1　单动汽锤示意图

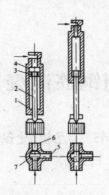

1—汽缸;2—活塞杆;3—活塞;4—活塞提升室;5—进汽口;6—排汽口;7—换向阀门

双动汽锤(见图 4-2)的冲击部分为活塞,动力是蒸汽。汽缸是固定在桩顶上不动的,而汽锤是在汽缸内,由蒸汽推动而上下运动。其工作过程和原理是:先将桩锤固定在桩顶上,然后将蒸汽由汽锤的气缸调节阀引入活塞下部,由蒸汽的推动而升起活塞,当升到最上部时调节阀在压差的作用下自动改变位置,蒸汽即改变方向而进入活塞上部,下部气体则同时排出,如此反复循环进行而逐渐把桩打入土中。双动汽锤的桩锤升降均由蒸汽推动,当活塞向下冲时,不仅有其自身重力,而且受到上部气体向下的压力,因此冲击力较大。双动汽锤的质量为 0.6~6t,具有活塞冲程短、冲击力大、打桩速度快、工作效率高等优点。适用于打各种桩,也可以用于拔桩和水下打桩。

图 4-2　双动气锤示意图

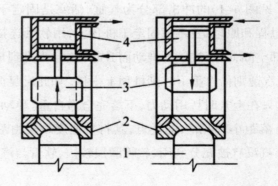

1—桩;2—垫座;3—冲击部分;4—蒸汽缸

（4）柴油锤

柴油锤是以柴油为燃料,利用柴油点燃爆炸时膨胀产生的压力,将锤抬起,然后自由落地下冲击桩顶,同时汽缸中空气压缩,温度骤增,喷嘴喷油,柴油在汽缸内自行燃烧爆发,使汽缸上抛,落下时又击桩进入下一循环。如此不断落下、上抛,反复循环进行,把桩打入土中。根据冲击部分的不同,柴油锤可分为导杆式、活塞式和筒式三大类。导杆式柴油锤的冲击部分是沿导杆上下运动的汽缸,筒式柴油锤的冲击部分则是往返运动的活塞。

柴油锤打桩具有功效高,结构简单,移动灵活,使用方便,不需沉重的辅助设备,也不需从外部供给能源等优点,但也有施工噪声大、油滴飞散、排出的废气污染环境等缺点。不适用于在过硬或过软的土层中打桩。因为土很松软时,对于桩的下沉没有多大的阻力,以致汽缸向上抛起的距离很小,当汽缸再次降落时,不能保证燃料室中的气体压缩到发火燃烧的程度,柴油锤停止工作。柴油锤多用于打木桩、钢板桩及长度在 12m 以内的钢筋混凝土桩。

液压锤是在城市环境保护要求日益提高的情况下研制出的新型、低噪声、无油烟、能耗省的打桩锤。它是由液压推动密闭在锤壳体内的芯锤活塞柱,令其往返实现夯实作用,将桩沉入土中。

桩锤的类型,应根据施工现场情况、机具设备条件及工作方式和工作效率进行选择。桩锤类型选定之后,还要根据重锤低击的原则确定桩锤的重量。桩锤过重,所需动力设备也大,不经济;桩锤过轻,必将加大落距,锤击功能很大部分被桩身吸收,桩不易打入,且桩头容易被打坏,保护层可能震掉。轻捶高击所产生的应力,还会促使距桩顶 1/3 桩长范围内的薄弱处产生水平裂缝,甚至使桩身断裂。因此,选择稍重的锤,用重锤低击和重锤快击的方法效果较好。一般可根据地质条件、柱型、桩的密集程度、单桩竖向承载力及现有施工条件等决定。

2. 桩架

桩架的作用是支持桩身和桩锤,将桩吊到打桩位置,并在打桩过程中引导桩的方向,保证桩锤沿着所要求的方向冲击。选择桩架时,应考虑桩锤的类型、桩的长度和施工条件等因素。桩架的高度由桩的长度、桩锤高度、桩帽厚度及所用滑轮组的高度来决定。此外,还应留 1~2m 的高度作为桩锤的伸缩余地。

桩架的形式一般有滚筒式桩架、多功能桩架和履带式桩架(见表 4-1)。

表 4-1　桩架的形式

形式	具体内容
多功能桩架	由立柱、斜撑、回转工作台、底盘及传动机构等组成。它的机动性和适应性较大，在水平方向可作 360° 回转，导架可伸缩和前后倾斜。底盘下装有铁轮，可在轨道上行走。这种桩架可用于各种预制桩和灌注桩施工。缺点是机构较庞大，现场组装和拆卸、转动较困难
履带式桩架	履带式桩架以履带式起重机为底盘，利用履带式起重机动力，增加导架、桩锤、导杆等。其行走、回转、起升的机动力较好，性能灵活、移动方便，目前应用较广
滚筒式桩架	行走靠两根钢混筒在垫木上滚动，优点是结构比较简单、制作容易，但平面转弯调头不灵活，须人工与动力装置配合

3. 动力装置和辅助设施

打桩机械的动力装置和辅助设备主要根据选定的桩锤种类而定。落锤以电源为动力，再配置电动卷扬机、变压器、电缆等；蒸汽锤以高压饱和和蒸汽为驱动力，配置蒸汽锅炉、蒸汽绞盘等；汽锤以压缩空气为动力源，需配置空气压缩机、内燃机等；采用柴油锤，以柴油为能源，桩锤本身有燃烧室，不需要外部动力设备。当桩锤轻或遇到砂土、砂夹卵石等锤击下沉困难时，可采取射水沉桩辅助设备配合使用。射水设备包括水泵站、运水管路、射水管等。射水效果取决于水压和水量。

为提高打桩效率和沉桩精度，保护桩锤安全使用和桩顶免遭破损，应在桩顶加设桩帽，如图 4-3 所示，并根据桩锤和桩帽类型、桩型、地质条件及施工条件等多种因素，合理选用垫材。位于桩帽上部与桩锤相隔的垫材称为锤垫，常用橡木、桦木等硬木按纵纹受压使用，有时也可采用钢索盘绕而成。近年来也有使用层状板及化塑型缓冲垫材的。对重型桩锤尚可采用压力箱式或压力弹簧式新型结构锤垫。桩帽下部与桩顶相隔的垫材称桩垫。桩垫常用松木横纹拼合板、草垫、麻布片、纸垫等材料。垫材的厚度应选择合理。

图 4-3　桩帽示意图

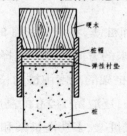

桩基施工一般均在基础开挖前施工，要将桩顶打至地表以下的设计标高，就要采用送桩器送桩。随着高层大型建筑物的兴建,基础顶部的埋深越来越深,此类工程桩基施工的送桩也随之加深,最深可达 10~15m。送桩器一般用钢管制成。送桩器制作要求;要较高的强度和刚度;打入时阻力不能太大;能较容易地拔出;能将锤的冲击力有效地传递到桩上。

二、静力压桩法施工机具

静力压桩法是通过静力压桩机构,以压桩机自重和压桩机上的配重作反力而将钢筋混凝土预制桩分节压入地基土层中成桩。本方法限于压垂直桩及在软土地基施工。静压桩机有顶压式、箍压式和前压式三种类型。

1. 顶压式压桩机

其构造如图 4-4 所示。它是由桩架、压梁、桩帽、卷扬机、滑轮组等组成。压桩时,开动卷扬机,通过桩架顶梁逐步将压梁两侧的压桩滑轮组钢索收紧,并通过压梁将整个压桩机的自重和配重施加在桩顶上,把桩逐渐压入土中。其行走机构为步履式,最大压桩力达 1500kN。这种压桩机通常可自行插桩就位,施工简单,但由于受压住高度的限制,桩长一般限为 12~15m。对于长桩,需分布制作、压桩。由于受桩架底盘尺寸限制,临近已有建筑物处沉桩时,需保持足够的施工距离。

图 4-4 顶压式压装机构造示意图

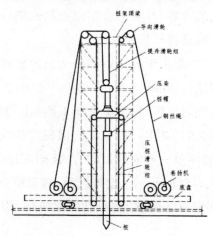

2. 箍压式压桩机

箍压式压桩机是近年新发展的机型。全液式操纵,行走机构为新型的液压步履机,前后左右可自由行走,还可作任何角度的回转,以电动液压油泵为动力,最大压桩力可达7000kN,配有起重装置,可自行完成桩的起吊、就位、接桩和配重装卸。它是利用液压夹持装置抱夹桩身,再垂直压入土中,可不受压桩高度的限制。同样,由于受桩架底盘尺寸大的限制,邻近建筑物处沉桩时,需保持足够的施工距离。

3. 前压式压桩机

它是最新的压桩机型,其行走机构有步履式和履带式。最大压桩力可达1500kN。可自行插桩就位,还可作3600旋转。压桩高度可达20m,有利于减少接桩工序。由于不受桩架底盘的限制,适宜在邻近建筑物处沉桩。

第二节 沉桩施工

一、锤击法施工

1. 打桩顺序

打桩对土体的挤密作用,使先打的桩因受水平推挤而造成偏移和变位,或被垂直挤拔造成浮桩:而后打入的桩因土体挤密,难以达到设计标高或入土深度,或造成隆起和挤压,载桩过大。所以,群桩施打时,为了保证打桩工程质量,防止周围建筑物受挤土的影响,打桩前应根据桩的密集程度、桩的规格、长短和桩架移动方便程度来正确选择打桩顺序。

当桩较密集时(桩中心距小于等于四倍桩边长或桩径),应由中间向两侧对称施打或由中间向四周施打,如图4-5(c)、如图4-5(d)所示。这样,打桩时土体由中间向两侧或向四周均匀挤压,易于保证施工质量。当桩数较多时,也可采用分区段施打。当桩较稀疏时(桩中心距大于四倍桩边长或桩径),可采用上述两种顺序,也可采用由一侧向单一方向施打的方式(即逐排打设)或由两侧同时向中间施打,如图4-5(a)、4-5(b)所示。逐排打设,桩架单方向移动,打桩效果高。但打桩前进方向一侧不宜有防侧移、防震动的建筑物、构筑物、地下室管线等,以防被土体挤压破坏。

当桩规格、埋深、长度不同时,宜先大后小,先深后浅,先长后短施打;当一侧毗邻建筑物时,由毗邻建筑物向另一方向施打;当桩头高出地面时,桩机宜用

图 4-5 打桩顺序

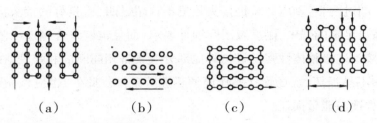

（a）　　　　　（b）　　　　　（c）　　　　　（d）

往后退打，否则可采用往前顶打。

锤击法（打桩）施工应用比较普遍，打桩须在桩的混凝土强度达到设计标准（同条件养护）后进行沉桩。超 500 击的锤击桩应符合桩体强度及 28d 龄期的两项条件后方可施工。

2. 打桩工艺

打桩过程包括：场地准备（三通一平和清理地上、地下障碍物）、桩位定位、桩架移动和定位、吊桩和定桩、打桩、接桩、送桩、截桩。

（1）打桩

在桩架就位后即可吊桩，利用桩架上的卷扬机将桩吊成垂直状态送入导杆内，对准桩位中心，缓缓放下插入土中。桩插入时校正其垂直度偏差不超过 0.5%，桩就位后，在桩顶安上桩帽，然后放下桩锤轻轻压住桩帽。桩锤、桩帽和桩身中心线应在同一垂直线上，在桩的自重和锤重作用之下，桩向土中沉入一定深度而达到稳定。这时再校正一次桩的垂直度，即可进行沉桩，为了防止击碎桩帽，应在混凝土桩的桩顶与桩帽之间、桩锤与在桩帽之间放上硬木、粗草纸或麻袋等垫材作为缓冲层。

打桩时为取得良好效果宜用"重锤低击"。桩开始打入时，桩锤落距宜低，一般为 0.6~0.8mm，使桩能正常沉入土中，当桩入土宠深度约 1~2m，桩尖不易产生偏移时可适当增大落距，并逐渐提高到规定的数值，连续锤击。

当桩顶设计标高在地面以下时，需用专制的送桩加接在桩顶上，继续锤击将其送沉地下。

（2）接桩

当施工设备条件对桩的限制长度小于桩的设计长度时，需采用多节桩段连接而成。这些沉入地下的连接接头，其使用状况的常规检查将是困难的。多节桩段的垂直承载力和水平承载能力将受其影响，桩的贯入阻力也将有所增大。影响程度主要取决于接头的数量、结构形式和施工质量。规范规定混凝土预制桩接头不宜超过两个,预应力管桩接头数量不宜超过四个。良好的接头构造形式,不仅应满足足够的强度、刚度及耐腐蚀性要求,而且也应符合制造工艺简单、质量可靠、接头连接整体性强与桩材其他部分应具备相同断面和强度,在搬运、打入过程中不易损坏,现场连接操作简便迅速等条件。此外,也应该做到接触紧密,以减少锤击能量损耗。

接头的连接方法有焊接法、浆锚法、法兰接桩法三种类型。

1)焊接法接桩

适用于单桩承载力高、长细比大、桩基密集或须穿过一定厚度较硬土层、沉桩较困难的桩,焊接法接桩的节点构造如图 4-6 所示,焊接用钢板、角钢宜用低碳钢;上、下节桩对准后,将锤降下,压紧桩顶,节点间若有间隙用铁片垫实焊牢;接桩时,上、下节桩的中心线偏差不得大于 5mm,节点弯曲矢高不得大于桩长 1‰,且不大于 20mm;施焊前,节点部位预埋件与角铁要除去锈迹、污垢,保持清洁;焊接时,应先将四角点焊固定,再次检查位置正确后,应由两个对角同时对称施焊,以减少变形,焊缝要连续饱满,焊缝宽度、厚度应符合设计要求,钢管桩接桩一般也采用焊接法接桩。接头焊接完毕,应冷却 1min 后方可锤击,焊接质量按规定进行外观检查, 此外还应按接头总数的 5% 做超声或 2% 做 X 拍片检查,在同一工程内,探伤检查不得少于 3 个接头。

图 4-6 焊接法节点构造示意图

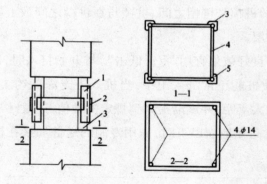

2)浆锚法接桩

可节约钢材、操作简便,接桩时间比焊接法要大为缩短,在理论上,浆锚法与焊接法一样,施工阶段节点能够安全地承受施工荷载和其他外力;使用阶段能同整根桩一样工作,传递垂直压力或拉应力。因在实际施工中,浆锚法接桩受原材料质量、操作工艺等因素影响,出现接桩质量缺陷的几率较高,故应谨慎使用。一般应用于沉桩无困难的地址条件,不宜用于坚硬土层中。

浆锚法接桩节点构造如图 4-7 所示。接桩时,首先将上节桩对准下节桩,使四根锚筋插入锚筋孔(孔径为锚筋直径的 2.5 倍),下降上节桩身,使其结合紧密。然后将它上提约 200mm(以四根锚筋不脱离锚筋孔为度),此时,安设好施工夹箍(由四块木板,内侧用人造革包裹 40mm 厚的树脂海绵块而成),将熔化的硫磺胶泥(温度控制 145°左右)注满锚筋孔和接头平面上,然后将上节桩下落,当硫磺胶泥冷却并拆除施工夹后,即可继续加荷载施压。

图 4-7　浆锚法节点构造示意图

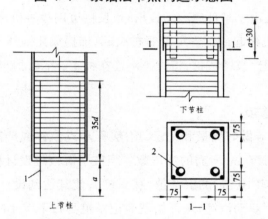

为保证硫磺胶泥接桩质量,应做到:锚筋刷清并调直;锚筋孔内应有完好螺纹,无积水、杂物和油垢;接桩时接点的平面和锚筋孔内应灌满胶泥;灌注时间不得超过 2min。

3)法兰连接桩

主要用于混凝土管桩,法兰有法兰盘和螺栓组成,其材料应为低碳钢。它接桩速度快,但法兰盘制作工艺较复杂,用钢量大。法注盘接合处可加垫沥青纸或石棉板。接桩时,将上下节桩螺栓孔对准,然后穿入螺栓,并对称地将螺帽逐步拧紧。如有缝隙,应用薄铁片垫实,待全部螺帽拧紧,检查上下节桩的纵轴线符合要求后,将锤吊起,关闭油门,将锤自由落下锤击数次,然后再拧紧一次螺帽,最后用电焊点焊固定;法兰盘和螺栓外露部分涂上防锈油漆或防锈沥青胶泥,即可继续沉桩。

（3）截桩

当桩顶露出地面并影响后续桩施工时，应立即进行截桩头，而桩顶在地面以下不影响后续桩施工时，可结合凿桩头进行，截桩头前，应测量桩顶标高，将多桩头多余部分截除，预制混凝土桩可用人工或风动工具（如风镐等）来截除，混凝土空心管桩宜用人工截除。无论采用哪种方法均不得把桩身混凝土打裂，并保持桩身主筋伸入承台内的锚固长度。粘着在主筋上的混凝土碎块要清除干净。当桩顶标高在设计标高以下时，应在桩位上挖成喇叭口，凿去桩头表面混凝土，凿出主筋并焊接接长至设计要求的长度，再用与桩身同强度等级的混凝土与承台一起浇筑。

（4）拔桩

当已打入的桩由于某种原因需拔出时，长桩可用拔桩机进行。一般桩可用人字桅杆借卷扬机拔起或钢丝绳捆紧桩头部，借横梁用液压千斤顶抬起；采用汽锤打桩可直接用蒸汽锤拔桩，将汽锤倒连在桩上，当锤的动程向上，桩受到向上的力即可拔出。

3. 施工注意事项

（1）打桩过程应做好测量和记录，用落锤、单动汽锤或柴油锤打桩时，从开始即需统计桩身每沉 1m 所需的锤击数。当桩下沉接近设计标高时，则应以一定落距测量其每阵（10 击）的沉落值（贯入度），使其达到设计承载力所需求的最后贯入度。如用双动汽锤，从开始就应记录桩身每下沉 1m 所需要的锤击时间，以观察其沉入速度。当桩下沉接近设计标高时，则应测量桩每分钟的下沉值，以保证桩的设计承载力。

（2）桩入土的速度应均匀，锤击间隙的时间不要过长。打桩时应观察桩锤的回弹情况，如回弹较大，则说明桩锤太轻，不能使桩沉下，应及时给以更换。

（3）打桩过程中应经常检查打桩架的垂直度，如偏差超过 1%则及时矫正，以免桩打斜。

（4）随时注意贯入度的变化情况，当贯入度骤减，桩锤有较大回弹时，表明桩尖遇到障碍，此时应将锤击的落距减小，加快锤击。如上述现象仍然存在，应停止锤击，研究遇阻的原因并进行处理。打桩过程中，如突然出现桩锤回弹、贯入度突增，锤击时桩弯曲、倾斜、簸动，桩顶破坏加剧等，则表明桩身可能已经陡坏。

（5）打桩过程中应防止锤击偏心，以免打坏桩头或使桩身折断。若发生桩身折断,桩位偏斜时,须将其拔出重打。拔桩的方法根据桩的种类、大小和入土深度而定,可以利用杠杆原理,使用三脚架卷扬机、千斤顶或汽锤、振动打桩机和拔桩机等进行。打桩中还应特别注意打桩机的工作情况和稳定性。应经常检查机件是否正常,绳索有无损坏,桩锤悬挂是否牢固,桩架移动是否安全等。

二、静力压桩施工

静力压桩是利用压桩机桩架自重和配重的静立压力将预制桩逐节压入土中的沉入方法。这种方法节约钢筋和混凝土,降低工程造价,而且施工时无噪声、无振动,对周围环境的干扰小,适用于软土地区城市中心或建筑物密集处的桩基础工程,以及精密工厂的扩建工程。

1. 静力压桩工艺流程

场地清理和处理→测量定位→尖桩就位、对中、调直→压桩→接桩→再压桩→送桩(或截桩)。

静压力桩施工的具体步骤及方法,见表 4-2。

表 4-2　静压力桩施工的具体步骤及方法

步骤	方法
场地清理和处理	清除施工区域内高空、地上、地下的障碍物。平整、压实场地,并铺上 10cm 厚道砟。由于静压机设备重,对地面附加应力大,应验算其地面耐力,若不能满足要求,应对地表土加以处理(如碾压、铺毛石垫层等),以防机身沉陷
测量定位	施工前应放好轴线和每一个桩位。如在较软的场地施工,由于桩机的行走会挤走预定标志,故在桩机大体就位之后要重新测定桩位
尖桩就位、对中、调直	对于液压步骤式行走机构的压桩机,通过启动纵向和横向行走油缸,将桩尖对准桩位;开动夹持油缸和压桩油缸,将桩箍紧并压入土中 1.0m 左右停止压桩,调整桩在两个方向的垂直度,第一步桩是否垂直,是保证压桩质量的关键
压桩	通过加持油缸将桩夹紧,然后使压桩油缸伸程,将压力施加到桩顶,压桩力由压力表反映。在压桩过程中要记录桩入土深度和压力表读数的关系,以判断桩的质量及沉桩阻力。当压力表读数突然上升或下降时,要对照地质资料进行分析,判断是否遇到障碍物或产生断桩情况等。压同一根(节)桩时,应缩短停歇时间,以防桩周与地基固结、压桩力骤增,造成压桩困难
接桩	当下一节桩压到露出地面 0.8～1.0m 时,开始接桩。应尽量缩短接桩时间,以防桩周与土固结,压桩力骤增,造成压桩困难
送桩或截桩	当桩顶接近地面,而压桩力尚未达到规定值,应进行送桩。当桩顶高出地面一段距离,而压桩力已达到规定值时则要截桩,以便后续压桩和移位

2. 终止压桩控制标准

对摩擦型桩以达到桩端设计标高为终止控制条件;对端承摩擦型长桩以设

计桩长控制为主,最终压力值作对照:对承载力较高的工程桩,终压力值宜尽量接近或达到压桩机满载值;对端承型短桩,以终压力满载值为终压控制条件,并以满载值复压。量测压力等以定期标定数据为准。

3. 施工注意事项

遇到下列情况应停止压桩,并及时与有关单位研究处理:

(1)一是初压时,桩身发生较大幅度移位、倾斜,压入过程中桩身突然下沉或倾斜;

(2)二是桩顶混凝土破坏或压桩阻力剧变。

三、振动沉桩、水冲沉桩

1. 振动沉桩

振动沉桩的原理是借助固定于桩头上的振动沉桩所产生的振动力,以减小桩与土壤颗粒之间的摩擦力,使桩在自重与机械力的作用下沉入土中。

振动沉桩法主要适用于砂石、黄土、软土和亚黏土,在含水层中的效果更为显著,但在砂砾层中采用此法时,尚需配以水冲法。沉桩工作应连续进行,以防间隙过久难以沉下。

2. 水冲沉桩

水冲沉桩法,就是利用高压水流冲刷桩尖下面的土壤,以减少桩表面与土壤之间的摩擦力和桩下沉时的阻力,使桩身在自重或锤击作用下,很快沉入土中。射水停止后,冲松的土壤沉落,又可将桩身压紧。

水冲法适用于砂土、砾石或其他较坚硬土层,特别对于打设较重的混凝土桩更为有效。但在附近有旧房屋或结构物时,由于水流的冲刷将会引起它的沉陷,故在采取措施前,不得采用此法。

第三节　桩基验收

一、预制桩基础质检及验收标准

预制成桩质量检查主要包括制桩、打入(静压)深度、停锤标准、桩位及垂直度检查。制桩应按图制作,其偏差应符合有关规范要求。沉桩过程中应检查每米进尺锤击数、最后一米锤击数、最后三阵贯入度及桩尖标高、桩身垂直度等。

检验标准见表4-3预制桩桩位允许偏差、表4-4预制桩钢筋骨架质量检验标准、钢筋混凝土预制桩质量检验标准所示。

表4-3 预制桩(钢桩)桩位允许偏差

项	项目	允许偏差
1	盖有基础梁的柱 (1)垂直基础梁的中心线 (2)沿基础梁的中心线	 100+0.01H 150+0.01H
2	桩数为1〜3根桩基中线	100
3	桩数为4〜6根桩基中线	1/2桩径或边长
4	桩数为4〜6根桩基中的桩 (1)最外边的桩 (2)中间桩	 1/3桩径或边长 1/2桩径或边长

注:H为施工现场地面标高与桩顶设计标高的距离。

表4-4 预制桩钢筋骨架质置检验标准　单位:mm

项	序	检查项目	允许偏差或允许值	检查方法
主控 项目	1	主筋距桩顶距离	±5	用钢尺量
	2	多节桩锚固钢筋位置	5	用钢尺量
	3	多节桩预埋铁件	±3	用钢尺量
	4	主筋保护层厚度	±5	用钢尺量
一般 项目	1	主筋间距	±5	用钢尺量
	2	桩尖中心线	10	用钢尺量
	3	箍筋间距	±20	用钢尺量
	4	桩顶钢筋网片	±10	用钢尺量
	5	多节桩锚固钢筋长度	±10	用钢尺量

1. 贯入度或标高必须符合设计要求

每根桩打到贯入度要求,桩尖标高进入持力层,接近设计标高时,或打至设计标高时,应进行中间验收。在控制时,一般要求最后三次十锤的平均贯入度,不大于规定的数值,或以桩尖打至设计标高来控制,符合设计要求后,填好施工记录。如发现桩位与要求相差较大时,应会同有前单位研究处理。

2. 平面位置或垂直度必须符合施工规范要求

桩打入后,桩位的允许偏差应符合《建筑地基基础工程施工质量验收规范》的规定。预制桩桩位的偏差必须使桩在提升就位时要对准桩位,桩身要垂直;桩在施工打时,必须使桩身、桩帽和锤三者的中心线在同一垂直线上,以保证桩的垂直入土，短桩接长时，上下节桩的端面要平整，中心要对齐，如发现断面有间隙，应用铁片垫平焊牢；打桩结束基坑挖土时，应制订合理的挖土方案，以防挖土面引起桩的位移和倾斜。

二、桩基验收资料

当桩顶设计标高与施工场地标高相近时，桩基工程的验收应待成桩完毕后进行；当桩顶设计标高低于施工场地标高时，应待开挖到设计标高后进行验收。

基桩验收应包括下列资料：

（1）工程地质勘查报告、桩基施工图、图纸会审纪要、设计变更单及材料代用通知单等。

（2）经审定的施工组织设计、施工方案及执行中的变更情况。

（3）桩位测量放线图，包括工程复核签证单。

（4）成桩质量检查报告；单桩承载力检测报告。

（5）基坑挖至设计标高的桩基竣工平面图及桩顶标高图。

三、桩基工程安全技术

锤击法施工时，施工场地应按坡度不大于 1%，地表承受力不小于 85kPa 的要求进行平整、压实、地下无障碍物。在基坑和围堰内沉桩，要配备足够的排水设备。桩锤安装时，应将桩锤运到桩架正前方 2m 以内，不得远距离斜吊。用桩机吊桩时，必须在桩上拴好溜绳，严禁人员处于桩机与桩之间。起吊 2.5m 以外的混凝土预制桩，应将桩锤落在下部，待桩吊近后，方可提升桩锤。严禁吊桩、吊锤、回转或行驶同时进行。卷扬机钢丝应经常处于油膜状态，方可提升硬性摩擦，钢丝绳的使用及报废标准应按有关规定执行。遇有大雨、雪、雾和六级以上大风等恶劣气候，应停止作业。当风速超过七级或有强台风警报时，应将桩机顺风停置，并增加揽风绳，必需时，应将桩架水平放到地面上。施工现场电器设备外壳必须保护接零，开关箱与用电设备实行一机一闸一保险。

第五章　灌注桩基础施工

第一节　成　孔

一、埋设护筒

1. 护筒的作用

泥浆护壁成孔时应设置护筒,护筒的作用是:

(1)固定钻孔位置。

(2)开始钻孔时对钻头起导向作用:保护孔口防止孔口土层坍塌。

(3)隔离孔内孔外表层水,并保持钻孔内水位高出施工水位,以产生足够的静水压力稳固孔壁。因此埋置护筒要求稳固、准确。

护筒制作要求坚固、耐用、不易变形、不漏水、装卸方便和能重复使用。一般用木材、薄钢板或钢筋混凝土制成(见图 5-1 所示)。护筒内径应比钻头直径稍大,旋转钻须增大 0.1m~0.2m,冲击或冲抓钻增大 0.2~0.3m。护筒选用 4~8nm 厚钢板卷制成圆筒,其端口、接缝处补焊加强;护筒长度及内径为 1.2m×φ0.7m,其上部开设 1~2 个溢浆孔。

图 5-1　护筒示意图

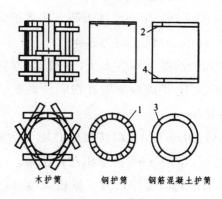

木护筒　　钢护筒　　钢筋混凝土护筒

1—连接螺栓孔;2—连接钢板;3—纵向钢筋;4—连接钢板或刃脚

2. 埋设护筒

护筒埋设可采用下埋式[适于旱地埋置,如图 5-2(a)所示]、上埋式(适于旱地或浅水筑岛埋置,如图 5-2(b)、图 5-2(c)所示)和下沉埋设[适于深水埋置,如图 5-2(d)所示]。

图 5-2 护筒埋设示意图

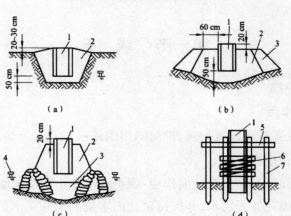

1—护筒;2—夯实黏土;3—砂土;4—施工水位;5—工作平台;6—导向架;7—脚手架

埋置护筒时特别应注意下列几点:

(1)护筒平面位置应埋设正确,偏差不宜大于 50mm。

(2)护筒顶标高应高出地下水位和施工最高水位 1.0~2.0m。无水地层钻孔因护壁顶部设有溢浆口,筒顶也应高出地面 0.2~0.3m。

(3)护筒底应低于施工最低水位(一般低于 0.1~0.3m 即可)。深水下沉埋设的护筒应沿导向架借自重、射水、振动或锤击等方法将护筒下沉至稳定深度,入土深度黏性土应达到 0.5~1m,砂性土则为 3~4m。

(4)下埋式及上埋式护筒挖坑不宜太大(一般比护筒直径大 0.1~0.6m),护筒四周应夯实填密实的黏土,护筒应埋置在稳固的黏土层中,否则应换填黏土并密实,其厚度一般为 0.5m。

(5)护筒埋设好以后,由施工员及时将桩中心用十字轴线标识于护筒内侧,并在桩位上打入 Φ16 定位钢筋一根,供钻机对桩位用。

(6)护筒固定后经监理验收签字后方可钻机就位,就位时钻头中心对准护筒中心(或定位钢筋)保证误差≤2cm。

二、钻机就位

钻架时钻孔、吊放钢筋笼、灌注混凝土的支架:我国生产的定型旋转钻机和冲击钻机都附有定型钻架,其他还有木质的和钢制的四脚架、三脚架或人字扒干。安装钻机时,底架应垫平,不得产生位移和沉陷。钻机顶端应用缆风绳对称拉紧。必须达到周正、水平、稳固,天车、立轴、井口三点一线,并用水平尺认真找平。钻头或者钻杆的中心与护筒的顶面中心的偏差不得大于5cm。

旋转钻机就位后,立好钻架并调整和安设好起吊系统,使起重滑轮和固定钻杆的卡孔与护筒中心在同一垂直线上,将钻头吊起,徐徐放进护筒,开启卷扬机把转盘吊起,将钻头调平并对准钻孔。

冲击钻机就位一般都是利用钻机本身的动力与安设的地锚配合,将钻机移动大致就位,再用千斤顶将机架顶起,准确定位,使起重滑轮,钻头与护筒中心在同一垂直线上,以保证钻机的垂直度。

三、制备泥浆

1. 制备泥浆准备

除能自行造浆的黏性土层外,均应制备泥浆。首先根据桩孔容积、泵组设备确定泥浆池、沉淀池循环池的数量和容积,泥浆池容积一般不小于钻孔容积的1.2倍。泥浆池、沉淀池位置见以下正、反循环成孔示意图。

制备泥浆应选用高塑性黏性土或膨润土。泥浆应根据施工机械、工艺及穿越土层的情况进行配合比的设计。泥浆比重应控制在1.1~1.2;在砂土和较厚的夹砂层中,泥浆比重应控制在1.1~1.3;砂夹卵石土层或容易塌孔的土层,泥浆比重应控制在1.3~1.5。施工中要经常测定泥浆比重,并定期测定黏度、含砂率和胶体率等指标。

2. 制备泥浆的方法

(1)原土造浆:在黏性土中成孔时可在孔内注入清水,钻机旋转切削土屑形成泥浆。

(2)人工造浆:在砂性土层、砂夹卵石土质,选用高塑性黏性土或膨润土投入孔中和水拌和形成混合物,并根据需要掺入少量的其他物质,如增重剂、分散剂、增黏剂及堵漏剂等,以改善泥浆的品质。

3. 泥浆的作用

泥浆的具体作用,见表5–1。

表 5-1　泥浆的作用

作用	内容
固壁防坍的作用	泥浆的比重大，加大孔内水压力，可以固壁防坍
携砂排土的作用	泥浆有一定黏度，通过循环泥浆可以将削碎的泥石渣屑悬浮后排出
冷却润滑的作用	能保证钻头正常工作
吸附孔壁的作用	将土壁上孔隙填渗密实避免孔内壁漏水

四、钻孔

1. 常用钻孔方法

（1）回转钻钻进成孔

回转钻成孔是国内灌注桩施工中常用方法之一。成孔的方法是由钻头切削土壤，通过泥浆循环携土、排砂后成孔。根据排渣方式不同，分为正循环回转钻成孔和反循环回转钻成孔。对孔深较大的端承型桩和粗粒土层中的摩擦型桩，宜采用反循环成孔或清孔，也可根据土层情况采用正循环钻进，反循环清孔。

1）正循环回转钻成孔

如图 5-3 所示，钻机回转装置带动钻杆和钻头回转切屑破碎岩土，由泥浆泵输进泥浆，泥浆沿孔壁上升，从孔口溢出流入泥浆池，经沉淀池返回循环池，通过循环泥浆，一方面协助钻头破碎岩土将钻渣排出孔外，同时起护壁作用。正循环回转钻成孔泥浆的上返速度较慢，携带土粒直径小，排渣能力差，泥土重复破碎现象严重。适用于填土、淤泥、黏土、粉土、砂土等底层，对卵砾石含量不大于 15%、粒径小于 10mm 的部分砂卵砂石层和软质基岩、较硬基岩也可使用。孔径直径不宜大于 1000mm，钻孔深度不宜超过 40m。

图 5-3　正循环回转钻成孔示意图

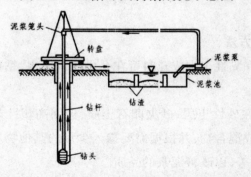

正循环回转钻机主要由动力机、泥浆泵、卷扬机、转盘、钻架、钻杆、水龙头等组成。利用钻杆加压的正循环回转钻机，在钻具中应加设扶正器。

正循环钻进主要参数有冲洗液量、转速和钻压。保持足够的冲洗液（指泥浆或水）量是提高正循环钻进效率的关键。转速的选择除了满足破碎岩土的扭矩需要外，还要考虑钻头的不同部位切削具的磨耗情况。一般砂土层硬质合金钻进时，转速取 40~80r/min，较硬或非均质地层转速可适当调慢；对于刚粒钻进成孔，转速一般取 50~120r/min，大桩取小值，小桩取大值；对于牙轮钻头钻进成孔，转速一般取 60~180r/min。在松散地层中，确定给进钻压时，以冲洗液畅通和钻渣清除及时为前提，灵活加以掌握；在基岩中钻进可通过配置重块来提高钻压。对于硬质合金钻钻进成孔，钻压应根据地质条件、钻杆与桩孔的直径差、钻头形式、切削具数目、设备能力和钻具强度等因素综合考虑确定。一般按每片切削刀具的钻压为 800~1200N 或每颗合金的钻压为 400~600N 确定钻头所需的钻压。

2）反循环回转钻成孔

如图 5-4 所示，钻机回钻装置带动钻杆和钻头回转切削破碎岩土，利用泵吸、气举、喷射等措施抽吸循环护壁泥浆，挟带钻渣从钻杆内腔拍吸出孔外的成孔方法，反循环回转钻成孔方法根据抽吸原理不同可分为泵吸反循环、气举反循环与喷射（射流）反循环三种施工工艺。

图 5-4 反循环回转钻成孔示意图

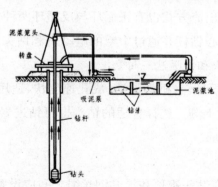

泵吸反循环是直接利用泥浆泵的抽吸作用使钻杆的水流上升而形成反循环；喷射反循环时利用射流泵射出的高速水流产生的负压使钻杆内的水流上升而形成反循环。这两种方法在浅孔时效率较高，但孔深大于 50m 以后效率降低。气举反循环如图 5-5 所示，是利用送入压缩空气使水循环，钻杆内水流上升速度与钻杆内外浓柱重度差有关，随孔深增加效率增加，当孔深超过 50m 以后

即能保持较高而稳定的钻进效率。因此,应根据孔深情况来选择合适的反循环施工工艺。反循环钻进成孔适用于填土、淤泥、黏土、粉土、砂土、砂砾等底层。反循环钻机与正循环钻机基本相同,但还要配备吸泥泵、真空泵或空气压缩机等。

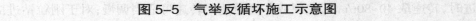

图 5-5　气举反循坏施工示意图

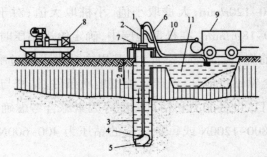

1—气密式旋转接头;2—气密式传动杆;3—气密式钻杆;4—喷射嘴;5—钻头;6—压送软管;7—旋转台盘;8—液压泵;9—压气机;10—空气软管;11—水槽

(2)潜水钻成孔

潜水钻机的动力装置沉入钻孔内,封闭式防水电动机和变速箱及钻头组装在一起潜入泥浆下钻机。潜水钻的钻头上应有不小于长度的导向装置。

潜水钻机钻进时出渣方式也有正循环与反循环两种。潜水钻正循环是利用泥浆泵将泥浆压入空心钻杆并通过中空的电动机和钻头射入孔底;潜水钻的反循环有泵举法、气举法和泵吸法三种。

潜水钻体积小、质量轻、机动灵活、成孔速度快,适用于地下水位高的淤泥质土、黏性土及砂质土等, 选择合适的钻头也可钻进岩层。成孔直径为 800~1500mm,深度可达 50m。

(3)冲击钻成孔

如图 5-6 所示,在钻头锥顶和提升钢丝绳之间应设置保证钻头自动转向的装置。冲击钻成孔时把带钻刃的重钻头(又称冲锤)提高,靠自由下落的冲击力来破碎岩层或冲挤土层,排出碎渣成孔。它适用于碎石土、砂土、黏性土及风化岩层等。桩径可达 600~1500mm。大直径桩孔可分级成孔,第一级成孔直径为设计桩径的 0.6~0.8 倍。开孔时钻头应低锤(冲程≤1m)密冲,若为淤泥、细软等软土,要及时投入小片石和黏土块,以便冲击造浆,并使孔壁挤压密实,直到护筒以下 3~4m 后,才可加大中击钻头的冲程,提高钻进效率。孔内被冲碎的石渣,一部分会随泥浆挤入孔壁内,其余较大的石渣用泥浆循环法或掏渣筒掏出。进入基岩后,应低锤冲击或间断冲击,每钻进 100~500mm 应清孔取样一次,以备终孔验收。如果冲孔发生偏斜,应回填片石(厚 300~500mm)后重新冲击。施工中应经常检查钢丝绳的磨损情况、卡扣松紧程度和转向装置是否灵活,以免掉钻。

图 5-6　简易冲击式钻机

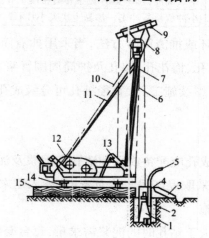

1—钻头;2—护筒回填土;3—泥浆渡槽;4—溢流;5—供浆管;6—前拉索;7—主杆;8—主滑轮;9—副滑轮;10—后拉索;11—斜撑;12—双筒卷扬机;13—导向轮;14—钢管;15—垫木

2. 钻机过程

（1）冲击钻进成孔

开孔时,应低锤密击,当表土为淤泥、细砂等软弱土层时,可加黏土块夹小片石反复冲击造壁,孔内泥浆面应保持稳定。在各种不同的土层、岩层中成孔时,可按照表 5-2 的操作要点进行;进入基岩后,应采用大冲程、低频率冲击,当发现成孔偏移时,应回填片石至偏孔上方 300~500mm 处,然后重新冲孔;当遇到孤石时,可预爆或采用高低冲程交替冲击,将大孤石击碎或挤入孔壁;应采取有效的技术措施防止扰动孔壁、塌孔、扩孔、卡钻和掉钻及泥浆流失等事故。每钻进 4~5m 应验孔一次,在更换钻头前或容易缩孔处,均应验孔;进入基岩后,非桩端持力层每钻进 300~500mm 和桩端持力层每钻进 100~300m 时,应清孔取样一次,并应做记录。

表 5-2　冲击成孔操作要点

项目	操作要点
在护筒刃脚以下 2m 范围内	小冲程 1m 左右，泥相对密度 1.2～1.5，软弱土层投入黏土块夹小片石
黏性土层	中、小冲程 1～2m，泵入清水或稀泥浆，经常清除钻头上的泥块
粉砂或中粗砂层	中冲程 2～3m，泥浆相对密度 1.2～1.5，投入黏土块，勤冲、勤掏渣
砂卵石层	中、高冲程 3～4m，泥浆相对密度 1.3 左右，勤掏渣
软弱土层或塌孔回填重钻	小冲程反复冲击，加黏土块夹小片石，泥浆相对密度 1.2～1.5

排渣可采用泥浆循环或抽渣筒等方法，当采用抽渣筒排渣时，应及时补泥浆。冲孔中遇到斜孔、弯孔、梅花孔、塌孔及护筒周围冒浆、失稳等情况时，应停止施工，采取措施后方可继续施工。大直径桩孔可分级成孔，第一级成孔直径应为设计桩径的 0.6~0.8 倍。

（2）旋挖钻进成孔

泥浆护壁旋挖钻进成孔应配备成孔和清孔用泥浆及泥浆池（箱），在容易产生泥浆渗漏的土层中可采取提高泥浆相对密度，掺入锯末、增黏剂提高泥浆黏度等维持孔壁稳定的措施。

泥浆制备的能力应大于钻孔时的泥浆需求量，每台套钻机的泥浆储备量不应少于单桩体积。旋挖钻机施工时，应保证机械稳定、安全作业，必要时可在场地铺设能保证其安全行走和操作的钢板或垫层（路基板）。

每根桩均应安设钢护筒，护筒应满足规范的规定。成孔前和每次提出钻斗时，应检查钻斗和钻杆连接销子、钻斗门连接销子以及钢丝绳的状况，并应清除钻斗上的渣土。

旋挖钻机成孔应采用跳挖方式，钻斗倒出的土距桩孔口的最小距离应大于 6m，并应及时清除。应根据钻进速度同步补充泥浆，保持所需的泥浆面高度不变。

钻孔达到设计深度时，应采用清孔钻头进行清孔。

本工程选用 GPS-10 型钻机，钻头采用三翼鱼尾式带导正腰带硬质钨钢钻头，钻进方法采用正循环钻进；钻进就位前，技术人员验收桩位，按护筒口内侧十字轴线确定好，其十字交点即为桩位中心。钻机就位后，依据桩位中心整平对中，内部自检合格，经监理工程师验收后方可开钻。

护壁泥浆采用自然造浆和人工造浆相结合，开孔时用"低速、低钻压、小泵量"开动钻机开始造浆,直到泥浆符合开孔泥浆性能,开始正常钻进成孔;施工员根据施工图、机台标高,认真核算孔深,配置钻具总长。

为了保证成孔质量,钻机必须专人操作,合理采用钻进参数,认真控制各类地层转速、转压、进尺,杜绝盲目不均匀加压造成孔斜。为防止孔斜,加长钻头腰带增加扶正,发现地层换层时,采取轻压慢转,发现钻杆弯曲立即更换等措施。杜绝追求进度造成缩颈。钻进时随时注意钻机稳固性,以及立轴垂直度变化,若垂直度大于5‰,及时纠正。质检员、施工员随时抽检,抽检率应大于15%。为防止施工窜孔,后续相邻钻孔施工距离应大于4D,间距不满足时应实施跳打,否则后续桩孔必须待邻桩灌注结束后24小时再开孔。

3. 钻进注意事项

(1)在钻进过程中,随时检测泥浆性能并作出相应调整。

(2)准确记录钻杆加杆根数及长度,准确记录钻具总长及机上余长。

(3)经常检查钻进平整度及稳固性。

(4)经常清理泥浆池沉淀物,定期检查清洗泥浆泵。

(5)注意控制钻具升降速度,以减轻对孔壁的扰动;钻进过程中,应防止扳手、管钳、垫叉等金属工具掉落孔内;经常检查钻头,磨损部分应及时修复,保证成桩直径。

4. 常见钻进施工事故及处理措施

常见钻进事故有坍孔、梅花孔、弯孔及斜孔、卡孔、掉钻、流砂、缩孔、钻孔漏水、钻杆折断等。

(1)坍孔(孔壁坍落)

在不良地层(如软土、细砂、粉砂及松软堆积层)中钻孔,容易发生坍孔。在开钻阶段坍孔,会使护筒沉陷、歪斜,失去导向作用,造成偏孔;在正常钻进中坍孔,会造成扩孔及埋钻事故;在灌注混凝土时坍孔,则会造成断桩。当在钻进中发现孔内水位突然下降、水面冒细密水泡,钻具进尺很慢(或不进尺),有异常声响等现象时,表示可能发生了孔壁坍落现象,应立即停钻处理。钻孔中发生坍孔后,应查明原因和位置,进行分析和处理。坍孔不严重时,可加大泥浆相对密度继续钻进,严重者回填重钻。

1)坍孔原因:

①护壁泥浆面高度不够或者泥浆密度和浓度不足对孔壁的压力小,起不到

可靠的护壁作用。

②护筒的埋置深度不够(埋设在砂或者粗砂层中)或者护筒周围末用黏土回填夯实。

③钻头、抽渣筒经常撞击孔壁。

④孔内水头高度不够或者向孔内加水时,流速过大并直接冲刷孔壁。

⑤射水(风)时压力大小,延续时间太长引起孔壁(尤其是护筒底附近)坍孔。

⑥钻头转速过快或空转时间过久,易引起钻孔下部坍塌;安放钢筋笼时碰撞了孔壁;排除较大障碍物形成较大的空洞而漏水使孔壁坍塌;清孔吸泥时风压、风量过大,工序衔接不紧、拖延时间等也易引起坍孔。

2)预防和处理方法:

①坍孔主要是由于施工操作不当造成的,以下六句话可供预防坍孔时参考:"埋设护筒是关键,莫把孔内水位变,把好泥浆质量关,孔口周围水不见,吸泥射水掌握好,精心操作处处严。"

②将护筒的底部置入黏土中 0.5m 以上。

③在松散的粉砂土或流砂地层中钻进,应控制进尺,选用较大密度、黏度、胶体率的优质泥浆,在有地下水流动的流砂地层,选用密度大、黏度高的泥浆。

④钻进中,井孔内保持足够水头高度,埋设的护筒符合规定,终孔后仍保持一定的水头高度并及时灌注水下混凝土,向井孔内注水时,水管不直接射向孔壁。

⑤成孔速度应根据地质情况选取。

⑥坍塌严重者,需用黏土加片石回填至坍塌部位以上 0.5m 重钻;必要时,也可下钢套管护壁,在灌注水下混凝土时,随灌随将套管拔出。发生孔口坍塌时,立即拆除护筒并回填钻孔,重新埋设护筒后再钻进。发生钻孔内坍塌时,根据地质情况,分析判断坍孔的位置。然后用砂黏土混合物回填钻孔到超出坍方位置以上为止,并暂停一段时间,使回填土沉积密实,水位稳定后,再继续钻进。

(2)梅花孔

1)产生原因:

①钻进中没有适应地层情况,猛冲猛打,钻头转动失灵,以致不转动,老在一个方向上下冲击,泥浆太稠,妨碍钻头转动。

②冲程太小,钻头刚提起又放下,得不到转动的充分时间,很少转向等;梅

花孔在硬黏土或基岩中,在漂卵石、堆积层中钻孔都比较容易出现。

2)预防和处理的方法:

①根据地层情况,采用适当的冲程,同时加强钻头的旋转,采用大捻角的钢丝绳作大绳,并使用合金套活动接头联结钻头,保证转动灵活。

②加大钻头的摩擦角,以减少钻头与孔壁的摩擦力,随时调整泥浆稠度;一旦出现梅花孔,应回填片石至梅花孔顶部以上 0.5m,用小冲程重钻。

(3)弯孔与斜孔

1)产生原因:

①产生偏斜的原因主要由地质条件、技术措施和操作方法等三方面组成。

②在钻进过程中,由于缆风绳松紧不一致,钻机不稳,产生位移或不均匀沉陷,又未及时纠正。

③遇到软硬不均地层或探头石,岩层倾斜不平等原因,造成成孔不直。

④开孔时,钻头安放不平,使钻杆和钻头沿着一定偏移方向钻进。机架底座支承不均,钻具连接后不垂直,都会发生钻孔偏斜。

2)预防和处理的方法:

①安装钻机时,应使钻盘顶面完全水平,立轴中心同钻孔中心必须在同铅垂线上。

②开钻时,钻杆不可过长,以免钻杆上部摇动过大,影响钻孔垂直度。

③钻进中要经常检查,钻机位置有无变动,钻头弹跳、旋转是否正常。

④地层有无变化,预先探明地下障碍物情况并预先清除干净。

⑤钻杆、接头应逐个检查,弯曲和有缺陷的均不得使用。

⑥遇到有倾斜度的软硬变化的地层,特别在由软变硬地段,应控制进尺并低速钻进。

⑦加强技术管理,钻进时必须经常检查钻孔情况发现偏斜,及时纠正。

⑧发现钻孔偏斜后,应先查清偏斜的位置和偏斜埋度,然后进行处理,目前处理钻孔偏斜多采用扫孔法。将钻头提到出现偏斜的位置,吊住钻头缓缓旋转扫孔,并上下反复进行,使钻孔逐渐正位。

⑨向钻孔回填黏土加卵石到偏斜的位置以上,待沉积密实后,提住钻头缓缓钻进。弯孔不严重时,可重新调整钻机继续钻进,发生严重弯孔、探头石时,应回填修孔,必要时应反复几次修孔,回填黏土加硬质带角棱的石块,填至不规则

孔段以上 0.5m,再用小冲程重新造壁;在基岩倾斜处发生弯孔时,应用混凝土回填至不规则孔段以上 0.5m,待终凝后重新钻孔。

(4)卡钻

卡钻分为上卡和下卡两种。

1)产生原因:

①上卡多由于坍孔落石,使钻头卡在距孔底一定高度上,往上提不动,但可以向下活动。如果出现探头石,提钻过猛,会使钻刃挤入孔壁被卡住,这时,钻头既提不上来又放不下去。

②下卡是钻头在孔底被卡住,上下都不能活动。产生下卡的主要原因是由于钻头严重磨损未及时焊补,形成孔径上大下小,孔壁倾斜,此时如用焊补后的钻头(直径增大)钻孔,很可能被孔壁挤紧而卡住。另外,孔底形成较深的十字槽也会造成下卡。

2)预防和处理的方法:

①要经常检查钻头直径,如磨损超过规定(小于直径 3cm)时应及时焊补。

②发生卡钻后,应查清被卡的位置和性质,不可强提硬拉,以免造成断绳掉钻,或越卡越紧的不利情况。

③对于落石引起的上卡,可放松并摇动大绳使钻头慢动或转动再上拉;因探头石引起的上卡,可用上钻头把探头石冲碎或用重物冲动钻头使之下落,转动一定角度再上提,如在孔底卡钻,则需下钢丝绳套住钻头,利用另立的小扒杆(或吊车)绞车与钻机上的大绳一起同时上提。

④钻头下卡时,先用吸泥机吸泥和清除钻渣,强提前必须加上保护绳,防止扯断大绳而掉钻,强提支撑使用枕木垛时,它的位置要离开孔口一定距离,以免孔口受压而坍塌。如钻机的起重能力不够,为了加大上拔力可以采用滑车组、杠杆、滑车与杠杆联合使用、千斤顶等起重设备提钻。

⑤处理卡钻时为防止孔 1:1 受压发生坍塌,可用枕木在孔口两侧各搭枕木垛一个。搭枕木垛时,底层的枕木应垂直孔口安放,各枕木之间要扒钉钉牢,成为一个整体结构;两枕木垛之间应加支撑,保持两枕木垛的稳定,横梁所采用的型钢(或钢轨)规格,应根据跨度、工地存料情况确定。用千斤顶顶拔时,应慢慢进行,不可一直顶拔,以减少土的压力和摩阻力。

(5)掉钻

1)产生的原因:

①卡钻时强提、强扭。

②操作不当使钢丝绳或钻杆疲劳断裂。

③钻杆接头不良或滑丝。

④马达接线错误,使不应反转的钻机反转,钻杆松脱。

⑤冲击钻头合金套质量差,钢丝绳拔出;转向环、转向套等焊接处断开;钢丝绳与钻头连接钢丝夹子数量不足或松弛等。

2)预防和处理的方法:

①在钻进过程中,一定要遵守操作规程,并勤检查,发现问题应及时进行处理,并在接头处设钢丝绳保险,或在钻杆上端加焊角钢、钢筋环等。

②在钻进过程中,如发现缓冲弹簧突然不伸缩、钢丝绳松弛,则表明钻头掉落,应立即停机检查,找出原因,测量掉钻部位,探明钻头在井中的情况,立即组织人力进行处理,以防时间过长,沉渣埋住钻头。

③掉钻后,钻头可采用老叉、捞钩、绳套、夹钳等工具捞取。常用的方法有:套绳法,用钢丝绳套将钻杆拉出;钩取法,冲击和冲抓钻头顶上预先焊有钢筋环或打捞横梁等可用钩子钩起;平钩法,钻杆折断后,将平钩施入孔内,使其朝一个方向旋转,卡住钻杆后,将钻杆拉出;打捞钳法,将打捞钳送入孔中,夹住钻杆提出;捞锥器法,将捞锥器系在钢丝绳上,在孔内上下提动,卡住钻头提出孔外;电磁打捞法,用电磁打捞器吸住钻头,提出孔外。

(6)流砂

1)产生的原因:

当钻头通过细砂或粉砂层时,由于孔外渗水量大,孔内水压低,容易发生流砂,使钻进很慢,甚至钻孔被流砂填高,严重者,钻孔会被流砂回填。

2)预防和处理的方法:

发生流砂时,应增大泥浆密度,提高孔内水位,必要时可投入泥砖或黏土块,使其很快沉入孔底,堵住流沙,或利用钻头的冲击,将黏土挤入流沙层,以加固孔壁,堵住流砂。如流砂严重,可安装钢护筒防护。

(7)缩孔

1)产生的原因:

由于地层中央有塑性土壤(俗称橡皮土)遇水膨胀或遇塑性软土使孔径缩小。

2)处理方法：

可采用提高孔内泥浆面加大泥浆密度和上下反复扫孔，使之扩大和加强内壁。成孔后应尽量缩短从提钻到下导管的间歇时间。

(8)钻孔漏水

1)产生的原因：

①在透水性强的砂砾或流砂中，特别在有地下水流动的地层中钻进时，过稀的泥浆向孔壁外的漏失较大。

②埋设护筒时，回填土夯实不够，埋设太浅，护筒脚漏水。护筒制作不良，接缝处不密合或焊缝有砂眼等，造成漏水。

2)预防和处理的方法：

发现漏水时，首先应集中力量加大稠泥浆，保持必要的水头，然后根据漏水原因决定处理方法。

①属于护筒漏水的，可用黏土在护筒周围加固；如漏水严重，应挖出护筒，修理完善后重新埋设。

②如因地层漏水性强而漏水，则可加入较稠的泥浆，经过一段时间循环流动，地层漏水可渐减少。

(9)钻杆折断

钻杆折断的处理虽不很困难，但如处理不及时，钻头或钻杆在孔底留置时间过长，会发生埋钻或埋杆的更大事故。

1)产生的原因：

①由于钻杆的转速选用不当，使钻杆所受的扭转或弯曲等应力增大而折断。

②钻具使用过久，各处的连接丝扣磨损严重，使钻杆接头的连接不牢固，发生折断。

③使用弯曲的钻杆也易发生断钻杆事故。在坚硬地层中，钻杆进尺快，使钻杆超负荷操作。

2)预防和处理的方法：

①不使用弯曲的钻杆，各节钻杆的连接和钻杆与钻头的连接丝扣完好。

②接长后的钻杆必须在同一铅垂线上。

③不使用接头处磨损过甚的钻杆。

④钻进过程中，应控制进尺，遇到复杂的地层，应由有经验的工人操作钻

机;钻进过程中要经常检查钻具各部分的磨损情况和接头强度是否足够,不合要求者,应及时更换。

五、清孔

当钻孔达到设计要求深度,经检查孔径、孔形及钻孔采度符合设计要求后,应清除孔底沉渣、淤泥,以减少桩基的沉降量,提高承载能力。

1. 清孔的方法

（1）抽浆清孔

用空气吸泥机吸出含钻渣的泥浆而达清孔。由风管将压缩空气输进排泥管,使泥浆形成密度较小的泥浆空气混合物,在水柱压力下沿排泥管向外排出泥浆和孔底泥渣,同时用水泵向孔内注水,保持水位不变直至喷出清水或沉渣厚度达到设计要求为止。适用于孔壁不易坍塌的各种钻孔方法的柱桩和摩擦桩。

（2）掏渣清孔

用掏渣筒或大锅锥掏清孔内粗粒钻渣,适用于冲抓、冲击、简便旋转成孔的摩擦桩。

（3）换浆清孔

适用于正、反循环钻机成孔。在钻孔完成后不停钻、不进尺,继续循环换浆清渣。抽渣和吸泥时,应及时向孔内注入新鲜泥浆,保持孔内水位,避免坍塌。清孔时间以排出泥浆的含砂率与换入泥浆的含砂率接近为度。

2. 清孔标准

清孔分为一次清孔和两次清孔。第一次清孔的目的是使孔底沉渣厚度、循环泥浆中含钻渣量和孔壁泥皮厚度符合质量和设计要求,也为灌注水下混凝土创造良好的条件。由于第一次清孔完成后,要安放钢筋笼及导管,准备浇筑水下混凝土,这段时间间隙较长,孔底又会产生新的孔渣,所以应等钢筋笼和导管安放完成后,再利用导管进行第二次清孔,清孔的方法是在导管顶部安设一个弯头和皮笼,用泥浆泵将泥浆泵入导管内,再从孔底沿着导管外置换沉渣。

清孔标准是钻孔达到设计深度,灌注混凝土之前,孔底沉渣厚度指标应符合下列规定:

（1）对端承型桩,不应大于 50mm。

（2）对摩擦型桩,不应大于 100mm。

（3）对抗拔、抗水平力桩,不应大于 200mm。

施工期间护筒内的泥浆面应高出地下水位 1.0m 以上，在受水位涨落影响时，泥浆面应高出最高水位 1.5m 以上。清孔过程中应不断置换泥浆，直至灌注水下混凝土。灌注混凝土前，孔底 500mm 以内的泥浆相对密度应小于 1.25；含砂率不得大于 8%；黏度不得大于 28Pa·s。在容易产生泥浆渗漏的土层中应采取维持孔壁稳定的措泡。不得用加深孔底深度的方法代替清孔。废弃的浆、渣应进行处理，不得污染环境。

在钻进至设计层位深度后调整泥浆，采用正循环换浆清孔工艺进行第一次清孔，清孔时钻头提离孔底 10~20cm，用比重 1.15 左右泥浆正循环清孔。清孔时间为 20~40min，随时检测泥浆性能，直到满足要求并报验，监理验收，成孔合格后，起钻并吊放钢筋笼。

下入钢筋笼、导管安装后，利用导管进行第二次清孔，清孔时间为 15~20min。二次清孔后沉渣厚度符合设计要求 ≤50mm，孔内泥浆性能良好，清孔后泥浆比重 ≤1.15，黏度 ≤18Pa·s，含砂率 ≤4%。

清孔后孔内注满泥浆，以保持一定的水头高度，并应在 30min 内灌注混凝土，若超过时间，则重新测定沉淤，若沉渣 >50mm 应重新清孔。沉淤厚度以钻头椎体 1/3 高度的深度起算，量具用合格的水文测绳实测。

六、成孔检测

1. 成孔垂直度检测

成孔垂直检测一般采用钻杆测斜法、测锤（球）法及测斜仪等方法。

（1）钻杆测斜法

钻杆测斜法是将带有钻头的钻杆放入孔内到底，在孔口处的钻杆上装一个与孔径或护筒内径一致的导向环，使钻杆保持在桩孔中心线位置上。然后将带有扶正圈的钻孔测斜仪下入钻杆内，分点测斜，检查桩孔偏斜情况。

（2）测锤法

测锤法是在孔口沿钻孔直径方向设标尺，标尺中点与桩径中心吻合，将锤球系于测绳上，量出滑轮到标尺中心距离。将球慢慢送入孔底，待测绳静止不动后，读出测绳在标尺上的偏距，由此求出孔斜值。该法精度较低。

2. 孔径检测

孔径检测一般采用声波孔壁测定仪及伞形、球形孔径仪和摄影（像）法等测定。

（1）声波孔壁测定仪

声波孔壁测定仪可以用来检测成孔形状和垂直度。测定仪由声波发生器、发射和接收探头、放大器、记录仪和提升机构组成。

声波发生器主要部件是振荡器,振荡器产生一定频率的电脉冲经放大后由发射探头转换为声波,多数仪器振荡频率是可调的,取得各种频率的声波以满足不同检测要求。

放大器把接收探头传来的电信号进行放大、整形和显示,显示用时标记时或数字显示,也可以与计算机连接把信号输入计算机进行谱分析或进一步计算处理,或者波形通过记录仪绘图。

图 5-7 是声波孔壁测定仪检测装置,把探头固定在方形盘四个角上,底盘是钢制的,通过两个定滑轮、钢丝绳和提升机构连接,两个定滑轮对钢丝绳的约束作用,以及底盘的自重,使钻头在下降或提升过程中不会扭转,稳定探头方位。

图 5-7 声波孔壁测定仪示意图

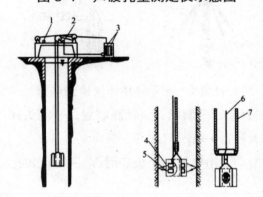

1—电机;2—走纸速度控制器;3—记录仪;4—发射探头;5—接受探头;6—钢丝绳

钻孔孔形检测时安装八个探头,底盘四个角各安装一个发射探头和一个接收探头,可以同时测定正交两个方向形状。

探头由无极变速电动卷扬机提升或下降,它和热敏刻痕记录仪的走纸速度是同步的,或成比例调节,因此探头每提升或下降一次,可以自动在记录纸上连续绘出孔壁形状和垂直度,当探头上升到孔口或下降到孔底都设有自动停机装置,防止电缆和钢丝绳被拉断。

（2）井径仪

井径仪由侧头、放大器和记录仪三部分组成[图 5-8（b）],它可以检测直径为 0.08~0.6m、深数百米的孔,当把测量腿加大后,最大可检测直径 1.2m 的孔。

测头是机械式[图 5-8（a）],当测头放入测孔之前,四条测腿合拢并用弹簧锁住,测头放入孔内,靠测头本身自重往孔底一墩,四条腿像自动伞一样立刻张开,测头往上提升时,由于弹簧力作用,腿端部紧贴孔壁,随着孔壁凹凸不平状态相应张开或收拢,带动密封筒内的活塞杆上下移动,从而使四组串联滑动电阻来回滑动,把电阻变化变为电压变化,信号经放大后,可用数字显示或记录仪记录,显示的电压值和孔径建立关系,当用静电影响记录仪记录时,可自动绘出孔壁形状。

图5-8　井径仪示意图

 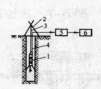

（a）测头　　（b）井径仪检测装置

1—电缆;2—密封筒;3—测腿;4—锁腿装置;5—测头;6—三脚架;7—钢丝绳;8—电缆;9—放大器;10—记录仪

当放大器供给滑动电阻电源为恒流源时,电压变化和孔径的关系为:

$\phi = \phi_0 + K \triangle V / I$

式中　ϕ——被测孔径（m）:

　　　ϕ_0——起始孔径（m）:

　　　$\triangle V$——电压变化（V）:

　　　I——电流（A）:

　　　K——率定系数（m/Ω）。

井径仪四条腿靠弹簧弹力张开,如果孔壁是软弱土层,应注意腿端易插入土中引起检测误差。

3. 孔底沉渣厚度检测

对于泥浆护壁成孔灌注桩,假如灌注混凝土之前,孔底沉渣太厚,不仅会影响桩端承载力的正常发挥,而且也会影响桩侧阻力的正常发挥,从而大大降低桩的承载能力。以下介绍几种工程中使用的检测沉渣厚度的方法。

（1）垂球法

垂球法为工程中最常用的简单测定孔底沉渣厚度的方法。一般根据孔深、泥浆比重,采用质量为 1~3kg 的钢、铁、铜制锥、台、状体垂球,顶端系上测绳,把球慢慢沉入孔内,凭沉入的手感判断沉渣顶面位置,其施工孔深和量测孔深之差即为沉渣厚度。测量要点是每次测定后须立即复核测绳长度,以消除由于垂球或浸水引起的测绳伸缩产生的测量误差。

（2）电容法

电容法沉渣测定原理是:当金属两极板间距和尺寸固定不变时,其电容量和介质的电解率成正比关系,水、泥浆和沉渣等介质的电解率有较明显差异,从而由电解率的变化量测定沉渣厚度。仪器由侧头、放大器、蜂鸣器和电机驱动源等组成。

测头装有电容极板和小型电机,电机带动偏心轮可以产生水平振动;一旦测头极板接触到沉渣表面,蜂鸣器发出响声,同时面板上的红灯亮,当依靠测头重不能继续沉入沉渣深部时,可开启电机使水平振荡器产生振动,把测头沉入更深部位;沉渣厚度为施工孔深和电容突然减小时的孔深之差。

（3）声纳法

声纳法测定沉渣厚度的原理是以声波在传播中遇到不同界面产生反射而制成的测定仪。同一个测头具有发射和接收声波的功能,声波遇到沉渣表面时,部分声波被反射回来由接收探头接收,发射到接收的时间差,部分声波穿过沉渣长度直达孔底原状土后产生第二次反射,得到第二个反射时间差,则沉渣厚度为:

$$H = \frac{T_2 - T_1}{2} C$$

式中:H——沉渣厚度(m);

C——沉渣声波波速(m/s);

T_1, T_2——时间(s)。

73

第二节　吊放钢筋笼骨架

一、钢筋笼制作

1. 制作要求

（1）尺寸允许偏差

1）钢筋笼的材质、尺寸应符合设计要求，制作允许偏差见表5-3。

表 5-3　钢筋笼制作允许偏差

主筋间距	加强筋间距	箍筋间距	钢筋笼直径	钢筋笼长度	主筋弯曲度	钢筋笼弯曲度
10mm	10mm	20mm	10mm	100mm	小于 1%	≤1%

2）分段制作的钢筋笼，每节钢筋笼的保护层垫块不得少于2组，每组4个，在同一截面的圆周上对称焊上。

3）主筋混凝土的保护层厚度不应小于30mm，水下灌注桩主筋混凝土保护层厚度不应小于50mm。保护层允许偏差应符合下列规定：

①水下混凝土成桩，20mm。

②干孔混凝土成桩，10mm。

（2）焊接要求

1）分段制作的钢筋笼，主筋搭接焊时，在同一截面内的钢筋接头不得超过主筋总数的50%，两个接头的间距不小于500mm，主筋的焊接长度，双面焊为（4~5）d，单面焊为（8~10）d。

2）箍筋的焊接长度一般为箍筋直径的8~10倍，接头焊接只允许上下迭搭，不允许径向搭接。加强箍筋与主筋的连接宜采用点焊。

3）主筋材质为高碳钢时，不宜采用焊接法，可采用绑扎方法连接。

制作钢筋笼的主要设备和工具有电焊机、钢筋切割机、钢筋圈制作台、主钢筋半圆焊接支撑架等。

2. 制作程序

（1）根据设计，计算箍筋用料长度、主筋分段长度，将所需要钢筋调直后用切割机成批切好备用。由于切断待焊的主筋、箍筋的规格尺寸不尽相同，应注意分别摆放，防止用错。

（2）在钢筋圈制作台上制作箍筋并按要求焊接。

（3）将支撑架按 2~3m 的间距摆放在同一水平面上对准中心线，然后将配好定长的主筋平直摆放在焊接支撑架上。

（4）将箍筋按设计要求套入主筋（也可将主筋套入箍筋内）并保持与主筋垂直，进行点焊或绑扎。加劲箍筋宜设在主筋外侧，当因施工工艺有特殊要求时也可置于内侧。

（5）箍筋与主筋焊好和绑扎后，将缠筋按规定间距绕于其上，用细铁丝绑扎并间接点焊固定。焊接或绑扎钢筋笼保护层钢筋环或混凝土垫块。

（6）将制作好的钢筋笼稳固放置在平整的地面上，搬运和吊装钢筋笼时应防止变形，安放对准孔位，避免碰撞孔壁和自由落下，就位后应立即固定。

（7）对制作好的钢筋笼应按设计图纸尺寸和焊接质量标准进行检查，不合要求者，应予返工。

钢筋笼的成型与加固如图 5-9 所示。

图 5-9　钢筋笼的珀型与加固

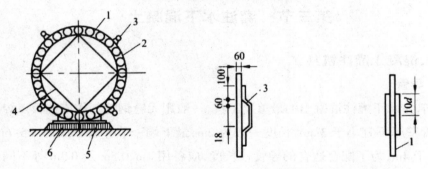

（a）钢筋笼加固成型　（b）耳环　（c）上下端钢筋笼主筋对焊连接示意图

1—主筋；2—箍筋；3—耳环；4—加笼支撑；5—轻轨；6—枕木

二、钢筋笼的吊放

钢筋笼吊运及安装应采取措施防止变形，起吊吊点宜设在加强钢筋部位。钢筋笼的顶端应设置 2~4 个起吊点。钢筋笼直径大于 1200mm，长度大于 6m 时，应采取措施对起吊点予以加强，以保证钢筋笼在起吊时不至变形。吊放钢筋笼入孔时对准孔位，保持垂直，轻放、慢放入孔后应徐徐放下，不得左右旋转，避免碰撞孔壁。若遇阻碍应停止下放，查明原因进行处理。严禁高提猛落和强制下按。钢筋笼吊放入孔位置容许偏差符合下列规定：

（1）钢筋笼中心与桩孔中心，10mm。

（2）钢筋笼定位标高,50mm。

钢筋笼过长时宜分节吊放,孔口焊接。分节长度应按孔深、起吊高度和空口焊接时间合理选定。孔口焊接时,上下主筋位置应对正,保持钢筋笼上下轴一致。

采用正循环或压风机清空,钢筋笼入孔宜在清孔之前进行,若采用泵吸反循环清孔,钢筋笼入孔一般在清孔后进行。若钢筋笼定位可靠后重新清孔。

钢筋笼全部下入孔后,应按设计及钢筋笼吊放入孔位置容许偏差要求,检查暗访位置并做好记录。符合要求后,可将主筋点焊于孔口护筒上或用铁丝牢固绑于孔口,以使钢筋笼定位;当桩顶高低于孔口时,钢筋笼上端可用悬挂器或螺杆连接加长 2~4 根主筋,延长至孔口定位,防止钢筋笼因自重下落或灌注混凝土时网上窜动造成错位。桩身混凝土灌注完毕,达到初凝后即可接触钢筋笼的固定,以使钢筋笼随同混凝土收缩,避免固结力损失。

第三节　灌注水下混凝土

一、混凝土灌注机具

1. 导管

导管室水下灌注混凝土的最重要工具,一般用无缝钢管制作或钢板点焊而成,短管壁厚不宜小于 3mm,长度一般为 2m,最下端一节导管长应为 4.5~6m,不得短于 4m,为了配合适合的导管柱长度,应备用 1m、0.5m 及 0.3m 等不同长度的短导管,其直径应按桩径和每小时需要通过的混凝土数量决定:一般最小直径不宜小于 200mm,导管的技术规格和适用范围见表 5-4。

表 5-4　导管规格和适用范围

导管内径/mm	适用桩径/mm	通用混凝土能/(m³/h)	导管壁厚/mm		备注
			无缝钢管	钢板卷管	
200	600～1200	10	8～9	4～5	
230～255	800～1500	15～17	9～10	5	导管的连接和焊缝必须密封,不得漏水
300	1500	25	10～11	6	

导管采用法兰盘连接或螺纹连接,宜优先选用螺纹连接。用 4~5mm 的橡胶垫圈或橡胶"O"型密封圈密封,严防漏水。接头要求严密、不漏浆、不进水。使用

前应是瓶装、试压,试压水压力为 0.6~1.0MPa。

2. 漏斗和储料斗

导管顶部应设置漏斗和储料斗,漏斗设置的高度应方便操作,并在灌注最后阶段时,能满足对导管内混凝土高度的需求,保证上部桩身混凝土的质量。混凝土柱的高度,一般在桩顶与桩孔中的水位时,应比该水位至少高出 2m;在桩顶高于桩孔中的水位时,应比桩顶至少高出 2m。漏斗设置高度(即导管内混凝土柱的高度),可参考图 5-10 所示并按下公式计算。

图 5-10 漏斗高度设计示意图

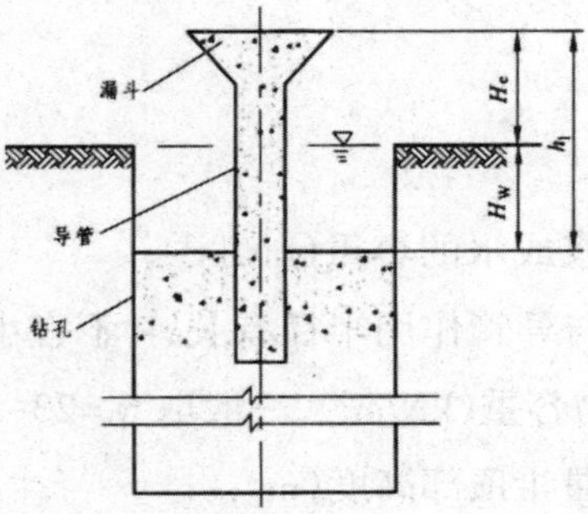

$h_1=(P+\gamma_w H_w)/\gamma_w$

式中 γ_w——孔内泥浆或水的容重(kN/m³);

P——超压力(kPa)与导管作用半径有关,P 不宜小于 75kPa;

γ_h——混凝土拌和物容重(kN/m³),一般取 $\gamma_h=23\sim24$kN/m³;

H_a——孔内水位至漏斗定都高度(m);

h_a——h_1-H_{wo}

漏斗与储料斗可用 4~6mm 钢板制作,要求不漏浆,不挂浆,漏泄顺畅彻底。储料斗的容量一般为 0.5~0.8m³。漏斗和储料斗应有足够的容量储存混凝土,以保证首斗灌量能达到埋管 0.8~1.2m 的高度。漏斗和储料斗的储存量计算,可参考图 5-11 和下式:

$V=h_1\times\pi d_2/4+Hc\times\pi d_2/4$

式中:V——漏斗和储料斗初储量;

d——导管内径;

D——时机柱孔直径;

h_1——孔内混凝土达到埋管高度时,导管内混凝土柱与导管外水柱压力平

图 5-11 漏斗和储料斗容量计算示意图

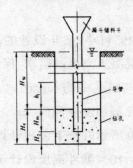

均所需的高度。

漏斗设置高度公式：

$h_1=(P+\gamma_w H_w)/\gamma_h$

式中 γ_w——孔内泥浆或水的容重（kN/m^3）；

P——超压力（kPa）与导管作用半径有关，P 不宜小于 75kPa；

γ_h——混凝土拌和物容重（kN/m^3），一般取 $\gamma_h=23\sim24kN/m^3$；

H_w——孔内水位至漏斗顶部高度（m）。

漏斗和储料斗可用 4~6mm 钢板制作，要求不漏浆，不挂浆，漏泄顺畅彻底。储料斗的容量一般为 0.5~0.8m³。漏斗和储料斗应有足够的容量储存混凝土，以保证首斗灌量能达到埋管 0.8~1.2m 的高度。

3. 隔水塞

隔水塞一般采用预制混凝土块、橡胶球胆或软木球（前者为一次性使用，后两者可回收重复使用）。用混凝土制作的隔水塞，宜制成圆锥体，其直径和技术规格要求如图 5-12 所示，混凝土的强度等级宜为 C15~C25。

图 5-12 隔水塞示意图

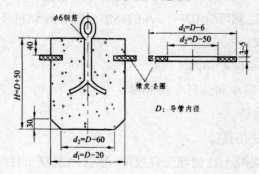

为保证隔水塞隔水性能好和能顺利从导管内排出,隔水塞应具有一定的强度,表面光滑,形状尺寸规整。

4. 其他设备

(1)升降设备灌注平台或起吊设备,如机动吊车等。灌注平台应能安放导管、漏斗等,也能升降导管。

(2)搅拌机运输设备应根据搅拌机的生产能力、需要灌注混凝土的数量和适当的灌注时间以及劳动力配备情况选定搅拌机的类型和数量。

运送混凝土宜采用搅拌运输车,如运距较近时,也可采用翻斗车。其混凝土运送能力应与搅拌机的搅拌能力相适应,并配有不少于一台的备用设备。

二、混凝土配置

水下灌注混凝土必须具备良好的和易性,配合比应通过实验确定:水泥用量不宜少于 $360kg/m^3$。水下灌注混凝土的含砂率宜为 1/3。

泥浆护壁灌注桩宜采用商品混凝土,在受条件限制下,采用现场搅拌,配置前必须将混凝土设计配合比换算成施工配合比。对粗、细骨料的含水率应经常测定,雨天施工应增加测定次数。配合比应根据骨料的实测含水率调整,以保证各种材料的投入量和混凝土实际水灰比符合要求。

混凝土原材料计量允许偏差:水泥外掺混合材料重量比例允许偏差为 2%。原材料投放时,应先投粗料,不得先投水泥和外加剂。混凝土应采用机械搅拌,搅拌时间应根据搅拌机类型和溶剂合理确定。混凝土搅拌的最短时间(即自全部材料装入搅拌桶中起到卸料止),可按表 5-5 规定执行。拌制好的混凝土应以最短距离运送至管制点,以免混凝土运输过程产生离析,一旦出现离析应重拌。

采用商品混凝土或自拌混凝土都应按规定做好坍落度的测试。单桩混凝土量小于 $25m^3$ 的,每根前后各测一次;大于 $25m^3$ 的每根桩测 3 次,前中、后各一次。

表 5-5　混凝土搅拌的最短时间　单位:min

混凝土的坍落度	搅拌机的机型	搅拌机容积		
		<400	400~1000	>1000
≤3	自落式	90	120	150
	强制式	60	90	120
3	自落式	90	90	120
	强制式	60	60	90

三、水下混凝土灌注

混凝土灌注是确保成桩质量的关键工序,应保证混凝土灌注能连续紧凑地进行,成孔完毕至灌注混凝土的间隔应不大于 24h,灌注时间不宜超过 8h。根据桩径、桩深、灌注量合理选择导管、搅拌机、起吊运输等设备机具的型号规格。所用机具均应试运转或严格检查,确保工况良好,严防灌注中出现故障。

1. 灌注施工过程

导管吊桩入孔时,应将橡胶圈或橡胶安放周正、严密,确保密封良好,橡胶圈磨损超过 0.22mm 时应及时更换。导管在桩孔中的位置应保持举重,防止导管炮管,撞坏钢筋或损坏导管;导特底部距离孔低(或孔底沉渣面)距离高度,以能放出隔水塞及混凝土为止,一般为 300~500mm。导管全部入孔时,计算导管总茶馆和短管底部位置,并填入有关表格,同时,再次测定孔低沉渣厚度,若超过规定,应再次清孔至沉渣符合要求位置,隔水塞可用 8 号铁丝系住悬挂于导管内贴水面处。

首批混凝土中应首先配置 0.1~0.3m³ 水泥浆放入隔水塞以上导管、漏斗中,然后再放入混凝土,以便间断铁丝后隔水塞、混凝土在导管内下行顺畅,返浆阻力小。混凝土的储存量应满足首批混凝土入孔后,导管埋入混凝土中的深度不得小于 1m,并不宜大于 3m。当桩身较长时,导管埋入混凝土中的深度可适当加大。

首批混凝土灌注正常后,应紧凑、连续不断地进行灌注,严禁中途停工。灌注过程中,应经常用测锤探测混凝土面的上升高度,并适时提升拆卸导管,保持导管的合理埋深 2~6m。正常灌注时的探测次数一般为 4m 一次,并应在每次起升导管前,探测一次混凝土上面的高度,桩的顶部和底部应适当加密探测次数。同时,观察反水情况,以正确分析和判断孔内情况。每次探测数据和拆卸导管长度应填入"钻孔水下混凝土灌注记录表"。

在灌注过程中,当导管内混凝土不满,含有空气时,后续的混凝土宜通过溜槽徐徐灌入漏斗和导管,不得将混凝土整斗倾入管内,以免在导管内形成高压气囊挤出管节间的橡胶垫而使导管漏水。

当混凝土面上升到钢筋笼下端时,为防土钢筋笼被混凝土顶托上升,应采取以下措施:

(1)在孔口固定钢筋笼上端。

(2)灌注混凝土的时间应尽量快,以防止混凝土进入钢筋笼,混凝土的流动度过小。

（3）当孔内混凝土面接近钢筋笼时，应保持较大的埋管深度，放慢灌注速度；当孔内混凝土上面进入钢筋笼 1~2m 后，应适当提升导管，减少导管埋置深度。

灌注接近装顶部时，为确保桩顶混凝土质量，漏斗及导管中混凝土的高度有孔内混凝土面高差应不小于 2m；为了严格控制桩定标高，应计算混凝土的需要量，使灌注桩的标高比设计标高增加 0.2~0.5m。

在灌注将近结束时，由于导管内混凝土面高差减小，超压力降低，而导管内的泥浆及所含渣土稠度和比重增大，如出现混凝土上升困难时，可在孔内加释泥浆，可掏出部分沉淀物，使灌注工作顺利进行。

灌注结束后，各岗位人员必须按职责要求整理、冲洗现场，清除设备和工具上的混凝土积物。

桩顶面上泥渣沉淀增厚，泥浆的比重、黏度增大，适用测锤不易测准，可用细钢管接长，在其下端安活塞铁盒，插入混凝土取样鉴别，或在钢管下端连接一长锥体，探测混凝土。

桩孔内高处睡眠的桩头，在清除副桩沉渣后，应对桩头混凝土进行养护，高出地面的桩头应制作桩头模板，按设计标高安放周正，浇筑混凝土捣实并按规定养护。待混凝土强度达到设计标号的 70% 时方可拆除桩头模板，处于水中的桩头，可在混凝土初凝前，以高压水冲射超出标高的部分，但在桩头设计标高以上须保留不小于 20~30mm 的一层，待桩头露出后将其凿除。

2. 常见灌注故障及处理措施

在灌注过程中，应经常观察孔内情况。出现故障时，应及时分析和正确判断发生故障的原因，制定处理故障措施。常见灌注故障及处理措施参见表 5-6。

表 5-6 常见灌注故障及处理措施表

常见故障	产生故障的原因	故障处理措施
隔水塞卡导管内	隔水塞翻转或肢垫过大；隔水塞遇物卡住；导管连接不直；导管变形	用长杆捣，无效提出导管，取出隔水塞重新放置，检查垂直
导管内进水	导管连接处密封不好，垫圈放置不平整；法兰盘螺栓松动；初灌量不足，未埋住导管	提出导管，检查垫圈，重新安放检查密封情况
混凝土在导管内出不去	混凝土配合比不符合要求水灰比过小；坍落度过低；混凝土搅拌质量不符合要求；混凝土泌水离析严重；导	将混凝土按比例要求重新拌和并检查坍落度；检查所使用的水泥品质那个、编号和质量，按要求重新拌制在不增大水

	管内进水未及时发现造成混凝土严重稀释,水泥浆与砂、石分离;灌注时间过长,表层混凝土已初凝	灰比的原则下重新拌和;上下提动导管或捣实,使导管疏通,若无效,提出导管进行清洗,然后重新插入混凝土内足够深度,用潜水泵或空气吸泥机将导管内泥浆、浮浆、杂混凝土物等吸除干净恢复灌注;尽量不采取提起导管下隔水塞继续灌注的办法
钢筋笼错位或回窜	钢筋笼焊接质量不好;钢筋笼未固定死或未固定	吊起钢筋笼重新焊好下入孔内,检查钢筋笼固定情况,并加焊固定,非全桩式钢筋笼可在基下部用铁丝系住较大的石块或水泥块

第四节　承台施工

一、承台类型

承台是桩基础的重要部分,承台应有足够的强度和刚度,以便上部荷载传递给各桩并将各个桩连接成整体。承台为现浇钢筋混凝土结构,相当于一个浅基础,桩承台本身应该具有类似于浅基础承载能力,并且承台材料、形状、高度、底面标高和平面尺寸应该符合构造要求。

1. 按承台底面位置分

(1)高桩承台:当柱顶位于底面以上相当高度的承台称为高桩承台。

(2)低桩承台:凡桩顶位于底面以下的承台,称为低桩承台,与浅基础一样,要求承台底面埋置于当地冻结深度以下。

2. 按承台形式分

按承台形式可分为柱下独立承台、柱下或墙下条性基础、筏板承台和箱形承台。

二、承台构造

桩基承台除满足抗冲切强度、抗剪切强度、抗弯强度和上部构造要求外,应满足下列要求:

(1)柱下独立桩基承台的最小宽度不应小于500mm,承台边缘至桩中心的距离不宜小于桩径或边长且边缘挑出部分不应小于150mm,对于条形承台梁边缘挑出部分不应小于75mm。

（2）条形承台和柱下独立柱基承台的厚度不应小于 300mm。

（3）筏形、箱形承台板的厚度应满足整体刚度、施工条件及放水要求；对于墙下桩基及基础梁下桩基，承台板厚度不宜小于 250mm，且板厚与计算区段最小跨度比不宜小于 1/20。

（4）柱下单桩基础，一般只需按连接桩、连接梁的构造要求将联系梁高度范围内桩的圆形截面改变为方形截面。

三、承台材料

承台混凝土材料及强度等级应符合结构混凝土耐久性的要求和抗渗要求。等级不宜低于 C15，采用 2 级钢筋时，混凝土等级不宜低于 C20。承台底面钢筋的保护层不宜小于 70mm。设素混凝土垫层时，保护层厚度可适当减小，垫层厚度宜为 100mm。

承台的钢筋配置应符合下列规定：

（1）柱下独立桩基承台钢筋应通长配置，对四柱以上（含四柱）承台宜按双向均匀布置，对三桩的三角形承台应按三向板带均匀布置，且最里面的三根钢筋围成的三角形应在柱截面范围内。钢筋锚固长度自边桩内侧（当为圆柱时，应将其直径乘以 0.8 等效为方桩）算起，不应小于 35dg（dg 为钢筋直径），当不满足时应将钢筋向上弯折。

此时水平段的长度不应小于 25dg，弯折段长度不应小于 10dg。承台纵向受力钢筋的直径不应小于 12mm，间距不应大于 200mm，柱下独立桩基承台的最小配筋率不应小于 0.15%。

（2）筏形承台板或箱形承台板载计算中，当仅考虑局部弯矩作用时，考虑到整体弯曲的影响，在纵横两个方向的下层钢筋配筋率不宜小于 0.15%；上层钢筋应按计算配筋率全部连通，当筏形的厚度大于 2000mm 时，宜在板厚中间部位设置直径不小于 12mm、间距不大于 300mm 的双向钢筋网。

（3）承台底面钢筋的混凝土保护层厚度，当有混凝土垫层时，不应小于 50mm，无垫层时不应小于 70mm，此外不应小于桩头嵌入承台内的长度。

四、柱与承台的连接

（1）桩嵌入承台的长度规定是根据实际工程经验确定。如果桩嵌入承台深度过大，会降低承台的有效高度，使受力不利，桩嵌入承台内的长度对中等直径桩不宜小于 50mm，对大直径各桩不宜小于 100mm。

（2）对于大直径灌注桩，当采用一柱一桩时，连接构造通长有两种方案：一是设置承台，将桩与柱通过承台相连接；二是将桩与柱直接相连，实际工程根据具体情况选择。可设置承台或将桩与柱直接连接。

具体操作时要注意以下几点：

（1）桩头要凿至设计标高，并用聚合物水泥防水砂浆找平，桩侧面凿至混凝土密实处。

（2）破桩后如发现渗漏水，应采取相应堵漏措施。

（3）清除基层上的混凝土、粉尘等，用清水冲洗干净，基面要求潮湿，但不得有明水。

（4）沿桩头根部及桩头钢筋根部分别凿 20mm×25mm 及 10mm×100mm 的凹槽。

（5）涂刷水泥基渗透结晶型防水涂料必须连续、均匀，待第二层涂料呈半干状态后开始喷水养护，养护时间不小于 3 天。

（6）待膨胀型止水条紧密、连续、牢固地填塞于凹槽后，方可施工聚合物水泥防水砂浆层；聚硫嵌缝膏嵌填时，应保护好垫层防水层，并与之搭接严密。

（7）垫层防水层在聚硫嵌缝膏施工完成后，应及时做细石混凝土保护层。

两桩桩基的承台，应在其短向设置连系梁，有抗震设防要求的柱下柱基承台，宜沿两个主轴方向设置连系梁。连系梁顶面宜与承台顶面位于同一标高，连系梁宽度不宜小于 250mm，其高度可取承台中心距的 1/10~1/15，且不宜小于 400mm。连系梁配筋应按计算确定，梁上下部配筋不宜小于 2 根直径 12mm 钢筋；位于同一轴线上的相邻跨连系梁纵筋应连通。

五、承台施工

1. 基坑开挖和回填

（1）桩基承台施工顺序：先深后浅。

（2）当承台埋置较深时，应对临近建筑物及市政设施采取必要的保护措施，在施工期间应进行检测。

（3）基坑开挖前应对边坡支护形式、降水措施、挖土方案、运土路线及堆土位置编制施工方案，若桩基施工引起超孔隙水压力，宜待超孔隙水压力大部分消散后开。

（4）当地下水位高，需降水时，可根据周围环境情况采用内降水或外降水措施,可降低主动土压力,增加边坡的稳定,内降水可增加被动土压,减少支护结构的变形,且利于机具在基坑内的作业。

(5)挖土应均衡分层进行,对流塑状软土的基坑开挖,高度不应超过 lm,避免先挖体部分发生较大水平位移,导致桩基由于位移过大而断裂,软土地区基坑开挖分层均衡进行极其重要。

(6)挖出的土方不得堆置在基坑附近,机械挖土时必须确保基坑内的桩体不受损坏。

(7)基坑开挖结束后,应在基坑底部做出排水盲沟及集水井,排除积水,清除虚土和建筑垃圾,填土应按设计要求选料,分层夯实,对称进行。

(8)在承台和地下室外墙与基坑侧壁间隙回填土前,应在基坑侧壁间隙回填土前,排除积水,清除虚土和建筑垃圾,填土应按设计要求选料,分层夯实,对称进行。

2. 钢筋和混凝土施工

(1)绑扎钢筋前应将灌注桩桩头浮浆部分和预制桩桩顷锤击面破碎部分去除,桩体及其主筋埋入承台的长度应符合设计要求,钢管桩应加焊桩顶连接件,并应按设计施工桩头和垫层防变。

(2)承台混凝土应一次浇筑完成,混凝土入槽宜采用平铺法。对大体积混凝土施工,应采取有效措施防止温度应力引气裂缝。

第五节　桩基础检验、验收

一、桩基检测

1. 桩基检测目的

桩基检测的目的主要有两个:一个是为桩基的设计提供合理的依据;另一个是检验工程桩的施工质量,是否能满足设计要求。

第一个目的通常是通过在建筑现场的试桩上实现的。

第二个目的则是通过对工程桩抽样检测来达到的,为了使检测结果具有代表性,必须随机抽样检测并保证有一定的检测数量,如果因种种原因不能进行抽样检测时,至少也应该根据现场掌握的施工情况,分别进行好坏检测。

2. 桩基检测方法

对于重要的建筑物桩基和地质条件复杂或成桩质量可靠性较低的桩基工程,应采用静载法检测,具体检测方法和检测桩数由设计确定。

(1)静载法

1)实验装置

一般采用油压千斤顶加载,千斤顶的加载反力装置根据现场实际条件有三种形式:锚桩横梁反力装置、压重平台反力装置和锚桩压重联合反力装置。千斤顶平放于桩中心,当采用两个以上千斤顶加载时,应将千斤顶并联同步工作,并使千斤顶的合力通过试桩中心。

荷载与沉降的量测仪表:荷载可用防止与千斤顶上的应力环、应变式压力传感器直接测定,或采用千斤顶的压力表测定油压,根据千斤顶率定曲线换算荷载,试桩测降一般采用百分表或电子位移计测量。对于大直径桩应在其两个正交直径方向对称安置 4 个位移测试仪表,中等和小直径桩可安置 2 个或 3 个位移测试仪表,沉降测定平面离桩顶距离不应小于 0.5 倍桩径,固定和制成百分表的夹具和基准梁在构造上应确保不受气温、振动及其他外界因素影响而发生竖向变位。试桩、锚桩(压重平台支墩)和基准桩之间的中心距离应符合表5-7 的规定。

表 5-7 试桩、锚桩和基准桩之间的中心距离

反力系统	试桩与毛桩	试桩与基准桩	基准桩与锚桩
锚桩横梁反力系统压重平台反力系统	≥4d, 不小于 2.0	≥4d, 不小于 2.0	≥4d, 不小于 2.0

2)加卸载方式与沉降观测

①试验加载方式,采用慢速维持荷载法,即逐级加载,每级荷载达到相对稳定后加下级荷载,直到破坏,然后分级卸载到 0。当考虑结合实际工程桩的荷载特征时可采用多循环加卸载法(每级荷载达到相对稳定后卸载到零)。当考虑缩短试验时间时,对于工程桩检验性试验,可采用快速维持荷载法,即一般每隔1h 加一级荷载。

②加载分级,每级加载为预估极限荷载的 1/10~1/15,第一级可按 2 倍分级荷载加荷。

③沉降观测。每级加载后间隔 5min、10min、15min,各测读一次,以后每隔

15min 测读一次，累计 1h 后每隔 30min 测读一次，每次测读值记入试验记录表。

④沉降相对稳定标准。每 1h 的沉降量不超过 0.1min 并连续出现两次（由 1.5h 内连续 3 次观测值计算），认为已达到相对稳定，可加下一级荷载。

⑤终止加载条件，当出现特定情况时即可终止加载。

⑥卸载与卸载沉降观测，每级卸载值为每级加载值的 2 倍，每级卸载后每隔 15min 测读一次参与沉降，读两次后，每隔 30min 再读一次，即可卸下一级荷载，全部卸载后，隔 3~4h 再读一次。

静载试验室采取接近桩的实际工作条件，通过静载加压，确定桩的极限承载力，通常采用的是单桩竖向抗压静载试验、单桩竖向抗拔静载试验和单桩水平静载试验。

灌注桩做静载实验应在桩身混凝土强度达到设计等级的前提下，对砂类土不少于 10 天，对一般粘性土不少于 10 天，对淤泥或淤泥土不少于 10 天，才能进行试验。

（2）钻芯法

采用液压钻岩机钻取桩身混凝土芯样进行状态和强度检验，状态检验主要是通过对钻出的芯样进行抗压试验，确定桩身混凝土是否达到设计要求，钻芯法可钻取桩底持力层岩芯，从而判断持力层岩土特征。

在灌注体上钻孔取芯的方法是比较直观的，它不仅可以了解灌注桩的完整性，查明桩底沉渣厚度一级桩端持力层的情况，而且还是检验灌注桩混凝土强度的可靠方法，钻孔取芯法所需的设备随检测的项目而定，如仅检测灌注桩的完整性，钻孔取芯法可按以下步骤进行。

1）确定钻孔位置，灌注桩的钻孔位置，桩径小于 1600mm 时，宜选择在桩中心钻孔；当桩径大于 1600mm 时，钻孔数不宜少于 2 个。

2）安置钻机，钻孔位置确定后，应对准孔位安置钻机，钻机就位并安放平稳后，应将钻机固定，以便工作时不至产生位置偏移，固定方法应按根据钻机构造和施工现场的具体情况，分别用顶杆制成，采用配重或膨胀螺栓等方法，在固定钻机时，还应检查底盘的水平度，以保证钻杆及钻孔的垂直度。

3）施钻前的检查，施钻前应先通电检查主轴的旋转方向，当旋转方向为顺时针时，方可安装钻头，并调整钻机主轴的旋转轴线，使其呈垂直状态。

4）开钻。开钻前先接水源和电源，正向转动操作手柄，使合金钻头慢慢地接触混凝土表面,待钻头刀部入槽稳定后,方可加压进行正常钻进。

5)钻进取芯。在钻进过程中,应保持钻机的平稳,转速不宜小于 140r/min,钻孔内的循环水流不得中断,水压应保证能充分排除孔内混凝土料屑。

灌注桩钻孔取芯检测的取芯数目视桩径和桩长而定,通常至少每 1.5m 应取 1 个芯样,沿桩长均匀选取,每个芯样均应标明取样深度,以便判明有无缺陷以及缺陷的位置。对于用于判明灌注桩混凝土强度的芯样,则根据情况,每一试桩不得少于 10 个,钻孔取芯的深度应进入桩地持力层不小于 1m。

（3）声波透射法

声波在正常混凝土中的传播速度为 3000~4500m/s,当混凝土中存在裂缝、蜂窝、孔洞、夹泥或密实度差等缺陷时,声波通过这种缺陷时的传播速度将发生变化。根据上述原理,在灌注桩浇捣混凝土前预埋声测管,待桩施工结束后采用声波检测仪通过声测管来测量声波在期间的传播时间(速度),根据这些传播速度的变化可判断桩身混凝土质量的优劣。

（4）低应变动测法

低应变动测法有反射波法、机械阻抗法动力参数法、水电效应法等,目前普遍使用的是反射波法和机械阻抗法。采用瞬态冲击(小锤敲击)桩顶并实测桩顶应力波的加速度(或速度)的响应时域曲线,通过分析该响应时或域曲线的变化可判断基桩桩身的完整性,这种方法称为反射波法。同时,如果将获取的应力波的响应时域曲线通过傅里叶变换成为脉冲响应频域曲线,通过分析响应频域曲线(导纳曲线)的变化来判断基桩桩身的完整性,这种方法称为瞬态机械阻抗法。另外,采用稳态激振方式直接测得导纳曲线的方法称为稳态机械阻抗法。

（5）高应变动测法

高应变动测法是将重锤从桩顶以上一定高度自由落下锤击桩顶,测试锤击信号(振动波速),分析桩顶锤击信号反应可判断桩身质量,高应变动测法主要用于检测桩的承载力,用于检测桩身质量则是附带性。由于高应测法主要用于检侧桩的承载力,用于检测桩身质量则是附带性的,由于高应变测试费用高、数量少,普遍性的桩身完整性检测主要采用低应变动测法。

3. 检测数置

（1）柱下三桩或三桩以下的承台内抽验数不少于 1 根:一般情况下抽检数量不应少于总桩数的 20%,亦不得少于 10 根。

（2）遇到设计等级为甲级或地质条件复杂、成桩质量较差的灌注桩,抽检数量不应少于总桩数的 30%且不得少于 20 根。

（3）对桩身直径大于 800mm 的灌注桩,应选用钻芯法或声波透射法。抽检数量不应少于总桩数的 10%。

二、桩基验收

桩基工程验收应待开挖到设计标高后，并将桩顶处理到设计标高后进行。除了对灌注初的混凝土强度、承载能力、桩身质量进行检测以外，还须对桩实际位置进行验收。若超出允许范围,须有关部门商讨处理方法。

1. 混凝土灌注桩检验标准

（1）混凝土灌注桩钢筋笼质量检验标准见表 5-8。

表 5-8　混凝土灌注桩钢筋笼质量检验标准

项	检查项目	允许偏差或允许值	检查方法
主控项目	主筋间距	10	用钢尺测量
	长度	100	用钢尺测量
一般项目	钢筋材质检验	设计要求	抽样送检
	箍筋间距	20	用钢尺测量
	直径	10	用钢尺测量

（2）灌注桩的平面位置和垂直度的允许偏差见表 5-9。

表 5-9　灌注桩的平面位置和垂直度的允许偏差

序号	成孔方法		桩径允许偏差/mm	桩位允许偏差/%	桩位允许偏差	
					1～3 根,单挑桩基垂直于中心线方向和群桩基础的边缘	条形桩基础沿中心线方向和群桩基础的中间桩
1	泥浆护壁灌注桩	D≤1000mm	±50	小于 1	D/4 且不大于 100	D/4 且不大于 150
		D 大于 1000mm			100+0.01H	150+0.01H
2	沉管成孔灌注桩	D≤500mm	-20	小于 1	70	150
		D 大于 500mm			100	150
3	干作业成孔灌注桩	-20		小于 1	70	150
4	人工挖空灌注桩	混凝土护壁	±5	小于 0.5	50	150
		钢管套护壁		小于 1	100	200

（3）混凝土灌注桩质量检验标准见表 5-10。

表 5-10　混凝土灌注桩质置检验标准

项目	序号	检查项目	允许偏差或允许值		检查方法
			单位	数值	
主控项目	1	桩位	见表 5-9		基坑开挖前护筒，开挖后量桩中心
	2	孔深	mm	+300	至深不浅，用重锤测，或钻杆测、套管长度，嵌岩桩应确保进入设计要求的嵌岩深度
	3	状体质量检验	按基桩检测技术规范如钻芯取样，大直径嵌岩桩应钻至桩尖下 50cm		按基桩检测技术规范
	4	混凝土强度	设计要求		实践报告或钻芯取样送检
	5	承载力	按基桩检测技术规范		按基桩检测技术规范
一般项目	1	垂直度	见表 5-9		测套管或钻杆，或用超声波探测，干施工时吊垂球
	2	桩径	见表 5-9		井径仪或超声波检测，干施工时用钢尺量，人工挖孔桩不包括内衬厚度
	3	泥浆比重（黏土）	1.15~1.20		用比重计测孔低 50cm 处取样
	4	泥浆面标高（高于地下水位）	m	0.5~1.0	目测
	5	沉渣厚度：端承桩 摩擦桩	mm	≤50 ≤150	用沉渣仪或重锤测量
	6	混凝土坍落度：干施工水下灌注	mm	160~220 70~100	坍落度仪
	7	钢筋笼安装深度	mm	±100	用钢尺量
	8	混凝土充盈系数	大于 1		检查每根桩的实际灌注量
	9	桩顶标高	mm	+30 -50	水准仪，需扣除桩顶浮浆层及劣质桩体

第六章 柱下独立基础施工

第一节 基坑施工

一、施工准备

1. 土方开挖机具选择

开挖Ⅰ、Ⅱ类浅基层土方,可以选择推土机、铲运机或挖掘机等土方机械设备直接开挖,Ⅲ、Ⅳ类土方应选择挖掘机直接开挖,Ⅴ、Ⅵ类土方应选择重型挖掘机直接开挖,Ⅶ、Ⅷ类土方应先爆破后再开挖。主要土方机械应用范围及特点可参照表6-1。

2. 作业条件

(1)开挖前应清除或拆迁开挖区内地面附属物和地下障碍物,如地上高压、照明、通信线路,电杆、树木、旧有建筑物及地下给排水、煤气、供热管道、电缆、基础等,或进行搬迁、改建、改线,对靠近基坑(槽)的原有建筑物、电杆、塔架等采取防护或加固措施。

(2)根据场地的地质、水文资料及周围环境情况,结合施工具体条件,按照制订好的现场场地平整、基坑开挖施工方案,以及施工总平面布置图,绘制基坑土方开挖图,合理确定开挖路线、顺序,基坑标高、边坡坡度、排水沟、集水井位置及土方堆放点,如涉及深基坑开挖,还应提出支护、边坡保护和排水方案。

(3)根据平面图进行测量放线,设置好控制定位轴线桩、龙门板或水平桩后,放出挖土灰线,经检查并办完预检手续。

(4)完成必需的临时设施,包括生产设施、生活设施、机械进出和土方运输道路、临时供水供电及其他与工程施工有关的辅助设施;机械设备运进现场,进行维护检查、试运转,使其处于良好的工作状态。

二、基坑开挖施工要点

基坑开挖的一般程序如下:测量放线—切线分层开挖—排降水—修坡—平

表6-1　土方机械应用范围汇总表

机械名称		适用范围	最佳使用范围	优缺点
挖掘机	正铲	适用于开挖含水量≤27%的Ⅰ、Ⅱ类土，工作面的高度一般不应小于1.5m，可以挖停机面以上的土，配备自卸汽车联合作业	(1)0.5m³挖掘机最佳挖掘高度为1.5～5m；1m³挖掘机最佳挖掘高度为2～6m；(2)挖掘机配自卸车工作时，最适宜的运距为80～3000m	(1)装车轻便灵活，回转速度快，位移方便，工作效率高；(2)易于控制挖掘边坡及外形尺寸；(3)能挖掘较坚硬的土
	反铲	多用于地面以下的挖土工作。适用于Ⅰ～Ⅲ类的砂土和黏土，开挖深度不大的基坑（基槽）、沟渠及含水量不大的泥疗土。通常配备推土机或自卸汽车进行联合工作	(1)最大挖掘深度为4～6m；(2)最佳挖掘深度为1.5～3m	(1)汽车和装土均在地面上操作，省去运道道；(2)工作效率比正铲低；(3)工作较灵活，不易于控制工作面尺寸
	拉铲	用于地面以下的挖土作业。适用于Ⅰ～Ⅲ类土，开挖较深的基坑（槽）、沟渠挖取水中的泥土以及填筑路基、修筑堤坝等。通常配备推土机或自卸汽车进行联合作业	对松软土壤效率较高	(1)挖掘半径比反铲大，但不及反铲灵活；(2)开挖较深的基坑时，汽车可在土坑上装土，省去运输道路；(3)工作效率比反铲低
	抓铲	用于挖掘窄而深的地槽、基坑和水下挖土，也能装卸砂、卵石等散装材料	对散石、松散料的装卸很有效	工作效率低，操作最简单
装载机		装载机多用于装载松散料和短距离运土，也可用作松软土的表层剥离、地面的平整和松散材料的收集清理等工作。一台装载机能完成装土、运土、卸土等工序，并能配合运输车辆作装土使用	装运作业时间不大于3min时	(1)轮胎式装载机行驶速度快，机动性能好，移动方便；(2)能在远距离工作场地自铲自运；(3)对松散土的装卸，工作效率高于挖掘机
推土机		能铲挖并移运土壤。例如，在道路施工中，推土机可完成路基基底的处理，路侧取土横向填筑高度不大于1m的路堤，沿道路中心线向铲挖移运土壤的路基挖填工程，傍山取土，修筑路基。此外推土机还可用于平整场地，堆积松散	推填距离（经济运作）宜在100m以内，效率最高的距离为50～60m	(1)推土机操作灵活，运转方便，所需工作面较小；(2)行驶速度快，易于转移，能爬30°左右的缓坡，因此应用范围较广

	材料,清除作业地段内的障碍物等多用于场地清理和平整,开挖深度 1.5m 以内的基坑,填平基坑和管沟,以及配合铲运机、挖土机工作等,从事平整、清理场地和维修道路等工作。此外,在推土机后面可安装松土装置,破、松硬土和冻土,也可挂羊足碾进行土方压实工作。推土机可以挖 I～III类土,IV 类土以上需经预松后才能作业	

整—留足预留土层等。

（1）基坑开挖方式可根据现场条件及表 6-2、表 6-3 的要求确定,如放坡开挖、直壁开挖或支护开挖。

表 6-2　基坑和管沟不加支撑时的容许深度

项次	土的种类	容许深度/m
1	中密的砂土和碎石类土（充填物为砂土）	1.00
2	硬塑、可塑的粉质黏土及粉土	1.25
3	硬塑、可塑的黏土和碎石类土（充填物为黏性土）	1.50
4	坚硬黏土	2.00

表 6-3　临时性挖方边坡值

土的类别		边坡坡度（高：宽）
砂土（不包括细砂子、粉砂）		1:1.25～1:1.50
一般砂土	硬	1:0.75～1:1.00
	软、塑	1:1.00～1:1.25
	软	1:1.50 或更缓
碎石类土	充填坚硬、硬塑黏性土	1:0.50～1:1.00
	充填砂土	1:1.00～1:1.50

（2）相邻基坑开挖时,应遵循先深后浅或同时进行的施工程序。挖土应自上而下水平分段分层进行,每层 0.3m 左右,边挖边检查基坑宽度,不够时及时修整,每 3m 左右修一次坡,至设计标高,再统一进行一次修坡清底,检查坑底宽和标高,要求坑底凹凸不超过 2.0cm。在施工过程中基坑（槽）边堆置土方不应超过设计荷载,挖方时不应碰撞或损伤支护结构、降水设施。

（3）如开挖的基坑深于邻近基础时,开挖应保持一定的距离和坡度（见图 6-1）,一般应满足 h/L≤0.5~1.0 的要求。如不能满足时,应采取在坡脚设挡墙或支撑进行加固处理。

图 6-1　基坑与邻近基础应保持的距离示意图

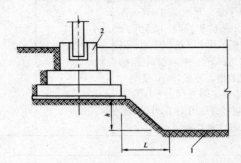

1—开挖深基坑底部；2—邻近距离

（4）开挖基坑的土壤含水量大而不稳定，或基坑较深，或受到周围场地限制而需要较陡的边坡或直立开挖而土质较差时，应采用临时性支护加固，坑、槽宽度应比基础宽每边加 10~15cm 支撑结构需要的尺寸。挖土时，土壁要求平直，挖好一层，支一层支护，挡土板要紧贴土面，并用小木桩或横撑木顶住挡板。开挖宽度较大的基础，当在局部低端无法放坡，或下部土方受到尺寸限制不能放较大坡度时，则应在下部坡脚采取加固措施，如采用短桩或横隔板支撑或砌砖、毛石或编织袋、草袋装土堆砌临时矮挡土墙保护坡脚；当开挖深基坑时，则须采取半永久性、安全、可靠的支护措施。

（5）基坑开挖时，应对平面控制桩、水准点、基坑平面位置、水平标高、边坡坡度等经常复测检查；基坑土方施工中应对支护结构、周围环境进行观察和监测，如出现异常情况应及时处理，待恢复正常后方可继续施工。

（6）平整场地的表面坡度应符合设计要求，如设计无要求时，排水沟方向的坡度不应少于 2‰，平整后的场地表面应逐点检查。检查点为每 100~400m² 取 1 点，但不应少于 10 点；长度、宽度和边坡均为每 20m 取 1 点，每边不应少于 1 点。

（7）基坑开挖应尽量防止对地基的扰动。基坑挖好后不能进行下道工序时，应预留 15~30cm 的一层土不挖，待下道工序开始再挖至设计标高。开挖基坑不得超过基地标高，如个别部位超挖时，应用砂、碎石或低强度混凝土补填，重要部位超挖时的处理应取得设计单位同意。

（8）在基坑挖土过程中，应随时注意土质变化情况，如地基土质与地质勘探报告、设计要求不符时，应与有关人员研究及时处理。基坑挖后应立即进行验槽，做好记录。

第二节　基底检验

一、基底检验

为了使建(构)筑物有一个比较均匀的下沉,即不允许建(构)筑物各部分间产生较大的不均匀沉降,对地基应进行严格的检验。当地基开挖至设计基底标高后,应对坑底进行保护,并由设计、建设、监理和施工部门共同及时进行验槽,核对地质资料,检查地基土壤与工程地质勘探报告、设计图纸是否符合,有无破坏原状土壤结构或发生较大的扰动现象。经检查合格,填写基坑验收、隐蔽工程记录,及时办理交接手续,方可进行垫层施工。对特大型基坑,宜分区分块挖至设计标高,分区分块及时浇筑垫层。必要时,可加强垫层。验槽一般用表面检查验槽法,必要时采用钎探检查或洛阳钎探检查。

1. 表面检验槽法

(1)根据槽壁土层分布情况及走向,初步判明全部基底是否已挖至设计所要求的土层。

(2)检验槽底是否已挖至原(老)土,是否需要继续下挖或进行处理。

(3)检查整个槽底土的颜色是否均匀一致;土的坚硬程度是否一样,是否有局部过松软或过坚硬的部分;是否有局部含水量异常现象,走上去有没有颤动的感觉等。如有异常部位,要会同设计单位进行处理。

2. 钎探检查验槽法

(1)钢钎的规格和质量:钢钎用直径 22~25mm 的钢筋制成,钎尖呈 60°尖锥状, 长 1.8~2.0m。大锤用质量为 3.6~4.5kg 的铁锤。打锤时, 举高离钎顶 50~70cm,将钢钎垂直打入土中,并记录每打入土层 30cm 的锤击数。

(2)钎孔布置和钎探深度:应根据地基土质的复杂情况和基槽宽度、形状而定,一般可参考表6-4。

表6-4　钎孔布置和钎探深度

槽宽/cm	排列方式及图示	间距	钎探深度/m
小于80	中心一排	1-2	1.2
80-200	两排错开	1-2	1.5
大于200	梅花形	1-2	2.0
柱基	梅花形	1-2	≥1.5m, 并不浅于短边宽度

二、地基局部处理

1. 换填地基法

换填地基材料：中粗砂、碎石或卵石、灰土、素土、石屑、矿渣等。

（1）灰土地基

适用于加固深 1~4m 厚的软弱土、湿陷性黄土、杂填土等，还可用作结构的辅助防渗层。

（2）砂和砂石地基

适于处理 3.0m 以内的软弱、透水性强的黏性土地基，包括淤泥、淤泥质土；不宜用于加固湿陷性黄土地基及渗透系数小的黏性土地基。

（3）粉煤灰地基

用于作各种软弱土层换填地基的处理，以及作大面积地坪的垫层等。

2. 夯实地基

（1）重链夯实地基

重锤夯实地基适用于处理高于地下水位 0.8m 以上稍湿的黏性土、砂土、湿陷性黄土、杂填土和分层填土地基的加固处理。加固深度位 1.2~2.0m。

（2）强夯地基

强夯地基适用于处理碎石土、砂土、低饱和度的黏性土、粉土、湿陷性黄土及填土地基等的深层加固，是最经济的深层加固方法。

第三节　柱下独立基础施工

一、施工准备

钢筋混凝土独立基础主要用于柱下，也用于一般的高耸建筑物。现浇柱下独立基础的截面可做成阶梯形，如图 6-2（a）所示；或锥形，如图 6-2（b）所示；预制柱一般采用杯形基础，如图 6-2（c）所示。

1. 作业条件

（1）办完验槽记录及地基验槽隐检手续。

（2）办完基槽检线预检手续。

（3）有混凝土配合比通知单、准备好试验用工具器，做完技术交底。

图 6-2　钢筋混凝土独立基础形式示意图

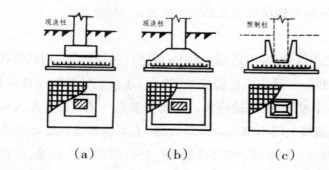

（a）　　　　　　（b）　　　　　　（c）

2. 材质要求

所需施工需要的材料，必须经有资质的质量检测机构检测合格。材质的具体要求见表 6-5。

表 6-5　材质的要求

材料名称	具体要求
砂、石子	根据结构尺寸、钢筋密度、混凝土施工工艺、混凝土强度等级的要求确定石子粒径、砂子细度。砂、石质量符合现行标准。必要时做骨料碱活性实验
水泥	水泥品种、强度等级应根据设计要求确定，质量符合现行水泥标准。工期紧时可做水泥快测。必要时要求厂家提供水泥含碱量的报告
外加剂	根据施工组织设计要求，确定是否采用外加剂。外加剂必须经试验合格后，方可在工程上使用
水	自来水或不含有害物质的洁净水
钢筋	钢筋的级别、规格必须符合设计要求，质量符合现行标准要求。表面无老锈和油污。必要时做化学分析
掺合料	根据施工组织设计要求，确定是否采用掺合料。质量符合现行标准
脱模剂	水质隔模剂

3. 工器具

应准备有必要的施工器具，一般应包括：搅拌机、磅秤、手推车或翻斗车、铁锹、振捣棒、刮杆、木抹子、胶皮手套、串桶或溜槽、钢筋加工机械、木制井字架等。

二、基础施工工艺流程

独立柱基础施工一般采用以下流程：清理→混凝土垫层浇筑→钢筋绑扎→相关专业施工→清理→支模板→清理→混凝土搅拌→混凝土浇筑→混凝土振捣→混凝土找平→混凝土养护→模板拆除。

1. 清理及垫层浇筑

地基验槽完成后，清除表层浮土及扰动土，不留积水，立即进行垫层混凝土施工,生层厚度一般为 100mm,混凝土强度等级不小于 C15,在验槽后应立即浇筑,以免地基土流动。塑层混凝土必须振捣密实,表面平整。

2. 钢筋绑扎

垫层浇筑完成后,混凝土达到 1.2MPa 后进行钢筋绑扎。钢筋绑扎不允许漏扣,柱插筋弯钩部分必须与底板筋成 45°绑扎,连接点处必须全部绑扎,距底板 5cm 处绑扎第一个箍筋,距基础顶 5cm 处绑扎最后一道箍筋。作为标高控制筋及定位筋,柱插筋最上部再绑扎一道定位筋,上下箍筋及定位箍筋绑扎完成后将柱插筋调整到位并用井字木架临时固定,然后绑扎剩余箍筋,保证柱插筋不变形走样,两道定位筋在基础混凝土浇完后,必须进行更换。

钢筋绑扎好后地面及侧面搁置保护层垫块,厚度为设计保护层厚度,垫层间距不得大于 1000mm(视设计钢筋直径确定),以防出现露筋的质量通病。

注意对钢筋的成品保护,不得任意碰撞钢筋,造成钢筋移位。

3. 模板

钢筋绑扎及相关专业施工完成后立即进行模板安装,模板采用小钢模或木模,利用架子管或木方加固。锥形基础坡度 > 30°时,采用斜模板支护,利用螺栓与底板钢筋拉紧,防止上浮,模板上部设透气及振捣孔;坡度≤30°时,利用钢丝网(间距 30cm)防止混凝土下坠,上口设井子木控制钢筋位置。不得用重物冲击模板,不准在吊帮的模板上搭设脚手架,保证模板的牢固和严密。

4. 清理

清除模板内的木屑、泥土等杂物,木模浇水湿润,堵严板缝及孔洞。

5. 混凝土现场流排

(1)每次浇筑混凝土前 1.5h 左右,由土建工长或混凝土工长填写"混凝土浇筑申请书",一式 3 份,施工技术负责人签字后,土建工长留一份,交试验员一份,资料员一份归档。

(2)试验员依据"混凝土浇筑申请书"填写有关资料,做砂石含水率试验,调整混凝土配合比中的材料用量,换算每盘的材料用量,写配合比板,经施工技术负责人校核后,挂在搅拌机旁醒目处。

(3)材料用量。

投放水、水泥、外加剂、掺合料的计量误差为 ±2%,砂石料的计量误差为 ±3%。

投料顺序为:石子→水泥→外加剂粉剂→掺合料"砂子""水""外加剂"。

(4)搅拌时间:

①强制式搅拌机,不掺外加剂时,不少于 90s;掺外加剂时,不少于 120s。

②自落式搅拌机,在强制式搅拌机搅拌时间的基础上增加 30s。

(5)当一个配合比第一次使用时,应由施工技术负责人主持,做混凝土开盘鉴定。如果混凝土和易性不好,可以在维持水灰比不变的前提下,适当调整砂率、水及水泥量,至和易性良好为止。

6. 混凝土浇筑

混凝土浇筑应分层连续进行,间歇时间不得超过混凝土初凝时间,一般不超过 2h,为保证钢筋位置正确,先浇一层 5~10cm 厚混凝土固定钢筋。台阶型基础每一台阶高度整体浇捣,每浇完一台阶停顿 0.5h 待其下沉,再浇上一层。分层下料,每层厚度为振动棒的有效振动长度。防止由于下料过厚,振捣不实或漏振,吊帮的根部砂浆、涌出等原因造成蜂窝、麻面或孔洞。

7. 混凝土振捣

采用插入式振捣器,插入的间距不大于作用半径的 1.5 倍。上层振捣棒插入下层 3~5cm。尽量避免碰撞预埋件、预埋螺栓,防止预埋件移位。

8. 混凝土找平

混凝土浇筑后,表面比较大的混凝土,使用平板振捣器振一遍,然后用杆刮平,再用木抹子搓平。收面前必须校核混凝土表面标高,不符合要求处立即整改。

浇筑混凝土时,经常观察模板、支架、钢筋、螺栓、预留孔洞和管有无走动等情况,一经发现变形、走位或位移时,立即停止浇筑,并及时修整和加固模板,然后再继续浇筑。

9. 混凝土养护

已浇筑完的混凝土,应在 12h 左右覆盖和浇水。一般常温养护不得少于 7 昼夜,特种混凝土养护不得少于 14 昼夜。养护设专人检查落实,防止由于养护不及时,造成混凝土表面裂缝。

10. 模板拆除

侧面模板在混凝土强度能保证其棱角不因拆模板而受损坏时方可拆模。拆模前设专人检查混凝土强度,拆除时采用撬棍从一侧顺序拆除,不得采用大锤砸或撬棍乱撬,以免造成混凝土棱角破坏。

第四节　基础验收、回填

一、质量标准

1. 钢筋安装工程

（1）主控项目

1）纵向受力钢筋的连接方式应符合设计要求。

2）在施工现场，应按国家现行标准的规定抽取钢筋机械连接接头、焊接接头试件作力学性能检验，其质量应符合有关规程的规定。

3）钢筋安装时，受力钢筋的品种、级别、规格和数量必须符合设计要求。

（2）一般项目

1）钢筋的接头宜设置在受力较小处。同一纵向受力钢筋不宜设置两个或两个以上接头。接头末端至钢筋弯起点的距离不应小于钢筋直径的 10 倍。

2）当受力钢筋采用机械连接接头或焊接接头时，设置在同一构件内的接头宜相互错开。纵向受力钢筋机械连接接头及焊接接头连接区段的长度为 35 倍 d（d 为纵向受力钢筋的较大直径）且不小于 500mm，凡接头中点位于该连接区段长度内的接头均属于同一连接区段。同一连接区段内，纵向受力钢筋机械连接及焊接的接头面积百分率为该区段内有接头的纵向受力钢筋截面面积与全部纵向受力钢筋截面面积的比值。

同一连接区段内，纵向受力钢筋的接头面积百分率应符合设计要求；当设计无具体要求时，应符合下列规定：

①受拉区不宜大于 50%。

②接头不宜设置在有抗震设防要求的框架梁端、柱端的箍筋加密区；当无法避开时，对等强度高质量机械连接接头，不应大于 50%。

③直接承受动力荷载的结构构件中，不宜采用焊接接头；当采用机械连接接头时，不应大于 50%。

3）同一构件中相邻纵向受力钢筋的绑扎搭接接头宜相互错开。绑扎搭接接头中钢筋的横向净距不应小于钢筋直径，且不应小于 25mm。

钢筋绑扎搭接接头连接区段的长度为 1.3L（L 为搭接长度），凡搭接接头中点位于该连接区段长度内的搭接接头均属于同一连接区段。同一连接区段内，纵向钢筋搭接接头面积百分率为该区段内有搭接接头的纵向受力钢筋截面面积与全部纵向受力钢筋截面面积的比值。

同一连接区段内,纵向受拉钢筋搭接接头面积百分率应符合设计要求;当设计无具体要求时,应符合下列规定:

①对梁类、板类及墙类构件,不宜大于 25%。

②对柱类构件,不宜大于 50%。

③当工程中确有必要增大接头面积百分率时,对梁类构件,不应大于 50%,对其他构件,可根据实际情况放宽。

纵向受力钢筋绑扎搭接接头的最小搭接长度:绑扎搭接受力钢筋的最小搭接长度应根据钢筋强度、外形、直径及混凝土强度等指标经计算确定,并根据钢筋搭接接头面积百分率等进行修正。为了便于施工及验收,规范给出了确定纵向受拉钢筋最小搭接长度的方法以及受拉钢筋搭接长度最低限值,确定了纵向受压钢筋最小搭接长度的方法以及受压钢筋搭接长度的最低限值。

4)在梁、柱类构件的纵向受力钢筋搭接长度范围内,应按设计要求配置箍筋。当设计无具体要求时,应符合下列规定:

①箍筋直径不应小于搭接钢筋较大直径的 0.25 倍。

②受拉搭接区段的箍筋间距不应大于搭接钢筋较小直径 5 倍,但不应大于 100mm。

③受压搭接区段的箍筋间距不应大于搭接钢筋较小直径的 10 倍,且不应大于 200mm。

④当柱中纵向受力钢筋直径大于 25mm 时,应在搭接接头两个端面外 100mm 范围内各设置两个箍筋,其间距宜为 50mm。

5)钢筋安装位置的允许偏差见表 6-6。

2. 模板工程

(1)模板安装工程

1)主控项目

①安装现浇结构的上层模板及其支架时,下层楼板应具有承受上层荷载的承载能力,或加设支架,上、下层支架的立柱应对准,并铺设垫板。

②在涂刷模板隔离剂时,不得沾污钢筋和混凝土接槎处。

2)一般项目

表 6-6 钢筋安装位置的允许偏差

项目			允许偏差/mm
绑扎钢筋网	长、宽		±10
	网眼尺寸		±20
绑扎钢筋骨架	长		±10
	宽、高		±5
受力钢筋	间距		±10
	排距		±5
	保护层厚度	基础	±10
		柱、梁	±5
		板、墙、壳	±3
绑扎钢筋、横向钢筋间距			±20
钢筋弯起点位置			20
预埋件	中心线位置		5
	水平高差		+3.0

模板安装应满足下列要求：

①模板的接缝不应漏浆，在浇筑混凝土前，木模板应浇水湿润，但模板内不应有积水。

②模板与混凝土的接角生面应清理干净并涂刷隔离剂，但不得采用影响结构性能或妨碍装饰工程施工的隔离剂。

③浇筑混凝土前，模板内的杂物应清理干净；对清水混凝工程及装饰混凝土工程，应使用能达到设计效果的模板。

用作模板的地坪、胎模等应平整光洁，不得产生影响构件质量的下沉、裂缝、起砂或起鼓。

对一跨度不小于 4m 的现浇钢筋混凝土梁、板，其他模板应按设计要求起拱，当设计无具体要求时，起拱高度宜为跨度的 1/1000~3/1000。

固定在模板上的预埋件、预留孔和预留洞均不得遗漏，且应安装牢固，其偏差应符合表 6-7 的规定。

现浇结构模板安装的偏差应符合表 6-8 的规定。

（2）模板拆除工程

1）主控项目

底模及其支架拆除时的混凝土强度应符合设计要求，当设计无具体要求时，混凝土强度应符合表 6-9 的规定。

表 6-7 预埋件和预留孔的允许偏差值

项目		允许偏差值/mm
预埋钢板中心线位置		3
预埋管、预留孔中心线位置		3
插筋	中心线位置	5
	外露长度	+10.0
预埋螺栓	中心线位置	2
	外露长度	+10.0
预留洞	中心线位置	10
	尺寸	+10.0

表 6-8 现浇结构模板安装的允许偏差值

项目		允许偏差/m
轴线位置		5
底模上表面标高		±5
截面内部尺寸	基础	±10
	柱、梁、墙	+4，-5
层高垂直度	不大于5m	6
	大于5m	8
相邻两板表面高低差	2mm	2
表面平整度	5mm	5

表 6-9 底模拆除时的混凝土强度要求

构件类型	构件坡度/m	达到设计的混凝土立方体抗压强度标准值的百分率/%
板	≤2	≥50
	>2，≤8	≥75
	>8	≥100
梁、拱、壳	≤8	≥75
	>8	≥100
悬臂构件		≥100

对后张法预应力混凝土结构构件,侧模宜在预应力张拉前拆除;底模支架的拆除应按施工技术方案执行,当无具体要求时,不应在结构件建立预应力前拆除。后浇带模板的拆除和支顶应按施工技术方案执行。

2)一般项目

侧模拆除时的混凝土强度应能保证其表面及棱角不受损伤。

模板拆除时,不应对楼层形成冲击荷载。拆除的模板和支架宜分散堆放并及时清运。

3. 混凝土工程

（1）混凝土施工工程

1）主控项目

结构混凝土的强度等级必须符合设计要求。用于检查结构构件混凝土强度的试件,应在混凝土的浇筑地点随机抽取。取样与试件留置应符合下列规定：

①每拌制 100 盘且不超过 100m³ 的同配合比的混凝土,取样不得少于一次。

②每工作班拌制的同一配合比的混凝土不足 100 盘时,取样不得少于一次。

③当一次连续浇筑超过 1000m³ 时, 同一配合比的混凝土每 200m³ 取样不得少于一次。

④每一楼层、同一配合比的混凝土,取样不得少于一次。

⑤每次取样应至少留置一组标准养护试件,同条件养护试件的留置组数应根据实际需要确定。

对有抗渗要求的混凝土结构,其混凝土试件应在浇筑地点随机取样。同一工程、同一配合比的混凝土,取样不应少于一次,留置组数可根据实际需要确定。

混凝土原材料每盘称量的偏差应符合表 6-10 的规定。

表 6-10　原材料每盘称量的允许偏差

材料名称	允许偏差
水泥、掺合料	±2%
粗、细骨料	±3%
水、外加剂	±2%

混凝土运输、浇筑及间歇的全部时间不应超过混凝土的初凝时间。同一施工段的混凝土应连续浇筑, 并应在底层混凝土初凝之前将上一层混凝土浇筑完毕。

当底层混凝土初凝后浇筑上一层混凝土时,应按施工技术方案中对施工缝的要求进行处理。

2）一般项目

施工缝的位置应在混凝土浇筑前按设计要求和施工技术方案确定。施工缝的处理应按施工技术方案执行。

后浇带的留置位置应按设计要求和施工技术方案确定,后浇带混凝土浇筑应按施工技术方案进行。

混凝土浇筑完毕后,应按施工技术方案及时采取有效的养护措施,并应符合下列规定:

①应在浇筑完毕后的 12h 以内对混凝土加以覆盖并保湿养护。

②混凝土浇水养护时间:对采用硅酸盐水泥、普通硅酸盐水泥或矿渣硅酸盐水泥拌制的混凝土,不得少于 7d;对掺用缓凝型外加剂或有抗渗要求的混凝土,不得少于 14d。

③浇水次数应能保持混凝土处于湿润状态;混凝土养护用水应与拌制用水相同。

④采用塑料布覆盖养护的混凝土,其敞露的全部表面应覆盖严密,并应保持塑料布内有凝结水。

⑤混凝土强度达到 1.2MPa 前,不得在其上踩踏或安装模板及支架。

注意:a.当日平均气温低于 5℃时,不得浇水。

b.当采用其他品种水泥时,混凝土的养护时间应根据所采用水泥的技术性能确定。

c.混凝土表面不使浇水或使用塑料布时,宜涂刷养护剂。

d.对大体积混凝土的养护,应根据气候条件按施工技术方案采取控温措施。

(2)现浇结构外观尺寸偏差检验

1)主控项目

现流结构的外观质量不应有严重缺陷,对已经出现严重缺陷,应由施工单位提出技术处理方案,并经监理(建设)单位认可后进行处理。对经处理的部位,应重新检查验收。

现浇结构不应有影响结构性能和使用功能的尺寸偏差,混凝土设备基础不应有影响结构性能和设备安装的尺寸偏差。

对超过尺寸偏差且影响结构性能和安装、使用功能的部位,应由施工单位提出技术处理方案,并经监理(建设)单位认可后进行处理。对经处理的部位,应重新检查验收。

2)一般项目

现浇结构的外观质量不宜有一般缺陷。对已经出现的一般缺陷,应由施工单位按技术处理方案进行处理,并重新检查验收。现浇结构尺寸允许偏差和检验方法见表 6-11。

表 6-11　现浇结构允许偏差和检验方法

项目			允许偏差值/mm
轴线位置	基础		15
	独立基础		10
	墙、梁、柱		8
	剪力墙		5
垂直度	层高	≤5m	8
		>5m	10
	全高（H）		H/1000 且≤30
标高	层高		±10
	全高		±30
截面尺寸			+8，-5
电梯井	井筒长、宽对定位中心线		+25，0
	井筒全高（H）垂直度		H/1000 且≤30
表面平整			8
预埋设施中心线位置	预埋件		10
	预埋螺栓		5
	预埋管		5
预留洞中心线位置			15

二、回填施工准备

1. 回填土料要求

（1）土料应优先采用场地、基坑中挖出的原土，并清除其中有机杂质和粒径大于 50mm 的颗粒，含水量应符合要求。

（2）黏性土含水量符合压实要求，可用作各层填料。

（3）碎石类土、砂土和爆破石渣其最大块粒径不得超过每层铺垫厚度的 2/3，用作表层以下填料。

2. 主要机具设备

（1）人工回填土主要机具设备有：铁锹、手推车、木夯、蛙式打夯机、柴油打夯机、筛子、喷壶等。

（2）机械回填土主要机具设备有：推土机、铲运机、机动翻斗车、自卸汽车、震动压路机、平碾、平板振动器。

3. 作业条件

（1）回填前应对基础或地下防水层等进行检查验收，并办好隐检手续，混凝土或砌筑砂浆应达到规定强度。

（2）施工前应根据工程特点、填料种类、压实系数、施工机具条件等合理确定填料含水量控制范围,每层铺土厚度和打夯或压实遍数等施工参数。

（3）施工前做好水平高程标志的测设。基坑或边坡上每隔 3m 打入水平木桩,室内或散水的边墙上,做好水平印记。

三、回填施工工艺

（1）施工前应检验其土料、含水量是否在控制范围内。当含水量过大,应采取翻松、晾干、风干、换土回填、掺入干土等措施;如土料过干时,则应预先洒水润湿,增加压实遍数或使用较大功率的压实机械等措施。

（2）回填土应分层摊铺和夯实。每层铺土厚度和压实遍数应根据土质、压实系数和机具性能而定。蛙式打夯机每层铺土厚度为 200~250mm,人工打夯不大于 200mm,每层至少夯 3 遍。

（3）深浅坑相连时,应先填深坑填平后与浅坑全面分层填夯。如分段填筑,交接填成阶梯形,分层交接处应错开,上下层接缝距离不小于 0.1m。每层碾压重叠应达到 0.5~1.0m。

（4）基坑回填应在相对两侧或四周同时进行。打夯要按一定方向进行,一夯压半夯,夯夯相接,行行相连,两遍纵横交叉,分层夯打;采用推土机填土时,应由上而下分层铺填,用推土机来回行驶进行碾压,履带应重叠一半。基坑回填土时,支撑的拆除,应按回填顺序,从下而上逐步拆除,不得全部拆除后再回填,以免边坡失稳。

四、质量控制与验收标准

（1）回填土料,必须符合设计要求及施工质量验收规范的规定,回填土施工中应检查排水措施、每层填筑厚度、含水量控制和压实程度。

（2）填方施工结束后,应检查标高、边坡坡度、压实程度等,检验规定标准见表 6-12。

表 6-12　检验规定标准

项	序	检查项目	允许偏差或允许值/mm					检查方法
			柱基基坑基槽	挖方场地平整		管沟	地（路）面基层	
				人工	机械			
主控项目	1	标高	-50	+30	+50	-50	-50	水准仪
	2	分层压实系数	设计要求					按规定方法
一般项目	1	回填土料	设计要求					取样检查或直观鉴别
	2	分层厚度及含水量	设计要求					水准仪及抽样检查
	3	表面平整度	20	20	30	20	20	用靠尺或水准仪

第七章　常见的地基处理技术

第一节　置换法

一、置换法的基础内容

置换法常分为石灰桩、二灰桩、砂桩、褥垫、粉体喷射法、振冲置换碎石桩、CFG 桩、钢渣桩、低强度水泥砂石桩、钢筋混凝土疏桩等方法，见表 7-1。

当软弱土地基的承载力和变形不能满足建筑物要求，而软弱土层厚度又不很大时，可将基础底面下处理范围内的软弱土层部分或全部挖去，然后分层换填强度较大的砂、碎石、素土、灰土、高炉干渣、粉煤灰，或其他性能稳定、无侵蚀性的材料，并压（夯、振）实至要求的密实度为止，这种地基处理方法称为置换法。置换法能提高持力层的地基承载力，减少沉降量，加速排水固结，消除或部分消除土的湿陷性和胀缩性，防止土的冻胀作用，同时，改善土的抗液化性能，是浅层地基处理的一种常用和有效的方法。

置换法适用于淤泥、淤泥质土、湿陷性黄土、素填土、杂填土地基及暗沟、暗塘等的不良地基的浅层处理。换土垫层法是置换法中最常见的一种地基处理方法，按回填材料可分为砂垫层、碎石垫层、素土垫层、灰土垫层等。下面以换土砂垫层法为例介绍置换法一些原理和注意事项，砂垫层的主要作用和作用机理如下。

（1）提高地基承载力

地基中的剪切破坏是从基础底面开始，随着基底压力的增大，逐渐向纵深发展，故用强度较大的砂石等材料代替可能产生剪切破坏的软弱土，就可避免地基的破坏。

（2）减少地基沉降量

一般基础下浅层部分的沉降量在总沉降量中所占的比例较大，若以密实的砂石替换上部软弱土层，就可减少这部分沉降量。以条形基础为例，在相当于基

表 7-1 置换法

方法	加固原理	适用范围
振冲置换碎石桩	利用振冲器或沉桩机，在软弱黏土地基中成孔，再在孔内分批填入碎石等坚硬材料，制成桩体，与原地基土构成复合地基，从而提高地基承载力	不排水剪切强度 20～50kPa 的饱和软黏土、饱和黄土和冲填土。对不排水剪切强度 c_u<20kPa 的地基，应慎重对待。能使天然地基承载力提高20%～60%左右
CFG 桩	利用振动打桩机沉φ 300～400mm 的桩管，在管内边振边填入碎石、粉煤灰、水泥和水按一定比例的配合材料，形成半刚性桩体，提高地基承载力	淤泥、淤泥质土、杂填土、饱和及非饱和的黏性土、粉土。能使天然地基承载力提高70%以上
钢渣桩	用振动打桩成孔灌注工艺将废钢渣分批投入并振密直至成桩，与地基土一起提高地基承载力	淤泥、淤泥质土、饱和及非饱和的黏性土、粉土，适合于七层以下的建筑物
石灰桩	利用打桩机成孔过程中，沉管对土体的挤密作用和新鲜的生石灰成桩时对桩周土体的脱水挤密作用使周围土体固结；同时由于一系列的物理-化学反应、桩身与桩周土硬壳层组成变形模量较大的桩体，以置换部分软土，提高了地基承载力	渗透系数适中的软黏土、杂填土、膨胀土、红黏土、湿陷性黄土。不适合地下水位以下的渗透系数较大的土层。当渗透系数太小时，软土脱水加固效果不好，对浓酸碱侵蚀的土层宜慎重使用。一般适用于七层以下的工业与民用建筑
二灰桩	以部分粉煤灰代替石灰，利用沉桩过程中对土体的挤密作用和离子交换、胶凝、碳化作用，形成较大强度的桩体，以置换部分软土，提高地基承载力	同上。与石灰桩相比，二灰桩的吸水胀发作用较小
强夯置换	利用数吨或数十吨的重锤从十数米的高空落下，在夯出的直壁夯坑内，倒入置换材料，并连续夯击，逐渐形成直径约 2m 的碎石桩体	饱和软黏土，一般适合于 3～6m 的浅层处理
换土回填	将软弱土层挖除，回填性质较好的材料，分层夯实，形成坚硬的垫层，利用垫层本身的高强度和低压缩性，以及扩展附加应力的性能，减少沉降，提高地基承载力	淤泥、淤泥质土、湿陷性黄土、素填土、杂填土地基及暗沟、暗塘等浅层处理，最大深度为 3m
低强度水泥砂石桩	用振动打桩成孔灌注工艺，将以砂石为主、掺入少量水泥、粉煤灰等其他工业废料注入土中，形成低强度的水泥砂石桩，同承担上部荷载	淤泥、淤泥质土、饱和及非饱和的黏性土、杂填土、粉土地基
钢筋混凝土疏桩	采用较大桩距（一般大于 5～6 倍桩径）布置的钢筋混凝土小直径摩擦群桩，使之与承台底共同承担上部结构的荷载	淤泥、淤泥质土、饱和及非饱和的黏性土、杂填土
褥垫	在同一建筑中，如遇到软硬相差较大的地基时，在较硬的部分铺设一定厚度的土料，形成具有一定压缩性的垫层，使整个建筑物的变形相适应	一部分为岩石或孤石，另一部分为一般土
砂桩	用水力振冲器或沉桩机成孔，填以砂料，使之置换部分软弱黏土并使土中水分逐步排出而固结，从而提高地基承载力	软弱黏性土。但宜慎重，且需要较长的时间，对不排水剪切强度 c_u<15MPa 的软土，应采用袋装砂桩

础宽度的深度范围内沉降量约占总沉降量的 50%左右，同时由侧向变形而引起的沉降，理论上也是浅层部分占的比例较大，若以密实的砂代替了浅层软弱土，那么就可以减少大部分的沉降量。此外，砂石垫层对基底压力的扩散作用，使作

用在软弱下卧层上的压力减小,也相应地减少软弱下卧层的沉降量。

(3)垫层用透水材料可加速软弱土层的排水固结

透水材料做垫层,为基底下软土提供了良好的排水面,不但可以使基础下面的孔隙水迅速消散,避免地基土的塑性破坏,还可加速垫层下软土层的固结及提高强度,但固结效果仅限于表层,对深部的影响并不显著。垫层设计的主要内容是确定断面的合理宽度和厚度。建筑物的不透水基础直接与软弱土层接触时,在荷载的作用下,软弱土地基中的水被迫绕基础两侧排出,因而使基底下软弱土不易固结,形成较大的孔隙水压力,还可能导致由地基土强度降低而产生塑性破坏的危险。砂垫层提供了基底下的排水面,在各类工程中,砂垫层的作用是不同的,房屋建筑物基础下的砂垫层主要起置换的作用,对路堤和土埝等,则主要是利用其排水固结作用。

二、浅层换土法

根据建筑物对地基变形及稳定的要求,对于换土垫层,既要求有足够的厚度置换可能被剪切破坏的软弱土层,又要有足够的宽度以防止砂垫层向两侧挤动。对于排水垫层,一方面要求有一定的厚度和宽度防止加荷过程中产生局部剪切破坏;另一方面要求形成一个排水层,促进软弱土层的固结。

置换法中,置换层的设计非常关键,它涉及挖方和填方的问题,砂垫层设计的主要内容是确定断面合理的厚度和宽度,使挖方和填方合理,施工的成本、工期和设备处于科学的状态。下面介绍一种常用的砂垫层设计方法。

垫层宽度:条形基础下垫层宽度不宜小于 $b+2z\tan\theta$,扩散角按表 7-2 选取,再根据开挖基坑的坡度进行垫层端面设计。对于重要建筑物还需进行基础沉降验算(砂垫层的变形可忽略)。

表 7-2 压力扩散角(θ)

z/b	中砂、粗砂、砾砂、碎石、石料、矿渣	粉质黏土、粉煤灰	灰土
<0.25	0	0	28°
≥0.5	30°	23°	
0.25	20°	6°	
0.25～0.5	线性插值		

垫层厚度:一般按应力扩散法计算,主要根据软弱土和被置换土层埋深确定或参考下卧土层的承载力确定,即满足:

$$\sigma_a < f_{za}$$

式中：σ_{cz}——上部结构和换土层对下卧土层顶面的平均压应力；

f_{za}——下卧土层的设计承载力（对于工业民用建筑）。

对于桥梁建筑的桥基换土法，应为：

$$\sigma_{cz} < [\sigma_{az}]$$

式中：$[\sigma_{az}]$——容许应力的设计值。

σ_{cz}的求解可参考基础设计规范，主要是土的自重应力和附加应力的组合。

按扩散应力方法设计的砂垫层厚度比较厚，比较保守，方法简单，多采用不出现非线性转折的标准等。如果超过上述标准，则判定地基出现局部剪切破坏，必须停止施加预压荷载，以确保地基的稳定性。一般砂垫层厚度不宜小于0.5m，不能大于3m。

二、局部深层换土回填

天然地基已经不能够满足支承上部荷载和控制建筑物变形的时候，必须对地基进行加固，也就是把建筑物支承在经过人工处理过的地基土上，即人工地基。人工地基从处理深度上又可分为浅层处理和深层处理。地基处理尤其是深层处理，往往施工工艺和技术较为复杂，工期较长，处理费用在建筑工程投资中占有相当可观的比例。

特殊条件下，地层的深部有局部软弱土层，或严重液化土层，而且软土层或严重液化土层是局部的，体积不是特别巨大（如透镜体状，蜂窝状），同时，在权衡其他方法不奏效，工期、环保等措施不许可的情况下，可以采用局部深层换土回填的方法，而且置换法能根治地基。局部深层换土回填的原理是将深部地层中软弱土层挖除，回填质地坚硬、强度较高、性能稳定、具有抗侵蚀性的材料（砂、碎石、卵石、素土、灰土、煤渣、矿渣等），分层充填，并以人工或者机械方法分层压、夯、振动，使之达到要求的密实度。其形成的坚硬垫层，利用垫层本身的高强度和低压缩性，以及扩散附加应力的性能，减小沉降，抗液化，提高地基承载力。建筑工程中，总是优先考虑采用天然地基或者争取对地基进行浅层处理。只有在浅层处理不能满足要求的时候，才采取深层换土回填加固的处理方法。如某地铁某区间地基抗液化，隧道埋设较深。若采用该法进行地基抗液化处理，即沿地铁线路开挖，将地下埋深20m以上的所有饱和粉、砂土层全部挖除，回填性质较好的材料。这样处理后，可以取得非常满意的抗液化处理效果，但相对其他所有方法来说，其工程造价太高，同时对环境破坏严重。深层换土回填处理宜慎重使用,不可大面积使用,大面积使用也是不现实的。

三、减震(振)层

以上置换法主要用来提高承载力,是以强度较高的材料来完成的。但置换法除了改善地基、地层的强度外,还可以提高地基的刚度,提高地基的抗变形能力,或由次启发而形成新的用法或创意。

第二节 排水固结法

一、排水固结法基础内容

排水固结法是对天然地基,或先在地基中设置砂井等竖向排水体,然后利用构筑物本身重量分级逐渐加载,或是在构筑物建造以前,在场地先进行加载预压,使土体中的孔隙水排出,逐渐固结,地基发生沉降,使强度逐步提高的方法。排水固结法的主要适用范围是软弱黏性土层和部分砂土层。黏性土的特点是含水率大、压缩性高、强度低、透水性差且不少情况埋藏深厚。施工简便,作为综合处理的手段,多和其他地基加固方法结合起来使用。

排水固结法由排水系统和加载系统组成(见表 7-3)。

表 7-3 排水固结法的组成

项目	具体内容
排水系统	设置排水系统主要在于改变地基原有的排水边界条件,增加孔隙水排出的通路,缩短排水距离。该系统是由竖向排水井和水平排水垫层构成的。当软土层较薄,或土的渗透性较好而施工期较长时,可仅在地面铺设一定厚度的排水垫层,然后加载,土层中的孔隙水竖向流入垫层而排出。当工程上遇到深厚的、透水性差的软黏性土层时,可在地基中设置砂井或塑料排水带等竖向排水井,地面连以排水砂垫层,构成排水系统。在地基中设置竖向排水井,常用的是砂井。普通砂井一般采用套管法施工,近年来袋装砂井和塑料排水板也得到广泛应用
加载系统	即施加起固结作用的荷载,它使土中的孔隙水产生压差而渗流使土固结。排水系统是一种手段,如果没有加载系统,孔隙中的水没有压力差,水不会自然排出,地基也就得不到加固。加载系统主要有堆载、真空荷载和振动荷载等。堆载预压法分为常载预压和超载预压,常载预压主要指预先堆置相当于建筑物重量的荷载,以达到预先完成或大部分完成地基沉降,提高地基承载力;超载预压指预先堆置超过建筑物永久重量的荷载,以预先完成软土次固结的大部分

排水系统和加载系统两个系统在设计时总是联系起来考虑。

排水固结法的分类,见表 7-4。

表7-4 排水固结法分类

方法	加固原理	适用范围
常载预压法	通过在软土上预先堆置相当于建筑物重力的荷载，以达到预先完成或大部分完成地基沉降，并通过地基土的固结以提高地基承载力	淤泥、淤泥质土、冲填土及杂填土，对于厚的泥炭层应慎重对待。常设置砂井或塑料排水板；对黏土层较薄或干层土，也可单独采用堆载。最大加固深度为20m(具有竖向排水通道)
超载预压法	通过在软土上预先堆置超过建筑物永久重量的荷载，以预先完成软土次固结的大部分	同上，能使软土的次固结得到有效的消除
真空预压法	通过在软土地基上铺设砂垫层，并设置竖向排水通道(砂井，塑料排水板)，再在其上覆盖不透气的薄膜形成一密封层。然后用真空泵抽气，使排水通道保持较高的真空度，在土的孔隙水中产生负的孔隙水压力，孔隙水逐渐被吸出，从而使土体达到固结	软黏土，冲填土地基。一般能形成78~92kPa的等效荷载，与堆载预压法联合使用，可产生130kPa的等效荷载。加固深度一般不超过20m
电渗排水法	通过向土中插入的金属电流通以直流电，使土中水流由正极区域流向负极区域，使正极区域土体由于水流排出而固结	饱和低黏性土、砂土，在碳酸钙组成的土、某些工业废料及石灰中，水流可能出现由负极向正极流动
降低水位法	通过从与透水层连接的排水井中抽水，降低地下水位以增加土的自重应力，从而达到预压的目的	渗透系数至少大于 $10^{-6}m/s$ 的砂性土或干层土及下卧层有透水的软土。由于使土体空隙水压力降低而固结，土体不会产生剪切破坏，是一种临时性加固措施
真空-振动联挪压法	真空预压法的基础上，加上振动方法	大面积、深层软基处理。工程大
塑料排水带排水	利用塑料排水带的排水三维排水作用进行排水，用专门的设备，将塑料排水带扎进地层中进行排水	黏土路基和大部分软基处理

排水固结法可以解决以下两个问题：

(1)沉降问题

使地基的沉降在加载预压期间大部或基本完成，使建筑物在使用期间不致产生不利的沉降和沉降差。在完成地基沉降的过程中提高地基承载力。

(2)稳定问题

加速地基土的抗剪强度的增长，从而提高地基的承载力和稳定性，主要是针对提高地基土抗剪强度、缩短工期的工程，可利用其本身的重量分级逐渐施加，使地基土强度的提高适应上部荷载的增加，最后达到设计荷载的要求。

根据排水系统和加压系统的不同，排水固结法可分为堆载预压法(载和超载)、砂井(袋装砂井、塑料排水带)堆载预压法、真空(砂井、袋装砂井、塑料排水带)预压法、堆载 – 真空预压法、真空预压 – 振动联合预压法、降水预压法和电渗法。降水预压法和电渗法费用较高,应用极少。行之有效地固结压力的方法有堆载法、真空预压法、联合法等。

二、真空预压法

真空预压法是排水固结法的一种。排水固结法是利用天然地基土层本身的透水性或设置在地基中的竖向排水体,通过与预先在地表进行加载预压或利用建(构)筑物自身重量使土体中孔隙水逐渐排出、土体逐渐固结,地基土逐渐压密,强度逐步提高的方法,或者是利用井点抽水降低地下水位、利用插入土中的通电电极使土中水发生渗流以达到区域土体自重应力的增加,从而使土体逐渐压密的方法。真空预压法即是在需要加固的软基中插入竖向排水通道(如砂井、袋装砂井、塑料排水板等),然后在地面铺设一层透水的砂或砾石,再在其上覆盖一层不透水的薄膜,最后借助抽真空泵和埋设在垫层中的管道,将膜下土体间的空气抽出,在透水材料中产生较高的真空度,土中孔隙水产生负的孔隙水压力和孔压差,使孔隙水逐渐渗流到井中而达到土体排水压密的效果。

真空预压法与砂井预压法和堆载预压法的区别在于砂井预压法是通过在地表堆载以增加土体的总应力并随超静水压力消散来增加其有效应力,使土体压缩、抗剪强度增长,而真空预压法则是通过抽取覆盖于地表薄膜内的压力,通过降低膜内土体中的压力,在总应力不变的情况下使孔隙水压减小,有效应力增加,地基强度提高。在抽真空固结过程中,地基土中剪应力不增加,地基不会产生剪切破坏,同堆载预压法相比,真空预压法无须考虑地基的失稳,可一次加足预压"荷载"。在抽真空前,由于密封膜内外都受大气压力作用,土体孔隙中的气体与地下水面以上都是处于相同的大气压状态下;抽气后,密封膜内砂垫层中的气体首先被抽出,其压力逐渐下降,密封膜内外形成一个压差使密封膜紧贴于砂垫层上,这个压差称为"真空度"。砂垫层中形成的真空度,通过砂井逐渐向下延伸。同时真空度又由砂井向其四周的土体扩展,引起土中孔隙水压力降低,形成负的超静孔隙压力,由于真空度自垫层由竖向排水体向土体逐渐衰减,从而形成了孔隙水压差,使土体内孔隙水发生由高水压向低水压的渗流,孔隙水由竖向排水通道汇集至地表砂垫层,由泵抽出。

从 Terzaghi 有效应力原理来看,真空排水预压法加固的整个过程是在总应力没有增加的情况下发生的,加固中,降低了孔隙水压,就相当于增加了土的有效应力。土体在有效应力的作用下得到加固。另一方面,由于地下水位在孔隙水排出后得到降低,使降低范围内的土体从浮重度变成湿重度,自重压力增大,土体得到压密。由于真空预压法是在土体边界上和内部施加真空吸力,在总应力不变的条件下,降低土体孔隙水压力,增加土体有效压应力,实现土体固结的目的。在真空预压过程中,真空压力的施加不会导致土体中剪应力的增长,真空区内土体主要表现为随着真空度的增加而逐渐增大的内挤的收缩变形和土体模量的增大,因而真空预压法不会产生像堆载预压法那样因堆载的增加所出现的土体剪切应力的增大超过土体强度增大速度而出现的失稳破坏,所以,真空预压法不必像堆载预压那样进行分级加载,而可采用一次"加压"的方式进行加载。

对真空预压法来讲,土体越软,抽取的真空度越高,土层受缩变形也越大。由于真空预压变形是内挤的收缩变形,因此,真空预压法不会产生堆载预压法那样向侧向挤出而引起的垂直附加沉降量。在二者产生相同大小的垂直变形时,真空预压法加固的土体的孔隙压密程度要比堆载预压法好。也就是说,在同样情况下,真空预压法的压密效果或固结效果比堆载预压法好。

真空预压法的适用范围:真空预压适用于均质黏性土及含薄粉砂夹层黏性土等地基的加固,尤其适用于新吹填土地基的加固。对于砂性土地基,加固效果不甚理想,一般认为有效加固深度在 10m 以内。对于在加固范围内有足够水源补给的透水层而又没有采取隔断水源补给的措施时,不宜采用真空预压法。对渗透系数小的软黏土地基,真空预压和砂井或塑料排水带等竖向排水相结合方能取得良好的加固效果。

真空预压的真空度,必须依靠竖向排水体来传递,竖向排水体(砂井、袋装砂井、塑料排水板)在真空预压法中不仅起着垂直排水通道、减小排水距离、加速土体固结的作用,而且还起着传递真空度的作用。排水体起着扩散真空度和排水通道的双重作用。

由于普通砂井易产生断颈、缩颈、错位等施工质量问题,同时,普通砂井用砂量较大,施工机械接地压力要求较高,因此,普通大直径砂井大多为小直径的袋装砂井或者塑料排水板替代,尤其是塑料排水板,因为其工效较袋装砂井更高,综合价格更低,所以,在实际工程中得到越来越广泛的应用。另外,真空压力在竖向排水体中的传递,随着深度的增加而明显发生衰减。大量工程实践表明,塑料排水板的真空传递损失率远远低于砂井和袋装砂井,因此,在真空预压工程中,选用塑料排水板的加固效果优于选用砂井的加固效果。从现有的资料看,选用砂井作为竖向排水体的真空预压法的有效影响深度在10m左右,且浅层处理效果较为显著。

(1)塑料排水板的直径

塑料排水带的直径受到施工机械、施工方法和土质条件等的限制。如过小,很难保证塑料排水带的连续性,且井阻的影响也越显著,过大则会造成施工机械笨重,增加施工的难度。工程实践表明,塑料排水板的当量换算直径可按下式换算:

$$D_p = \frac{2(b+\delta)}{\pi}\alpha$$

式中:D_p——塑料排水板当量换算直径;

a——换算系数,无试验资料的时候可取0.75~1.00;

b——塑料排水板宽度;

δ——塑料排水板厚度。

根据工程经验,塑料排水板的直径基本可以定在120mm左右。但是具体的数值,要根据施工机械来确定。

(2)塑料排水板的布置形式

塑料排水板在平面上的布置,可分为正方形或等边三角形两种排列形式,见图7-1,d为塑料排水板间距,虚线为排水板的影响范围,d_e为排水板的有效排水直径,以圆柱体的有效排水直径d_e代替。

图7-1 塑料排水板布置示意图

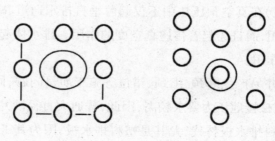

(a)正方形布置　　　(b)三角形布置

考虑到塑料排水板布置成等边三角形的形式,较为紧凑有效,且其影响范围是正六边形,效果较正方形布置要好一些。考虑到协调振冲布孔,具体的塑料排水板的间距,初选间距为1.73m。对于等边三角形 $d_e=1.05d$,可以换算出塑料排水板的有效排水直径 $d_e=1.82m$,留待后面校验。

(3)塑料排水板的间距

根据 Terzaghi 一维固结理论,固结所需的时间与排水距离的平方成正比,即塑料排水板的间距越小,排水固结的速度越快。数值分析表明,采用"细而密"的布置方案较好,但实际工程中,间距过小,施工对土的扰动造成的涂抹作用也就越显著,施工难度和造价也将大大提高。

竖向排水体的间距可根据地基土的固结特性、预定时间所要达到的固结度等确定。通常砂井的间距可按井径比 6~8 选取,袋装砂井或塑料排水板的间距可按井径比为 15~20 选用。其中,井径比即 d_e/d_w,如前所述,塑料排水板的直径 d_w 基本定在 120mm 左右,塑料排水板的有效排水直径 $d_e=1.82m$,算出井径比 15.2。符合塑料排水板的间距井径比为 15~20 的要求,如此选定。井径比的上限为 20,就是说塑料排水板的间距还可在 1.73m 的基础上适当加宽,这都是没有问题的。

(4)塑料排水板的长度

塑料排水板的长度应该根据地基加固的厚薄综合考虑。如处理液化地基时,液化土层埋深在 5m~11m 左右。一般情况下,塑料排水板的打入深度应该达到地基土液化层底面以下 0.5m~1.0m,另外砂填土层的厚度基本亦在 0.5m~1.0m 不等。为保守考虑,并且计算方便,可以确定工程中塑料排水板的长度为 13m。

真空预压的面积就是通常所说的塑料排水板的布置范围。真空预压的总面积不得小于整个处理范围外缘所包围的面积,且应超出整个处理范围外缘 2~3m。每块薄膜覆盖的面积应尽可能大,如需分块预压时,每块间距不宜超过 2~4m,且每块预压区应至少设置两台真空泵。相对此区域的处理范围外缘需向外扩大 3~5m 进行处理,亦可以根据施工中的具体情况分块预压,对工程加固效果影响不大。

塑料排水板顶部应该铺设排水砂垫层。在缺乏砂料的情况下,可采用砂沟代替垫层,以引出塑料排水板中渗流出来的孔隙水。砂垫层的厚度不宜大于

0.4m。砂垫层的宽度一般伸出排水板区外边线不小于 2 倍的排水板直径。垫层的砂料宜采用透水性较好的中粗砂,其含泥量不得大于 4%,其渗透系数不宜小于 10^{-2}cm/s。砂料方面,在安插好塑料排水板后,作为孔中的填料,通过振冲器水冲,至地表土层的密实度,待孔洞填满后,铺设砂垫层,效果较好。

抽真空的时间与土质条件和竖向排水体的间距密切相关。欲达到相同的固结度,间距越小,则所需时间越短,在工期较紧时候,可适当采用较小的间距,在工期要求不严的情况下,可适当采用大一些的向距,以降低费用。表 7-5 为袋装砂井的间距与抽真空的时间关系,采用塑料排水板作为竖向排水体时,也可参考此表。

表 7-5　袋装砂井间距与所需时间关系

袋装砂井间距(m)	固结度（%）	所需时间(d)
1.3	80	40～50
	90	60～70
1.5	80	60～70
	90	85～100
1.8	80	90～105
	90	120～130

加固区内要求达到的平均固结度,一般不得小于 80%,如果工期许可,设计要求达到的固结度应尽可能采用更大一些。如抗液化处理,加固区的平均固结度达到 80%,基本应该已经符合要求。

真空预压的密封膜应该采用抗老化性能好、韧性好、抗穿刺能力强的不透气材料。密封膜热合时宜用两条热合缝的平搭接,搭界长度应大于 15mm。密封膜宜铺设 3 层,覆盖膜周边可采用挖沟现铺、平铺并用黏土压边、围埝沟内覆水以及膜上全面覆水的等方法进行密封。另外,真空预压的效果和密封膜内所能达到的真空度关系极大。根据国内一些工程的经验,膜内真空度一般可维持在 600mmHg 柱高左右,相当于 80kPa 的堆载压力,可将此值作为最大膜内设计真空度,施工中予以注意。膜下管道在不降低真空度的条件下应尽可能少,水平向分布滤水管可采用条状、梳齿状或羽毛状等形式。滤水管一般设在排水砂垫层中,其上宜有 100~200mm 砂覆盖层。滤水管可采用钢管或塑料管,滤水管在预压过程中应能适应地基的变形。滤水管外宜围绕铅丝、外包尼龙纱或土工织物等滤水材料。真空管路的连接点应严格进行密封,为避免膜内真空度在停泵后很快降低,在真空管路中应设置止回阀和截门。

三、真空—振动预压法

真空预压与振动联合加固地基。在真空预压法加固地基的同时,按一定要求和设计,在一定范围、一定深度土层设置振冲器进行施工,这样的地层既有振冲加固,又有真空预压排水加固,振冲法不仅振密地层,又加速了排水作用,提高了真空预压法加固效果。它是一种全新的方法,在国外大面积地基处理工程中成功应用,取得非常好的效果。它充分发挥两种方法的优势,克服了排水固结法周期长、工效低等缺点,大大提高了地基处理效果,提高了地基的处理深度、强度,缩短工期,降低了成本。

采用真空预压—振冲法施工,为使处理后的地基满足设计要求,必须把住质量检验关。特别是通过现场原型观测资料,分析软基在真空预压加固过程中和预压后的固结程度、强度增量和沉降的变化规律,评价处理效果,同时观测资料也是完善设计和指导施工的依据,并可以完全避免意外工程事故。

地基的稳定性与施工时的加载速率有密切的关系。加载过程中,一方面地基强度因为排水固结而提高,另一方面由于抽真空作用,地基剪应力也在增大,为了保证地基的稳定性、减小侧向变形引起的附加沉降,必须严格控制使强度的提高与地基中剪应力的增长相适应。为此需进行以下的检验。

(1)孔隙水压力观测

地基中孔隙水压力是指在预压荷载(附加应力)作用下的孔隙水压力增量——超静孔隙水压力,其增长与消散规律,反映了地基土的排水固结特性以及有效应力变化规律。因此,孔隙水压力现场观测资料不论对理论性研究,还是作为质量控制都具有重要的意义。根据测点孔隙水压力—时间变化曲线,即可反算土的固结系数,也可推算该点不同时间的固结度,从而推算强度增长。进行孔隙水压力观测,是质量控制的重要手段之一。

(2)沉降观测

沉降观测是地基处理工程中最基本也是最重要的观测项目之一,观测内容包括:荷载作用范围内地基的总沉降;荷载外地面的沉降和隆起;分层沉降以及沉降速率等。具体地说,就是地表沉降和分层沉降。沉降观测资料反映了地基土载荷作用下的变形特性。利用实测沉降资料可以推算出最终沉降量和由于侧向变形(剪切变形)而引起的沉降,从而可求得固结沉降以及沉降计算经验系数,为更精确的计算沉降积累经验。此外,可根据沉降资料计算地基的平均固结度。

工程中,在加固区内埋设两个分层沉降观测孔,绘制出地表沉降随时间变化的曲线。一般在真空预压卸载以后,地基回弹,在卸载 24h 后测平均回弹值。如果发现在塑料排水板打设期间地表发生沉降,主要原因可能是打设塑料排水板后土层排水距离减小,在土层自重荷载作用下,处于欠压密状态下的淤泥质黏土产生固结沉降。

通过分层沉降观测点测得并绘制沉降沿深度变化的曲线,看是否真空预压对于施工场地的整个深度范围以内都起到了加固的效果。

通过分层沉降的观测资料,可以分析和研究各土层的压缩性,确定沉降计算中土层的压缩层的深度。荷载外地面的沉降资料,即真空预压区以外,可用以分析沉降的影响范围以确定对邻近建筑物的可能影响。通过以上分析看出,沉降观测资料是验证理论和发展理论的重要依据。

由于土层淤泥层厚度变化极不规律,每个沉降盘测出的沉降量只代表了它下面土层的沉降量。

(3)侧向位移观测

侧向位移是分析预压荷载下地基的稳定性以及由于侧向位移所引起沉降大小的重要依据。我们这里所说的侧向位移观测,主要是指深层侧向位移观测。它是通过测斜仪在预先埋设于地基中的测斜管内不同深度处量测得到不同深度处位移值,以判定某深度处软基挤出变形发展规律,其变化规律对理论分析有重要意义,但作为施工控制的手段目前还没有总结出普遍的经验以进行质量控制。

绘制侧向位移沿深度变化的曲线,一般可看出真空预压过程中,土体向着场地内收缩,土层的顶部亦会产生位移,换算为等效沉降,进而推算出综合沉降。

(4)现场荷载试验

真空预压加固结束后,随即在加固后的地面上进行 $1.0m \times 1.0m$ 方形荷载承压板试验,采用压重平台反力装置,油压千斤顶加荷,测力环控制荷载,机电百分表观测沉降。第一次加荷至 78kPa,卸荷后再加荷至 88kPa。实测压力和沉降量 p—s 关系曲线。按均质弹性半无限体理论,按下式计算变形模量:

$$E_0 = (1 - \mu^2) p / d.s$$

式中 μ——土的泊松比;

P——承压板上直线变形阶段的荷载；

s——与 p 对应的承压板沉降量；

d——承压板的直径。

（5）软土层的十字剪切强度

加固前软土内十字板强度，在地面下 7m、10m 处均设观测点。通过试验，绘制出真空预压加固前后地基土现场十字板强度沿深度变化的曲线。一般，较软弱的土层在加固前后十字板强度提高会很明显。埋藏较深的土层，强度增长要小一些。

（6）静力及动力触探试验

检测地基处理处理效果用静力和动力触探试验是绝对必要的。

（7）室内土性指标试验

加固前后土层的物理力学指标试验结果列表后可见，加固后土性指标有明显的变化。液化土层的含水率、孔隙比大幅减小，土体的三轴强度都有所提高，说明真空预压对各土层均有效果。

（8）环境保护

振冲法—真空预压法地基处理，若在市区施工，对居民造成一定影响。振冲法所用来填充的砂料无毒无味，对环境也没有影响。振冲法施工中用水量较大，且注意采用相应的排污措施。

振冲法—真空预压法施工，在持力层上干铺砂垫层，施打塑料排水板，挖压膜沟，布滤管，铺塑料膜，装真空泵，覆水抽气，卸载，处理压膜沟。整个过程对环境毫无影响。后期使用时，塑料可能会对周围环境产生部分影响。所以，需注意在施工后做好对剩余材料的后期处理工作。

第三节　强夯法与挤密法

一、强夯法

强夯法处理地基是将重锤（100~400kN）从高处自由落下（落距 6~40m），给地基施以强大的冲击力和振动，从而提高地基土的强度或抗变形能力，降低其压缩性。强夯法由于其施工简单、快捷、经济等特点，现已广泛的应用于工业与民用建筑、公路和铁路、机场跑道及码头的地基加固中。强夯置换材料可采用级配良好的块石、碎石、矿渣、建筑垃圾等坚硬粗颗粒材料,但粒径大于 300mm 的颗粒含量不宜超过全重的 30%,最大处理深度达 40m。

用强夯法加固松软地基,一般要根据现场的工程地质条件和工程的使用要求,正确的选用多个强夯参数与施工工艺,才能达到有效加固与经济的目的。其中单点夯击能、最佳夯击能的确定将直接影响强夯的加固深度与效果。由于土质的复杂性,使强夯参数与施工工艺的选择较为复杂。当强夯法应用于非饱和土时,压密过程基本上同实验室中的击实法(普氏击实法)相同,在饱和无黏性土的情况下,可能会产生液化,压密过程同爆破和振动压密的过程相似,强夯对饱和细颗粒土的效果尚不明确,成功与失败的例子均有报道。对于这类饱和细颗粒土,需破坏土的结构,产生超孔隙水压力以及通过裂隙形成排水通道,孔隙水压力消散,土体才会被压密。颗粒较细的土达不到颗粒较粗的土那样的加固程度。

夯击点成网格布置,夯击能相互叠加,所以在夯击点周围就产生了垂直破裂面,夯坑周围就出现冒水、冒气现象。按此观点,对于饱和细粒土强夯后,土体中超孔隙水压力将较迅速的排出。强夯法适用于加固碎石土、砂土、杂填土、湿陷性黄土和低饱和度的粉土与黏性土。对于高饱和度的粉土与黏性土,在经过试验论证后,才可以使用,且宜设置竖向排水通道。强夯的振动可能会对周围环境造成不良影响,强夯使地基表面松动。因此,强夯的结果,在地基中沿深度常形成性质不同的三个作用区:在地基表层受到界面波和剪切波的干扰形成松动区;在松动区下面某一深度,受到压缩波的作用,使土层产生沉降和土体的压密,形成加固区;在加固区下面,冲击波逐渐衰减,不足以使土产生塑性变形,对地基不起加固作用,称为弹性区。

在强夯的过程中,根据土体中的孔隙水压力、动应力和应变关系,加固区内波对土体的作用可分为三个阶段(见表 7-6):

上述三个过程称为动力固结。如果在加载和卸载阶段所形成的最大孔隙水压力不能使土体开裂,也不能使土颗粒的水膜和毛细水析出,动荷载卸去后,孔隙中水未能迅速排走,则孔隙水压力很大,土的结构已被扰动破坏,又没有条件排水固结,土颗粒间的触变恢复条件又较慢,在这种情况下,不但不能使黏性土加固,反而使土扰动,降低了地基土的抗剪强度,增大土的压缩性。因此对饱和

表7-6 三个阶段

阶段名称	具体内容
加载阶段	即夯击的一瞬间,夯锤的冲击使地基土体产生强烈的振动和动应力,在波动的影响带内,动应力和孔隙水压力急剧上升,而动应力往往大于孔隙水压力,动的有效应力使土体产生塑性变形,破坏土的结构。对于砂土,迫使土的颗粒重新排列而密实;对于黏性土,土骨架被迫压缩,同时由于土体中的水和土颗粒两种介质引起不同的振动效应,两者的动应力差大于土颗粒的吸附能时,土中部分结合水和毛细水从颗粒间析出,产生动力水聚结,形成排水通道,制造动力排水条件
卸载阶段	即夯击动能卸去的一瞬间,动的总应力瞬息即逝,然而土中孔隙水压力仍然保持较高的水平,此时孔隙水压力大于有效应力,因此,土体中存在较大的负有效应力,引起砂土的液化。在黏性土地基中,当最大孔隙水压力大于小主应力、静止侧压力及土的抗拉强度之和时,土体开裂,渗透性迅速增大,孔隙水压力迅速下降
动力固结阶段	在卸载之后,土体中仍然保持一定的孔隙水压力,土体就在此压力作用下排水固结。在砂土中,孔隙水压力消散甚快,约3~5min,使砂土进一步密实,在黏性土中,孔隙水压力消散较慢,可能要延续2~4周。如果有条件排水固结,土颗粒进一步靠近,重新形成新的水膜和结构连接,土的强度逐渐恢复和提高,达到加固地基的目的

黏性土进行强夯,应根据波在土中传播的特性,按照地基土的性质选择适合的强夯能量,同时又要注意设置排水条件和触变恢复条件,才能使强夯获得良好的加固效果。在施工前,必须进行现场动力固结试验,探讨强夯加固土体的规律,选择强夯能量和方法,检验是否能产生动力排水固结和触变恢复。否则,就不易在饱和黏性土地基中获得良好的效果,有些工程在饱和软土中进行强夯未能获得预期的效果,甚至破坏了土的结构,这是因为在饱和黏性土中强夯不易控制达到动力固结的缘故。强夯作用下的非饱和土的强夯机理是夯击能量产生的波和动应力的反复作用,迫使土发生塑性变形,使得土变得密实,提高土的抗剪强度和地基刚度。

强夯加固深度是地表以下一定深度土体在经强夯以后各种强度指标均比原地基有所提高,对工程应用而言,还必须满足设计要求,只有被加固了的土体才能称为加固深度。而影响深度要比较广泛,土体的强度指标可提高,也可降低,只要土的特性有所改变即可理解为受其影响,即称为影响深度。强夯加固深度应当是多变量的函数,即加固深度应当受夯锤形状和尺寸、落距、夯距、夯击数、土的性质、夯点顺序、地下水位的高低等因素的影响。任何公式考虑一个或几个变量都是不全面和不完善的。

影响强夯加固深度的主要因素有以下几方面。

（1）夯击能

夯击能可分为单击夯击能和单位夯击能。单击夯击能即夯锤重与落距的乘积，一般根据工程要求的加固深度来确定。单位夯击能指施工场地单位面积上所施加的总夯击能。加固深度一定时，单位夯击能的大小与地基土的类别有关，在相同条件下细颗粒土的单位夯击能要比粗颗粒土的单位夯击能大些，此外结构类型、载荷大小和要求处理的深度也是选择单位夯击能的重要因素。单位夯击能过小难于达到预期的加固效果；单位夯击能过大，不仅浪费能源，而且对饱和土强度反而会降低。强夯的单位面积夯击能，应根据地基土类别、结构类型、荷载大小和处理冻度等综合考虑，并通过现场试夯确定。在一般情况下，对于粗颗粒土可取 $1000\sim4000kN\cdot m/m^2$，细颗粒土可取 $1500\sim5000kN\cdot m/m^2$。

（2）夯击次数

夯击次数是强夯设计中的一个重要参数。夯击次数一般通过现场试夯来确定，常以夯坑的压缩量最大，夯坑周围的隆起量最小为确定原则，目前常通过现场试夯得到的夯击次数与夯沉量的关系曲线来确定。对碎石土、砂土、低饱和度的湿陷性土和填土等地基，夯击时夯坑周围往往没有隆起或虽有隆起但其量很小，在这种情况下，应尽量增加夯击次数，以减少夯击遍数。但对于饱和度较高的黏性土地基，随着夯击次数的增加，土的孔隙体积因压缩而逐渐减小，但因这类土的渗透性较差，故孔隙水压力逐渐增长，并促使夯坑下的地基土产生较大的侧向挤出，而引起夯坑周围地面的明显隆起，此时如继续夯击，并不能使地基土得到有效夯实，反而造成夯击能浪费。

（3）夯击遍数

夯击遍数应根据地基土的性质确定，一般来说，由粗颗粒土组成的渗透性强的地基，夯击遍数可少些；反之，由细颗粒土组成的渗透性差的地基，夯击遍数应多些。根据我国的工程实践经验，一般夯击遍数为两遍，最后再以低能量满夯，夯击遍数可适当增加。

（4）夯点间距

夯击点间距的确定一般根据地基土的性质和要求加固的深度而定，对于细颗粒土，为便于超孔隙水压力的消散，夯点间距不宜过小，当要求加固深度较大时，第一遍的夯点间距更不宜过小，以免夯击时在浅层形成密实层而影响夯击能往深处传递。此外,还必须强调,若各夯点之间的距离太小,在夯击时上部土体向已经夯成的夯坑中侧向挤出,从而造成坑壁坍塌,夯锤歪斜倾倒,进而影响夯实效果。有些工程采用一个夯坑紧接一个夯坑的连夯方法,已被实践证实夯击效果较差。当然,夯点间距过大,也会影响夯实效果。根据国内的经验,第一遍夯击点工程实践表明,经强夯法加固后的地基,其承载力可提高 200%~500%,此外,地基深层土也能得到加固且能消除不均匀沉降现象,还能改善砂土抵抗振动液化的能力。强夯法最适宜用在处理粗颗粒土地基及地下水在地表下2~3m、处理深度 15m 以内的地基。

夯点按次序分为强夯点和弱夯点、一次夯点、二次夯点和补夯点。

强夯法的有效加固深度,应根据现场试夯或当地经验确定。在缺少试验资料时,可按表 7-7 确定。

表 7-7 强夯法的有效加固深度

单击夯击能(kN•m)	碎石土、砂土(m)	粉土、黏性土、黄土(m)
1000, 2000, 3000, 4000	5〜6, 6〜7, 7〜8, 8〜9	4〜5, 5〜6, 6〜7, 7〜8
5000	9〜9.5	8〜8.5
6000	9.5〜10	8.5〜9
8000	10〜10.5	9〜9.5

对高饱和度的粉土与软塑—流塑的粉性土等软弱地基可采用在夯坑内回填块石、碎石等粗颗粒材料进行强夯置换,但应通过现场试验确定其适用性。强夯置换法的有效加固深度可按下式确定:

$$H \approx \sqrt{M \cdot h}$$

式中:H——有效加固深度(m);

M——夯锤重量(t);

h——落距(m),由现场试验确定。

二、挤密法

1. 挤密法处理地基

挤密法是以振动或冲击等方法成孔,然后在孔中填入砂、石、土、石灰、灰土或其他材料,并加以捣实成为桩体,按其填入的材料分别称为砂桩、砂石桩、石灰桩、灰土桩等,常见分类见表 7-8。挤密法一般采用打桩机或振动打桩机施工的,也有用爆破成孔的。挤密桩主要靠桩管打入地基中,对土产生横向挤密作用,在一定挤密功能作用下,土粒彼此移动,小颗粒进入大颗粒的空隙,颗粒间彼此靠近,空隙减少,使土密实,地基土的强度也随之增强。由于桩体本身具有较大的强度和变形模量,桩的断面也较大,故桩体与土组成复合地基,共同承担建筑物荷载。但两者的作用是不同的:砂桩的作用主要是挤密,故桩径较大,桩距较小;而砂井的作用主要是排水固结,故井径小而间距大,避免破坏地基土的天然结构。在砂土中,通过机械振动挤压或加水振动可以使土密实。挤密桩主要应用于处理松软砂类土、消除湿陷性的效果是显著的。

表7-8 挤密法分类

方法	加固原理	适用范围
平板振动法	由电动机带动两个偏心块以相同速度反向转动而产生很大的垂直振动力,使土层夯实	无黏性土或黏粒含量少,透水性较好的松散的杂填土,仅限于表层处理
机械碾压法	通过压路机、推土机、羊足碾等其他压实机械来压实地基表面土体	软土、湿陷性黄土、膨胀土和季节性冻土,仅限于表层处理
重锤夯实法	利用1.5~3.0t的重锤,从2.5~4.5m的高度自由下落的冲击能来夯实土体	地下水位以上的稍湿的黏性土、砂土湿陷性黄土、杂填土和分层填土,仅限于浅层处理
夯坑基础	利用5~10t的锥形夯锤,从6~7m高处落下所夯出的夯坑为基槽.直接浇筑混凝土建筑基础。由于夯击使下部土体得以夯实,侧壁得以挤密,从而提高了地基承载力,减少了压缩沉降	软黏土、非饱和的黏性土、无黏性土松散的杂填土、湿陷性黄土。在饱和的黏性土中,宜在夯击时不断加入石渣或煤渣等
强夯挤密法	利用80~300kN的重锤从8~20m的高处落下的冲击能,以夯击地基土,在地基土中产生冲击波和很大的动应力,使地基土得到密实	碎石土、砂土、填杂土、素填土、湿陷性黄土和低饱和度的粉土与黏性土,对于高饱和度的粉土与黏性土,在经试验论证后,才可使用,且宜设置竖向排水通道。最大处理深度达40m。强夯的振动可能会对周围环境造成不良影响
振冲法	利用振冲器的水平振动力使饱和的无黏性土和砂质粉土液化,颗粒重新排列而密实。如在振冲同时填入砂、石等其他材料,对土层还具有挤密作用	不添加砂、石材料的振冲致密法一般宜用于0.75mm以上颗粒占土体20%以上的砂土。添加砂、石材料的振冲致密法宜用于颗粒小于0.005mm的黏粒含量不超过10%的粉土和砂土
爆破挤密法	利用炸药爆炸所产生的强大的冲击波使地基土挤密或饱和的松砂发生液化,颗粒重新排列而趋于密实	饱和的松砂(Dr<0.5)、非饱和疏松的湿陷性黄土和粉土。但对中密(相对密度Dr>0.6)以上的砂土,不宜采用该法。爆破力对周围建筑物可能产生破坏,处理后土质不均
干振碎石桩	利用干法振动成孔器成孔,使土体在成孔和填石成桩过程中被挤向周围土体,从而使桩周土得以挤密,同时挤密的桩周土和碎石桩	松散的(轻便触探试验捶击数 $N_{10} \le 25$)非饱和黏性土、杂填土、松散的素填土,二级以上的非自重湿陷性黄土。适用于7层以上的工业与民用建筑

沉管挤密碎石桩	利用成孔过程中沉管对土的横向挤密及振密作用，使土体向桩周挤压，桩周土体得以挤密，同时分层填入并夯实碎石，形成碎石桩	松散的非饱和黏性土、杂填土、湿陷性黄土、疏松的砂性土。对饱和软黏土，宜慎重使用
土桩与灰土桩	利用在成桩过程中，沉管对土的横向挤压作用，使孔内的土挤向周围，使得桩间土得以挤密。再将准备好的素土或灰土分层填入桩孔内，分层捣实	地下水位以上的湿陷性黄土、素土、杂填土，但当含水率大于23%及饱和度超过0.65时，挤密效果较差。该法不适用于地下水位以下的土层
渣土桩	利用成孔过程中的横向水平力挤密，使土体向桩周挤密。挤密的桩间土同由碎石、碎瓦等建筑垃圾及其他工业废料构成的桩体共同承载	杂填土、湿陷性黄土，软土、粉土及酸碱腐蚀环境的土层，常用于处理7层以下的工业与民用建筑
沉管砂桩	利用成孔过程中沉管对土的横向挤密或兼有振密作用，使得桩间土体得以密实。夯填的砂体与挤密的桩间土共同构成复合地基	松散的砂土、砂质粉土、非饱和的黏性土、杂填土、素填土。不适合于饱和的黏性土

振冲法是一种常用的挤密法，振冲法可以处理素填土、杂填土、湿陷性黄土等，将土挤密或消除湿陷性，振冲法是利用振冲器，在构成比原来抗剪强度高和压缩性小的地层，振冲器为圆筒形，筒内由一组偏心铁块、潜水电机和通水管三部分组成。潜水电机带动偏心铁块使振冲器产生高频振动，通水管接通高压水流从喷水口喷出，形成振动水冲作用。振冲法的工作过程是用吊车或卷扬机把振冲器就位后，打开喷水口，开动振冲器，在振冲作用下使振冲器沉到需要加固的深度：然后边往孔内回填碎石，边喷水振动，使碎石密实，逐渐上提，振密全孔。孔内的填料越密，振动消耗的电量越大，常通过观察电流的变化，控制振密的质量，这样就使孔内填料及孔周围一定范围内土密实。

在砂土中和黏性土中振冲法的加固机理是不同的。在砂土中，振冲器对土施加重复水平振动和侧向挤压作用，使土的结构逐渐破坏，孔隙水压力逐渐增大。由于土的结构破坏，土粒便向低势能位置转移，土体由松变密。当孔隙水压力增大到一定值时，土骨架的有效应力降低，土体开始液化。振动液化与振动加速度有关，而振动加速度又随着离振冲器的距离增大而衰减。

振冲法所形成的振冲碎石桩是散体桩的一种，所谓散体桩就是指无黏接强度的桩，由散体桩和桩间土组成的地基称为散体桩地基。基于在松软土中所构成桩体的刚硬程度不同，复合地基可以分为散体桩（包括砂桩和振冲碎石桩），柔性桩（包括石灰桩和旋喷桩），刚性桩（包括预制桩和灌注桩）。散体桩可以就地取材,不需要用钢铁、木材和水泥,甚至可以用工业或生活垃圾,不仅造价低廉而且利于环保,因此颇受人们的欢迎。

振冲法是以起重机吊起振冲器,启动潜水电机偏心快,使振冲器产生高频振动,同时开动高压水泵,使高压水喷嘴射出,在振动作用下,将振冲器逐渐沉入土中的设计深度,清孔后即从地面向孔内逐段填入碎石,每一段填石大约为30~50cm,不停地投石振冲,经振挤,密实度达到设计要求后方提升振冲器,再填筑另一段,如此重复填料和振密,直到地表,由此在地基中形成大直径的密实碎石桩体,形成桩体与桩间土体共同工作的复合地基,其承载力较原松软地基大为提高,而沉降与不均匀沉降将显著减小。

振冲挤密法分为振冲置换法和振冲密实法两种,其中振冲置换法是利用一个产生水平向振动的管状设备在高压水流下边振冲边在软弱土地基中成孔,再在孔内分批填入碎石等坚硬材料制成的一根根桩体,桩体和原来的土体复合。在制桩过程中,填料在振冲器的水平向振冲力的作用下挤向孔壁的软土中,从而桩体直径扩大,当这一挤入力与土的约束力平衡时,桩体不再扩大。因此,原土层强度越低,当抵抗填料挤入的约束力平衡时,造成的桩径就越粗,但若原土的强度太低,以致土的约束力始终不能平衡使填料挤入孔壁的力,就不能成桩,本法也就不再使用。振冲挤密法主要适用于黏性土、人工填土、黄土等地基处理。

(1)振冲法的优点

①由于振冲法直接作用在地基深层软弱土部位,对软弱土施加的侧向振动挤压力大,因而使土密实的效果好。

②对于不均匀的天然土地基,在平面和深度范围内,由于地基的振密程度可以随地基软硬程度而对不同的填料进行调整,使加固后成为较均匀的地基。

③施工机具简单,操作方便,施工速度快,加固质量容易控制。

④不需要用钢材和水泥,仅用碎石、砂砾、卵石等硬质材料,造价低;对于天然软弱土地基,经过振冲填以碎石等粗骨料,成状后改变了地基的排水条件,可以加速地震时超孔隙水压的消散,有利于地基的抗震和防止砂土液化。

(2)振冲密实法

振冲密实法一方面依靠振冲器的强力振动使饱和砂层发生液化,砂颗粒重新排列,孔隙减小;另一方面依靠振冲器的水平振动力,在加回填料的情况下还通过填料使砂层挤压加密。与振冲置换的主要区别是前者在地基中以紧密的桩体材料置换一部分地基土，而后者是使松砂变密。

在振冲器的重复水平振动和侧向挤压作用下，砂土的结构逐渐破坏，孔隙水压力迅速增大。但由于结构破坏，土粒有可能向低势能位置转移，这样土体由松散变密。当孔隙水压力达到主应力时，土体开始变为流体。土在流体状态时，土颗粒不再连续，这种连接又不再被破坏，因此，土体变密的可能性将大大减小。研究指出，振动加速度达到 0.5g 时，砂土结构开始破坏；1.0~1.5g 时，土体变为流体状态；超过 3g 时，砂体发生剪胀，此时，砂体不但不变密，反而由密变松。

试验资料表明，振动加速度与离振冲器距离的增大趋势呈指数函数型衰减。从振冲器侧壁向外根据加速度的大小可以顺次分为紧靠侧壁的流态区、过渡区和挤密区，挤密区外是无挤密作用的弹性区，见图 7-2。只有过渡区和挤密区才有显著的挤密效果。过渡区和挤密区的大小不仅取决于砂土的性质(例如起始相对密度、颗粒大小、形状和级配、土颗粒相对密度、地应力、渗透系数等)，还决定于振冲器的性能(例如振动力、振动频率、振幅和振动历时等)。若砂土的起始相对密度越低，抗剪强度必然越小，则使砂土结构破坏所需的振动加速度也越小，这样挤密区的范围就越大。由于饱和能降低砂土的抗剪强度，可见水冲不仅有助于振冲器在砂层中贯入，还能扩大挤密区。在实践中会遇到这样的情况，如果水冲的水量不足，振冲器难以进入砂层，其道理就在这里。

图 7-2　振冲特性与过渡区、挤密区和弹性区

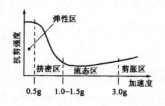 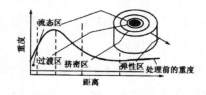

(a)振动加速度和各区强度特性关系　(b)距振源不同距离的区域土层加固效果

一般来说，振动力越大，影响距离就越大。但是过大的振动力，扩大的多半是流态区而不是挤密区，因此，挤密效果不一定成比例地增加。振冲器在一般常用的频率范围内，频率越高，产生的流态区越大。所以，高频率振冲器虽然容易在砂层中贯入，但是挤密效果并不理想。砂土颗粒越细，越容易产生宽广的流态区。由此可见，对于粉层，振冲挤密的效果不好。缩小流态区的有效措施是向流

态区灌入粗砂、砾石或碎石等粗粒料。若在砂石层中用碎石、卵石等透水性较好的填料制成的一系列桩体,这种粗大的桩体具有排水功能,能有效地消散地震等震动引起的超孔隙水压力,从而使液化现象大为减少。

振冲法加固砂土机理:室内和现场试验都表明,砂层中有排水桩体,相应于某一加速度的抗液化临界相对密度都有很大降低。

砂土是单粒结构,密实的单粒结构已经接近稳定状态,在荷载作用下不会产生较大的变形,而疏松的单粒结构,颗粒间的空隙越大,颗粒位置越不稳定,在动荷载或静荷载的作用下会产生交大的变形。特别是在动荷载的作用下更显著,其体积可以减小 20%,因此疏松的砂土不能作为建筑地基。振冲法加固地基的主要目的是提高土的承载力和模量。在施工过程中,由于水冲使松散砂土处于饱和状态,砂土在强烈的高频强迫振动下产生液化,并重新排列致密。在桩孔中填入大量的粗骨料后,强大的振动力会将其挤入周围土中,使砂土的相对密度增加,孔隙率降低,干密度和内摩擦角增大,土的物理力学性能得到了极大改善。

1)挤密效应

对振冲挤密法,在上述三种加密作用下,使砂土的相对密度增加,孔隙比减小,干密度和内摩擦角增大,土的物理力学性能得以改善,使地基承载力大幅度提高。国内对大量的振冲法加固的地基加固效果较弱的桩间土中心测试,其相对密度普遍可达 70%~75% 以上,大部分可以提高到 80% 以上。如果需要更高的密度,只需要适当缩小振冲孔的孔即可。国外资料显示,只要小于 0.0074mm 的细颗粒含量不超过 10% 时,利用振冲法均可得到挤密效应。

2)排水减压效应

振冲法加固砂土时,向桩孔内填充填充反滤性好的粗颗粒,在地基中形成渗透性能良好的人工竖向排水通道,可以有效地消散和防止超孔隙水压力的增高,并可以加快地基的排水固结。

3)预振效应

某处理后的砂土,密实度为 54%,相当于密实度 80% 的未经过处理的砂土的抗液化能力。同时,采用振冲法处理过的砂基,其振动的孔隙水压力较未处理砂基降低 2/3 左右,已具有较好的抗液化性作用。

(3)振冲施工技术

该工程进行的对粉细砂地基进行地基抗液化处理,宜采用加填料的振密工艺。主要有以下几种。

1)间断填料法

成孔后把振冲器提出孔口,直接往孔内倒入一批填料然后在下降振冲器使填料振密,每次填料都这样反复进行,直到全孔结束。间断填料法的成桩顺序是:振冲器对准桩位,振冲成孔,将振冲器提出孔口,向桩孔内填第一次料(每次填料的高度限制在0.8~1.0m),将振冲器再放入孔内将桩料振实,直到整根桩制作完毕。

2)连续填料法

连续填料法是将间断填料法中的填料和振密合为一步来做,即连续填料法是边把振冲器缓慢向上提升(不提出孔口),边向孔中填料的施工方法,连续填料法的成桩顺序是:振冲器对准桩位,振冲成孔,振冲器在孔底留振,从孔口不断填料,边填边振,上提振冲器(上提距离约为振冲器锥头长度,约为0.3~0.5m),继续振密,填料到整根桩制作完成。

3)综合填料法

相当于前两种填料的组合施工法。这种施工法是第一次填料,振密过程采用的是间断填料法,即成孔后将振冲器提出孔口填一次料后,然后再下降振冲器,使填料振密之后,就采用连续填料法,即第一批填料后,振冲器不提出孔口,只是边填边振。综合填料法的成桩顺序是:振冲器对准桩位,振冲成孔,将振冲器提出孔口,向桩孔内填料(填料高度过0.8~1.0m),将振冲器再放入孔内将石料压入桩底,挤密,连续不断向孔内填料,边填边振,达到密实电流后,将振冲器缓慢上提,继续振冲达到密实后,再向上提,如此反复操作直至整根桩完成。

连续填料法振冲器不提出孔口,制桩效率高,制成桩体密实度较均匀,施工简单,操作方便,适合机械化作业。连续填料法必须严格控制振冲器上提高度。每次上提高度必须在0.3~0.5m,不宜大于0.5m,否则,就会造成桩体密实度不均匀。连续填料法由于施工振动水中的扰动,在桩底部形成松软的扰动区,桩底填料不易振密,影响加固质量。综合填料法施工不仅避免前两种方法的缺点,而且提高了地基的加固效果。由于综合填料法在孔底压入并振捣密实了回填石料,桩底端头密实度和强度显著提高,改善了石料和地基土的受力特性。

振冲器施工的机具与设备主要有:振冲器,起吊设备,供水系统,排污系统,填料系统,电控系统以及维修设备等。

①振冲器

由于水平振动挤密土的效果远大于垂直振动的效果,约为垂直振动效果的4~5倍,故一般采用的振冲器主要是产生水平振动。借助于偏心块在定轴旋转时的惯性力,使振冲器产生有一定频率和振幅的水平向振动力,振冲器的结构主要由电动机,振动器,减振器与导管和通水管组成(见表7-9)。

表7-9 振冲器的组成

组成项目	主要内容
电动机	提供动力设备,由于需要水下作业,故这里可以选用潜水电动机
振动器	振动外壳为无缝钢管制成,两侧翼板为防止振动器作业时的扭转,壳内安装带有偏心组块的空心转动轴,并通过弹性联轴器与电动机连接
扇片	安装在振冲器的侧步,扇片的作用是防止振动器在土体中工作时发生转动。实践表明,在振动时扇片能强烈地冲击过渡区的侧面,从而可以增大挤密的效果。当然增加扇片数量时,挤密效果不会成比例地增加,它只起到扩大振冲器直径的作用
减振器与导管	减振器是为保证振冲器能在独立地水平振动,同时又减少对上部导管甚至吊车臂的影响。一般采用橡胶减振器。导管是用以起吊振冲器和保护电缆与水管
通水管	通水管是穿过电机与振动器的空心轴连接于射水管,作业时高压水由射水管喷射而出

②电控系统:电控系统为振冲法施工的主要设备之一,负担着整个场地的施工供电,还具有控制施工质量的功能,主要由电控柜、起动柜和保护装置组成。振冲施工时,需要有 380V 的工业电源,若需发电机,一台 30kW 振冲器需要配置一台 48~68kW 柴油发电机。

电控柜:由进户电源、继电器、各种按钮、磁力起动器以及指示灯等主要构件组成。

起动柜:为了克服振冲起动时电压过高,因此用起动柜中的自藕变压器进行振冲器浆压起动。

保护设备:主要有过载保护、短路保护、欠压保护以及漏电保护等。

③给水设备:由于振冲作业需用大量水冲,而且水压较高,故振冲施工一般采用二级供水系统。一级为从水源至施工用水箱,二级为从水箱至振冲器。供水压力的调节采用人工控制回水大小来实现,为了安装使用方便,各种水泵的口径应统一。为满足正常施工要求,供水系统应保证水压力大于 500kPa,保证连

续供水,流量大约 20m³/h。水压越高,流量越大,振冲器的贯入速度也越高。

④起吊设备:常用的起吊设备有汽车吊,履带吊或自行井架专用车。但由于施工线路较大,应选用操作灵活,移动方便的汽车吊和在水上使用的船吊。与 30kW 振冲器相配置的吊车最大起吊值大约为 16t。

⑤装载机:装载机主要用于制桩填料,一般斗容积为 1~2m³。

⑥排污系统:振冲作业产生大量的污水,若不及时排出,则会严重影响场地的环境和施工条件,为满足环保条件,应根据现场情况挖掘排污沟渠、集污池和储存污泥地点,水上作业区段还应该有专用的排污船。

(4)振冲挤密法施工

1)施工前准备工作

水通:一方面保证施工中的需水量,另一方面也要把施工中产生的水污水引开。压力水应由水泵送出通过胶管进入各个振冲器的水管,出口水压一般为 400~600kPa。每个振冲器的管线上应设有一个小阀门,以便按需要随时间调节水量。各施工车产生的水泥应通过明沟集中引入沉淀池,水上施工产生的水泥应用专门的运输船运到岸上,以免污染湖水。沉下来的浓泥浆挖出后应设法运至预先安排的存放地点,余下比较清的水泥可以重复使用。

电通:电源电料应满足振冲器、供水泵、污水泵及照明要求,并保证施工中的电源稳定,电压过低或过高都会影响施工或损坏振冲器的电机。一般要用到三相和单相电源,电压应为工业电压 380V 左右。

料通:在加固区附近应设置若干个堆料场,确定的原则是一方面要使从料场到各个施工车的运送距离最短;另一方面要防止运送路线对施工作业线路的干扰,料场上要有足够的填料,尽量避免停工的现象,还要有足够的运送设备。

场地平整:对于地面施工的区段,一方面要尽量清理和尽可能平整地表,若地表的强度很底,则可以铺以适当的垫层以利于施工机械的行走;另一方面要清除地基中的障碍物如废地下水道、大石块、废混凝土块、大木块等,防止阻碍振冲器工作,甚至损坏振冲器。

2)试桩

所谓试桩就是在正式施工作业前划出一定的区域,结合工程桩选出一定的桩数和部位进行质量检测,一方面确定最佳的施工参数,另一方面是摸清处理处理效果,制桩的难易程度以及可能出现的问题,再进行改进;另外,还可以采用不同的填料、不同桩距、不同的施工工艺拟定几种可能的试桩情况,以便从中优选出既满足设计要求,又是最经济合理的碎石桩加固方案。其中,在试桩中很重要的两个问题是选择控制电流和确定振冲孔的间距,对于大范围施工的情况,应尽可能采用较高的控制电流和较大的间距以减少孔数,加快施工进度。对于 30kW 的振冲器,可以选用 55~60A 控制电流进行不同间距的振冲密实试验,测定各方案的加密效果,再从加密效果均满足设计要求的那些方案中选择最佳值。

3)施工组织

施工组织包括选定施工工艺、施工顺序,计算施工期内所需配备的机具设备,耗用的水管、电量及石料,排出施工进度计划表及相应的网络图,场地设备的布置等。这些情况都应该遵循一定的原则。

电源:施工所需要的用电应是在现场不超过 30m 距离之内设置配电箱,电压为 380V 左右。对应与 30kW 振冲器,每台机组的电量不少于 100kW。

水源:振冲作业的水量大、压力高,故应在距离施工区域不超过 60m 范围内提供无强烈气味、不含泥沙的水源,水量需要应该满足每台机组不少于 20t/h。

排污出处:由于振冲作业会产生大量的污泥浆水,将严重影响环保与施工,必须建立排污沟或沉淀池等。每台机组需要提供容积不小于 300m³ 的沉淀池,沉淀后的清水可以二次使用。

填料:填料最好就地取材,应选用既满足工程要求价格又相对低廉的硬质材料,如碎石、卵石、砾石、矿渣等。填料本身的强度不得低于 300kPa,含泥量应小于 10%。

主控室:主控室为施工作业的中枢,应设置于地势较高,距离适中的位置,水上作业应有一条专门的主控船,使操作人员视野广阔。同时,水箱、清水泵与水压调节系统等均宜布置在主控室的周围。

吊车:吊车的位置应与振冲前进的方向统一考虑,最大限度地发挥吊车回转半径和杆长的优势,尽量减少移动吊车的次数。

4)施工过程

①操作步骤

对准桩位,开水开电,检查水压,电源和振冲器的空载电流是否正确。

开动施工车,使振冲器以 1~2m/min 的速度在土层中徐徐下沉,注意在振冲器在下沉过程中的电流值不得超过电机的额定值,万一超过,必须减速下沉或者暂停下沉,或者向上提升一段距离,借助于高压水冲土后再继续下沉。

当振冲器达到设计加固深度以上 30~50cm 时,开始将振冲器往上提,直至孔口,提升速度可以增至 5~6m/min。

重复上述步骤一至二次,如果孔口有泥块堵住,应把它挖去。最后将振冲器停留在设计加固深度以上 30~50cm 处,借助循环水使孔内的泥浆变稀,这一过程叫清孔。进行清孔 1.2min 后将振冲器提出孔口,准备加填料。

往孔内到 0.15~0.5m³ 的填料,将振冲器沉至填料中进行振实,这样,振冲器不仅使填料振密,并且使填料挤入孔壁的土中,从而使桩径扩大。由于填料的不断挤入,孔避上的约束力逐渐增大。一旦约束力与振冲器产生的振力相等时,桩径不再扩大,这时振冲器中的电机的电流迅速增大,当电流达到规定的值后,则需要提起振冲器继续往孔内倒一批填料,然后再下降振冲器继续进行振密,如此重复操作直至该深度的电流达到规定值为止。每倒一批填料进行振密,都必须记录深度、填料量、振密时间和电流量。电流的规定值称为密实电流,一般由现场制桩试验决定。

重复上一步骤,自下而上地制作桩体至孔口,完成一根桩。

关闭振冲器和水,移到下一孔继续进行。

②振密工艺

对于粉土层和细砂层,应该采用加填料的振密工艺。施工时的水压,水量不必很大。因为这种砂层的漏水量不大,水量过大或压力太高必然会使孔口回水量过大流速增大,从而将带出大量的细颗粒使地面淤高,其结果只是增加了填料量,并不能直接达到挤密的效果。在疏松的粉细砂中造孔比较容易,一般不会发生塌孔;虽然如此,造孔的速度也不应过快,一般控制在每分钟 1~2m,使孔周围的砂土有足够的振密时间,在施工过程中应根据具体情况及时调节水压和水量。此外,振冲器应始终保持悬垂,使造成的孔尽可能垂直。孔底达到设计深度后,应将水压和水量减小至维持孔口有一定量回水但没有大量细颗粒带走的程度,此时用装载机等运料工具将填料堆放在振冲器护筒周围,填料将在水平作用下依靠自重沿护筒周壁下沉至孔底。填料后借振冲器的水平振动力将填料挤入周围土中,从而使砂层挤密。由于砂层逐渐变密,砂层抗挤入的阻力也不断增大。这迫使振冲器输出更大的功率，引起电机电流值不断升高，当达到规定的电流值时将振冲器上升一段距离，继续进行投料振密。如此逐段进行至孔口，上升距离约为振冲器锤头的长度，即 30~50cm，上升距离不应过大，否则容易出现振密不充分甚至漏振的现象。

对于中粗砂中的振冲，可以不加填料就地振密，即利用中粗砂的自行塌陷代替外加填料，由于振密的厚度大，其工效远胜于其他方法。在施工中遇到的主要困难是振冲器不易贯入，可以采取以下两个措施：一是加大水量，二是加快造孔速度。这些措施是否有效都应当通过正式施工前的现场试桩试验加以仔细验证。施工中应严格控制质量，做到不漏振、不漏孔，确保加固效果。如在施工中发生底部漏振或电流未能达到控制值从而造成质量事故，在施工后很难采取补救措施。这是因为上部砂层已经振密，再振冲将会很困难。

5）质量控制

水量要充足，使孔内充满水，可以防止塌孔，但不易过多，否则，易将填料回出流走。水量应视土质及强度而定，对强度较低的软土，水压可以小些；对强度较高的土，水压应较大。在成孔过程中，要降低水压，以免破坏桩底下的土。加料振密过程中，水压和水量都应较小。

控制加料振密过程中的密实电流，规定值应依据现场制桩试验，一般为振冲潜水电动机的空载电流加上 10~15A。在制桩时，不能把振冲器刚接触填料的一瞬间的电流作为密实电流。瞬时电流可能高达 100~120A，但只要把振冲器停住不下降，电流值立即变小，并不能反映密实电流。只有振冲器在固定深度上振动一定时间而电流稳定在某一数值，这一稳定电流才反映填料的密实电流程度，要求稳定电流超过规定的密实电流时，该段桩体才算制作完成。

施工中填料量不应过猛，应勤加料，每次不应太多。应注意在最深处的桩体，为达到规定的密实电流所需要的填料远比制作其他部分多，因为开始阶段的加料有相当一部分从孔口向孔底下落过程中被粘在各深度的孔壁上，只有少量能落到孔底。

2. 振冲法处理液化地基

振冲器的强力振动使松砂在振动荷载作用下，颗粒重新排列，体积缩小，变成密砂，或使饱和砂层发生液化，松散的单粒结构的砂土颗粒重新排列，空隙减小；另一方面，依靠振冲器的水平振动力，在加回填料情况下，还通过填料使砂成挤压加密,所以这一方法被称为振冲密实法。实践证明:装在容器中的散粒物质受到一定的振动作用或敲击就会产生沉陷或密实,同样,饱和松散砂土受到振动时抗剪强度迅速下降,一定范围内受振颗粒在自振及上覆压力下,重新排列致密。在动荷载作用下,砂土的抗剪强度为:

$$\tau = (\sigma - \Delta u)\tan\varphi$$

式中:σ——砂土所受的正应力(kPa);

$\triangle u$——砂土所在位置的超静孔隙水压力(kPa);

φ——砂的内摩擦角(°)。

当振冲器在加固砂土时,尤其是饱和砂土,在振冲器的水平荷载作用下,土体中孔压迅速增大使土的抗剪强度减小,土粒有可能向低势能位置转移,这样土体由松变密,形成较为紧密的稳定结构以适应旧的应力条件。可是孔压在振动作用下会继续增大,导致砂土的抗剪强度为零,土体开始变为流体,砂土结构遭到破坏,出现砂土液化现象。砂土液化后,在上覆荷载和振动作用下,砂土颗粒有重新排列,使砂土空隙比减小,相对密度增大,承载力提高。

振冲器在振动时,能产生较大的振动加速度,这一振动产生的水平力沿水平方向传播,在传播中很快衰减,土体获得这种振动能量后将产生振动,这就是土质点的强迫振动。若强迫振动的频率接近土体的自振动频率时,土体振动将会特别显著,也会促进土体液化。

振动加速度与离振动器的距离有关。从振动器侧壁内外根据加速度的大小,可以依次划分为紧靠侧壁的剪胀区(紧则振动器侧壁,该区振动加速度值大,砂土处于剪胀状态)、流态区(砂土受到较强的振动并受高压水冲击,土体处于流体状态,土颗粒有时连接有时不连接)、过渡区和挤密区(砂土经受振动,结构开始逐渐破坏,但土颗粒仍保持连接,能够通过土骨架传递振动应力,并使砂土变密,形成新的密实结构的土),挤密区以外是无挤密效果的弹性区(砂土受到的振动小,土体处于弹性变形区,不能获得显著加密),只有过渡区和挤密区才有明显的加密作用。过渡区和挤密区的大小不仅取决于砂土的性质,诸如起始相对密度、颗粒大小、形状和级配、土颗粒的比重、地应力和渗透系数等,还取决于振动器的性能,诸如振动力、振动频率、振幅和振动历史,如砂土的起始相对的密度越低,必然抗剪强度越小。振冲器在土中是一个移动的点振源,因此,剪胀区、流态区、振密区不是固定的,随着振冲器在土中的移动,剪胀区可以变为流态区、挤密区、弹性区。

采用振冲法加固松散砂基,分不填料和填料(常为碎石等粗粒径材料)两种情况。采用振冲碎石桩加固砂土地基,除了振冲器直接对松散砂土地基有加密作用外,由于振冲孔中填满碎石,振冲器在填料时的振动还能挤密砂土地基,所以,填料加固效果更加显著。振冲过程对松散砂基有加密作用(见表 7-10)。

表 7-10　振冲过程对松散砂基的作用

名称	内容
振浮作用	通过振冲器振动四周围土体内超静空隙水压力升高,促进土颗粒间结构粒破坏,再形成稳定的结构形式
振挤作用	振冲器的水平振动力通过土的骨架传递(或有填料时振冲器在填料时的振动,还能挤密桩剪砂土)将周围土挤压密实
固结作用	在砂土上覆有效应力作用下,超静空隙水压力消散时产生排水固结压密。振冲碎石桩加固松散砂土地基的主要目的是提高地基土的承载力和模量,并增强抗液化能力
挤密效应	振冲挤密法使砂土的相对密度增加,孔隙比减小,干密度和内摩擦角增大,土的物理力学性能得以改善,使地基承载力大幅度提高。我国对地震地区的广泛调查并从室内试验可知,当地震烈度为 7、8、9 度时,在相对密度分别达到 55%、70%、80% 及其以上时,则不会产生液化。国内对大量的振冲法加固的地基加固效果较弱的桩间土进行测试,其相对密度普遍可达颗粒含量对加密效果的影响 70%～75% 以上,大部分可以提高到 80% 以上。如果需要更高的密度,只需要适当缩小振冲孔的孔即可
排水减压作用	振冲密实加固松散砂基的排水减压作用类似与砂基中的砂桩的排水减压作用。简单地来说,就是砂土地基振冲加密并设置碎石桩,不仅地基的相对密度增加,而且也改善了排水条件,能降低振动时产生的超静孔隙水压,提高抗液化能力
砂基的预震效应	振冲密实法加固松软砂基可对砂基产生预震作用,其原理是这样的,砂土的液化特性除了与土的相对密度有关外,还与其振动应力历史有关。在振冲法施工中,例如振冲器以 1450 次/min 的振动频率,98m/s 的加速度和 90kN 的激振力振入土中,施工过程是填入料和地基土在挤密的同时获得强烈的预震,这对砂土地基的抗液化能力是极为有利的

主要的技术参数:

(1)处理范围

振冲法在处理抗液化区域时应在线路的两边适当加宽,加宽的范围视土层的液化程度而定,对于中等或严重液化区,应在地铁线路的每边设置 2~4 排保护桩。

(2)桩长

由于液化层深度较深,达到地面下 15~18m,并且液化层下的土层在地铁开挖后也有液化的可能。规范规定,若其液化层分布在地表下 20m 处则可以不考虑其在地震作用下的可能性,故若采用振冲法桩长应至少打入地表下 20m。

（3）桩径

根据经验,振冲密实法制成的桩直径大约为 0.8~1.2m。

（4）布桩形式

振冲法布桩的形式主要有等边三角形和正方形,前者的效果好,但是施工进度慢,并且造价较高,多用于处理大范围地基处理;而后者多用于单独基础和条形基础,工程造价相对较低。对于南京地铁地基处理的大型工程应从保证质量的角度出发选用等边三角形布桩。

（5）桩距

振冲孔位的间距应视砂土的颗粒组成、液化层情况和振冲器功率而定。对于 30kW 振冲器, 间距一般为 1.8~2.5m; 使用 75kW 振冲器, 间距可以达到 2.5~3.5m。

（6）填料

填料的作用一方面是填充在振冲器上提后在砂层土中可能留下的孔洞,另一方面是利用填料作为传力介质, 在振冲器的水平振动下通过连续加填料,将砂层进一步挤压加密。对于中粗砂,振冲器上提后由于孔壁极易坍落能自行填满下方的孔洞,从而可以不加填料,但对于大多数细砂土质,必须加填料后才能获得较好的振密效果。填料可以选用粗砂、砾石、矿渣等,应在当地就地取材以节约成本,粒径约为 0.5~5cm,从理论上讲填料粒径越粗,挤密效果越好,但是若粒径太大,会在施工过程中发生卡壳现象,影响施工进程。若选用 30kW 振冲器,填料的最大粒径宜在 5cm 内,对于 75kW 大功率振冲器则可以将最大粒径放宽到 10cm。

（7）工程参数

桩位布置:桩位在平面上的布置,工程中按照等边三角形的形式,较为紧凑有效。三角形布桩较正方形布桩可获得更好的挤密效果。

桩长的确定:振冲法的桩长由加固地层厚度和振冲器的技术性能确定。

桩径:桩径一般应根据地质情况和成桩设备等因素确定,一般为 300~800mm,对挤密地基宜取小直径,对饱和软土宜取大直径。适用于饱和黏性土的振冲置换碎石桩的直径一般为 0.8~1.2m,可按每根桩所用的填料量估算。

桩距的确定：振冲碎石桩的桩距确定与多种因素有关，砂土的粒径级配、密实的要求、振冲器的功率、施工工艺等都有影响。砂土粒径越细，密实要求越高，桩距应越小。目前，缺乏理论的计算分析，主要基于工程经验确定，具体应根据现场试验确定。

3. 挤密砂桩作用机理

（1）在松散砂土地基中的作用原理

1）挤密作用

砂土属于单粒结构，是典型的散体桩体。其组成单元为松散粒状体，渗透系数大。单粒结构总处于松散或紧密状态。在松散状态时，颗粒的排列位置是很不稳定的，在动力和静力作用下会重新进行排列，趋于较稳定的状态。即使颗粒的排列接近较稳定的密实状态，在动力和静力的作用下也将发生位移，改变其原来的排列位置。松散砂土在振动力的作用下，其体积可以缩小很多。

强夯法施工时，松散的砂土再桩管下沉时所产生的很大的横向挤压力的作用下，颗粒的相对位置发生移动，孔隙比减小，密实度增大，地基的承载力得到提高。土体致密的主要原因是挤密作用，通常情况下，有效的挤密范围可达 3~4 倍的桩径。当然，振动沉管法施工时，沉桩时的横向挤压力使土体挤向四周发生横向的挤密变形产生同样的效果。

砂土地基的承载能力和抗液化能力随密实度的减小，其承载力和抗液化能力也减小。采用锤击法或者振动沉管法，在砂土和粉土沉入桩管时，对其周围都会产生很大的横向挤压力。桩管将地基中等于桩管体积的砂挤向桩管周围的土层，使其孔隙比减少，密度增加。

由于挤密砂桩在成桩过程中，施工工艺不同，其加固作用也有很大差异。无论采用哪种施工工艺都能对松散砂土地基产生较大的挤密作用。在土中沉管（或沉桩）时，桩管周围的土因为受到挤压、扰动而发生变性和重塑。挤密砂桩使砂土地基挤密到临界孔隙比以下，以防止砂土在地震或其他振动时发生液化；由于形成了强度高的挤密砂桩，提高了地基的抗剪强度和水平抵抗力；加固后大大减少了地基的固结沉降；由于施工的挤密作用，使砂土地基变得十分均匀，地基承载力也大幅度提高。

2）振密作用

振动沉管，特别是采用垂直振动的激振力沉管时，桩管四周的土体受到挤压,同时,桩管的振动能量以波的形式在土体中传播,引起桩四周土体的振动。在挤压和振动作用下,土的结构逐渐破坏,孔隙水压力逐渐增大。由于土结构的破坏,土颗粒重新排列,向具有较低势能的位置移动,从而使土由较松散状态变为较密实状态。随着孔隙水压力的进一步增大,达到大于主应力数值的时候,土体开始液化成流体状态,流体状态的土变密实的可能性很小,如果有排水通道(砂桩),土体中的水此时就沿着排泄通道排出。施工中可见喷水冒砂现象,随着孔隙水压力的消散,土粒重新排列、固结,形成新的结构。由于孔隙水排出,土体的孔隙比降低,密实度得到提高。

当采用振动沉管法施工时,一方面沉桩时的横向挤压力使土体挤向四周发生横向的挤密变形,另一方面沉管和拔管留振时桩管的振动能量以波的形式在土中传播,引起桩管周围地基土的强烈振动,使桩周土体在竖向发生振密变形。土层致密的原因既有土体的挤密作用又有振密作用,振密作用产生的致密效果甚至大于挤密效果,振动的有效径向振密范围可达6倍桩管直径。

振密作用的大小不仅与砂土性质,如起始密度、湿度、颗粒大小、应力状态有关,还与振动或成桩机械的性能,如振动力、振动频率、振动持续时间有关。因此,振密作用影响范围越大,振密作用越显著。

3)抗液化作用

首先,砂桩法形成的复合地基,其抗液化作用主要由于挤密砂桩的挤密或同时兼有的振密作用。周围土层的密实度增加,结构强度提高,表现在土层的标准贯入击数增加,从而提高了土层本身的抗液化能力。

其次,砂桩为周围土体提供了良好的排水通道,可以加速挤压和振动所产生的超孔隙水压力的消散,降低孔隙水压力上升的幅度,因而提高了桩间土的抗液化能力。某砂土、粉土场地不同桩距加固前后的标贯数对比试验表明,加固后桩间砂土的标贯击数由10击以下提高到30击左右,粉土的标贯击数也提高到加固前的1.8倍左右。砂土、粉土的密实度均有很大的改善。加固后的标贯击数均大于地震烈度为9度的标贯数临界值。

砂土的液化特性不仅与相对密度和排水体有关,还与砂土的振动应变史有关。国内外大量的不排水循环应力试验结果表明,预先受过适度水平的循环应力即预振的试样,将具有较大的抗液化强度。由于振动成桩过程中,桩间土受到了多次预振作用,因此使地基土的抗液化能力得到提高。

（2）在软弱黏性土中的作用

在软弱黏性土中砂桩的加固原理是置换和排水作用,即以密实的砂桩取代同体积的软弱黏性土,共同承担上部荷载,由于砂桩的刚度较软黏土高,在荷载作用下,地基中的压力向砂桩集中,桩周土承受的压力减小,从而相应减小了沉降,提高了地基承载力;同时,砂桩良好的透水性,大大缩短了周围土层的排水距离,加快了固结排水的速度,从而促进了地基得固结沉降,改善了地基的整体稳定性。挤密砂桩主要适用于松散的砂土、粉土、素填土和杂填土等地基。对于含水率高、透水性差的软黏土,如不联合预压处理,处理后地基仍将发生较大的沉降,因此,只有对不以变形为控制的工程,才可考虑在饱和黏土地基上采用砂桩法处理。

第四节　复合地基

一、复合地基概述

当天然地基不能满足建(构)筑物对地基的要求时,需要进行地基处理,形成人工地基,以保证建(构)筑物的安全与正常使用。按加固原理分类,地基处理方法主要有置换、排水固结、振密、挤密、灌入固化物、加筋法、冷热处理等。经过地基处理形成的人工地基中也有些地基已不再具备原来土质的材料的地基,变成复合材料,或是混合体、组合体地基,甚至地基的结构也发生了变化,受力和承载特性发生较大变化,尤其地基中引入"桩"的地基,强度和地基刚度都有较大不同。材料和"力"复杂组合的含义更浓,在评价、分析和计算地基承载力和地基刚度时,按一体化的模糊结构体或按复合结构工程体分析更合理、更具现实意义,但复合体必须满足特定的条件,如引入桩体时,必须满足一定的影响间距和尺寸。

复合地基是指天然地基在地基处理过程中部分土体得到增强,或被置换,或在天然地基中置加筋材料,加固区是由基体(天然地基土体或被改良的天然地基土体)和增强体两部分组成的人工地基。在荷载作用下,基体和增强体共同承担荷载的作用。

复合地基类型主要有砂石桩复合地基,水泥土桩复合地基,低强度桩复合地基,土桩、灰土桩复合地基,钢筋混凝土桩复合地基,薄壁筒桩复合地基和加筋土地基等。目前,复合地基技术在房屋建筑(包括高层建筑)、高等级公路、铁路、堆场、机场、堤坝等土木工程建设中得到广泛应用。

复合地基设计应满足承载力和变形要求。对于地基土为欠固结土、膨胀土、湿陷性黄土、可液化土等特殊土时,其设计要综合考虑土体的特殊性质选用适当的增强体和施工工艺。

二、复合地基的分类

复合地基
- 散体材料桩复合地基
  - 砂桩复合地基
  - 碎石桩复合地基
  - 矿渣桩复合地基
- 预制桩复合地基
  - 土挤密桩复合地基
  - 石灰桩复合地基
  - CFG桩复合地基
  - 芬实混凝土桩复合地基
  - 灰土挤密桩复合地基
  - 水泥土搅拌桩复合地基
  - 旋喷桩复合地基
- 根据复合地基工作机理 分类
  - 竖向增强体复合地基
  - 散体材料桩复合地基
  - 黏结材料复合地基:柔性桩与刚性桩
  - 水平向增强体复合地基

根据地基中增强体的方向又可分为水平向增强体复合地基和竖向增强体复合地基。竖向增强体复合地基通常称为桩体复合地基。目前在工程中应用的竖向增强体有碎石桩、砂桩、水泥土桩、石灰桩、灰土桩、各种低强度桩和钢筋混凝土桩等。根据竖向增强体地基的性质,又可将其分为三类:散体材料桩、柔性桩和刚性桩。柔性桩和刚性桩也可称为黏结材料桩。严格地讲,桩体的刚度不仅与材料性质有关,还与桩的长径比、土体的刚度有关,应采用桩土相对刚度来描述。水平向增强体复合地基主要指加筋土地基。随着土工合成材料的发展,加筋土地基应用愈来愈多。复合地基是指由两种刚度(或模量)不同的材料(桩体和桩间土)组成,共同承受上部荷载并协调变形的人工地基。根据桩体材料的不同，复合地基中的许多独立桩体，其顶部与基础不连接，区别于桩基中群桩与基础承台相连接，因此独立桩体亦称竖向增强体。

复合地基可按增强体设置方向、增强体材料、是否设置垫层、增强体长度进行分类。复合地基中增强体除竖向设置和水平向设置外，还可斜向设置，如树根桩复合地基。在形成桩体复合地基中，竖向增强体可以采用同一长度，也可采用不同长度，采用长短桩形式。长桩和短桩可采用同一材料制桩，也可采用不同材料制桩。例如，短桩采用散体材料桩或柔性桩，长桩采用钢筋混凝土桩或低强度混凝土桩。

长短桩复合地基中长桩和短桩可相间布置，长桩和短桩除相间布置外也可采用中间长四周短或四周长中间短两种形式布置。复合地基沉降四周长中间短的布置形式要比中间长四周短的布置形式小一些，而上部结构中的弯矩则要大不少。

对增强体材料，水平向增强体多采用土工合成材料，如土工格栅和土工布等；竖向增强体可采用砂石桩、水泥土桩、低强度混凝土桩、薄壁筒桩、土桩与灰土桩、渣土桩和钢筋混凝土桩等。

在建筑工程中桩体复合地桩承担的荷载通常通过钢筋混凝土基础或筏板传递，而在路堤工程中，荷载是由刚度比钢筋混凝土板小得多的路堤直接传递给桩体复合地基。前者基础刚度比增强体刚度大，而后者路堤材料刚度往往比增强体材料刚度小。理论研究和现场实测表明，刚性基础下和路堤下复合地基性状具有较大的差异。填土路堤下复合地基称为柔性基础下复合地基。柔性基础下复合地基的沉降量远比刚性基础下复合地基的沉降大。为了减小柔性基础复合地基的沉降，应在桩体复合地基加固区上面设置一层刚度较大的"垫层"，防止桩体刺入上层土体，并充分发挥桩体的承载作用。对刚性基础下的桩体复合地基有时需设置多层柔性垫层以改善复合地基受力状态。按照不同的分类方法，复合地基可分为：

（1）按增强体设置方向，复合地基常用形式可分为竖向、水平向和竖向与斜向结合（如树根状）等几类。

（2）按增强体材料，可分为以下四类：土工合成材料（如土工格栅和土工布等）、砂石桩、水泥土桩（土桩、灰土桩和渣土桩等）和各类低强度混凝土桩和钢筋混凝土桩等。

（3）按基础刚度和垫层设置，复合地基常用形式可分为刚性基础（设垫层、不设垫层）和柔性基础（设垫层、不设垫层）。

（4）按增强体长度，复合地基常用形式可分为等长度和不等长度（长短桩复合地基）。

长短桩复合地基中长桩和短桩布置可采用长短桩相间布置，外长中短布置和外短中长布置。

在工程中应用的复合地基具有很多种类型，要建立可适用于各种类型复合地基承载力和沉降计算的统一公式是困难的，或者说是不可能的。在进行复合地基设计时一定要因地制宜，不能盲目套用一般理论，应该以一般理论作指导，结合具体工程进行具体问题具体分析。

复合地基常用形式很多，合理选用复合地基形式可以取得较好的社会效益和经济效益。经过综合分析提出下述选用原则：

（1）在选用复合地基形式时应坚持具体工程具体分析和因地制宜的选用原则。应根据工程地质条件、工程类型、使用要求综合考虑，应充分利用地方材料，通过综合分析达到合理选用复合地基形式的目的。

（2）水平向增强体复合地基主要应用于提高地基稳定性。在高压缩性土层不是很厚的情况下，采用水平向增强体复合地基不仅可有效提高地基稳定性，还可减小沉降。对高压缩性土层较厚的情况，采用水平向增强体复合地基对减小总沉降效果不明显。

（3）散体材料桩单桩承载力主要取决桩周土体所能提供的最大侧限力，因此散体材料桩复合地基主要适用于在设置桩体过程中桩间土能够振密挤密，强度得到较大提高的砂性土地基。对饱和软黏土地基，使用散体材料桩复合地基承载力提高幅度不大，而且可能产生较大的工后沉降，应慎用。

（4）对深厚软土地基，为了减小沉降应采用增加桩体长度，以减小加固区下卧层压缩量。若软土层很厚，可采用刚度较大的桩体复合地基，也可采用长短桩复合地基以减小地基处理费用。

（5）采用刚性基础下黏结材料桩复合地基形式时，视桩土相对刚度大小决定在刚性基础下是否设置柔性垫层。桩土相对刚度较大，而且桩体强度较小时，设置柔性垫层较有必要。刚性基础下黏结材料桩复合地基，通过设置柔性垫层可有效减小桩土应力比，改善接近桩顶部分桩体的受力状态。桩土相对刚度较小,或桩体强度足够时,也可不设置柔性垫层。

(6)填土路堤下采用黏结材料桩复合地基时,应在桩体复合地基上铺设刚度较好的垫层,如土工格栅砂垫层、灰土垫层等。垫层的铺设可防止桩体向上刺入,增加桩土应力比,充分利用桩体的承载潜能。不设垫层的黏结材料桩体复合地基,特别是桩土相对刚度较大的复合地基不设垫层在填土路堤下应慎用。

三、复合地基作用机理

(1)解释

①桩体作用:复合地基是许多独立桩体与桩间土共同工作,由于桩体的刚度比周围土体大,在刚性基础底面发生等量变形时,地基中应力将重新分配,桩体产生应力集中而桩间土应力降低,故复合地基的承载力和整体刚度高于原地基,沉降量有所减少。复合地基中的桩体,也称竖向增强体。

②加速排水固结:碎石桩、砂桩具有良好的透水特性,可加速地基的排水固结。此外,水泥土类桩在某种程度上也可加速地基固结。地基固结不仅与地基土的排水性能有关,还与地基土的变形特性有关。虽然水泥土类桩会降低地基土的渗透系数,但它同样会减少地基土的压缩系数,而且,减少幅度比渗透系数的减小幅度要大。因此,加固后的水泥土同样可起到加速排水固结的作用。

③挤密作用:砂桩、土桩、石灰桩、碎石桩等在施工过程中由于振动、挤压、排土等原因,可对桩间土起到一定的密实作用。此外,由于生石灰具有吸水、发热和膨胀等作用,对桩间土同样起到挤密作用。

④加筋作用:加筋体提高地基的承载力和整体刚度外,还可提高土体的抗剪强度,增加土坡的抗滑能力。

(2)破坏模式

复合地基发生破坏与桩型、桩身强度、土层条件、荷载形式及复合地基上基础结构的形式有关,可分刺入破坏、鼓胀破坏、整剪切破坏和滑动破坏。

①刺入破坏。桩体刚度较大,地基土强度较低的情况下较易发生桩体刺入破坏。桩体发生刺入破坏后,不能承担荷载,进而引起桩间土发生破坏,导致复合地基全面破坏。刚性桩复合地基较易发生此类破坏。

②鼓胀破坏。在荷载作用下,桩间土不能提供足够的围压来阻止桩体发生过大的侧向变形,从而产生桩体鼓胀破坏,并引起复合地基全面破坏。散体材料桩复合地基往往发生鼓胀破坏,在一定的条件下,柔性桩复合地基也可能产生

此类形式的破坏。

③整体剪切破坏在荷载作用下,复合地基将出现塑性区,在滑动面上桩和土体均发生剪切破坏。散体材料桩复合地基较易发生整体剪切破坏,柔性桩复合地基在一定条件下也可能发生此类破坏。

④滑动破坏在荷载作用下复合地基沿某一滑动面产生滑动破坏。在滑动面上,桩体和桩间土均发生剪切破坏。各种复合地基都可能发生这类形式的破坏。

(3)构造褥垫层作用

复合地基与桩基础在构造上的区别是桩基础中群桩与基础承台相连接,而复合地基中的桩体与浅基础之间通过褥垫层过渡。复合地基的褥垫层可调节桩土相对变形,避免荷载引起桩体应力集中,有效保证桩体正常工作。根据复合地基工作机理可将复合地基作下述分类。

在荷载作用下,增强体和地基土体共同承担上部结构传来的荷载是复合地基的本质。然而如何设置增强体以保证增强体与天然地基土体能够共同承担上部结构传来的荷载是有条件的,这也是在地基中设置的增强体能否形成复合地基的条件。

当增强体为散体材料桩时,各种情况均可满足增强体和土体共同承担上部荷载,因为散体材料桩在荷载作用下产生侧向鼓胀变形。当增强体为黏结材料桩时情况就不同,在荷载作用下,桩和桩间土沉降量相同,可保证桩和土共同承担荷载。在荷载作用下,通过刚性基础具有一定厚度的柔性垫层的协调,也可保证桩和桩间土共同承担荷载。因此在承台传递的荷载作用下,通过增强体和桩间土体变形协调可以达到增强体和桩间土体共同承担荷载作用,形成复合地基。承台荷载作用下,开始增强体和桩间土体中竖向应力大小大致上按两者的模量比分配,但是随着土体产生蠕变,土中应力不断减小,而增强体中应力逐渐增大,荷载向增强体上转移。若桩间土承担的荷载比例极小,特别是若遇到地下水位下降等因素,桩间土体进一步压缩,桩间土可能不再承担荷载。在这种情况下增强体与桩间土体难以形成复合地基以共同承担上部荷载。在实际工程应用中,为了有效减小沉降,复合地基中增强体设置一般都穿透最薄弱土层,落在相对好的土层上。如何保证增强体与桩间土体形成复合地基共同承担上部荷载是设计工程师应该注意的。设计时应重视各种材料模量之间的关系,以保证在荷载作用下通过桩体和桩间土变形协调来保证桩和桩间土共同承担荷载。因此,采用黏结材料桩,特别是采用刚性桩形成复合地基时需要重视复合地基的形成条件。在实际工程中不能满足形成复合地基的条件,而以复合地基进行设计是不安全的。这种情况高估了桩间土的承载能力,降低了复合地基的安全度,可能造成工程事故。

路堤工程中不存在刚性基础。为了防止桩体向上刺入填土路堤,应在复合地基加固区上设置一层刚度较大的垫层,如灰土垫层、土工格栅垫层等,以保证桩体和土体共同承担荷载。

第五节　土工聚合物

一、土工合成材料

土工聚合物是土工用合成纤维制品的总称,土工聚合物参考分类见表7-11,它包括土工织物、土工纤维、建筑纤维、土工格栅等。按其制造方法又可大致分为纺织型织物、无纺型纤维制品、编织品、组合型纤维制品、土工网、土工垫、土工格栅,土工薄膜和复合组合材料等。其中土工织物又称土工纤维,是土工聚合物中应用较广的一种。土工聚合物具有质地柔软、质量轻、整体连续性好、抗拉强度高、耐腐蚀性和抗微生物侵蚀性好的特点。无纺型的土工聚合物的当量直径小、反滤性高,是一种极好的反滤材料。土工聚合物如未经特殊处理(如涂干炭),一般对紫外线的辐射有敏感性,但如埋在地下时,土工聚合物具有较长的使用寿命,一般可达三十年以上。土工聚合物主要具有加筋、排水、反滤和隔离等作用,用于堤坝、路基、挡土墙、水工构筑物、海岸、河岸等工程,同砂井等联合,常用于大型油罐等地基的加固中。

土的加筋,是指在人工填土的路堤或挡墙内铺设土工合成材料(或钢带、钢条、尼龙绳等),或在边坡内打入土锚(或土钉、树根桩、碎石桩等),这种人工复合的土体,可承受抗拉、抗压、抗剪和抗弯作用,借以提高地基承载力、减少沉降和增加地基稳定性。这种加筋作用的人工材料称为筋体。土工织物是由合成材料制成的多孔织物,合成材料有聚丙烯、聚酯、聚乙烯、尼龙、聚氯乙烯、玻璃和其混合物。土工织物的厚度为 10~300mm,最宽为 9m,最长达到 610m,从粗砾到细石都可用土工织物作反滤材料。根据加工制造方法的不同,土工织物包括纺成型织

表 7-11　土工聚合物

方法	加固原理	适用范围
加筋土	通过拉结挡土墙的带状拉筋与填土的摩擦力来平衡或减少作用于挡土墙的土压力	人工填土、砂土的路堤、挡墙、桥台、水坝
土工织物	利用土工织物的高强度、韧性等力学性能，以扩散土中应力，增大土体的刚度或抗拉强度，与土体构成各种复合土工结构	砂土、黏性土和软土的加固，或用作反滤、排水和隔离的材料
树根桩	就地灌注的小直径灌注桩（φ75~250mm），土体与树根桩共同提高地基承载力，增加地基的稳定性和减少沉降	各类土。主要用于既有建筑物的加固及稳定土坡、支挡结构物
锚固法	通过锚固在边坡或地基岩层或土体中受到拉杆件的锚固力，承受由于土压力、水压力或风力所施加于结构的推力，维持结构的稳定	可靠锚固的土层或岩层。对软弱黏土宜通过重复（二次）高压灌浆或采用多段扩体或端头扩体以提高锚固力。对液限>50%的黏性土，相对密度 Dr<0.3 的松散砂土及有机质含量较高的土层，均不得作为永久性锚固（>2 年）地层

物、非织型织物、格栅型织物和复合土工织物。土工织物主要有六方面用途：隔离作用、加固作用、反滤作用、排水作用、防止雨水冲蚀作用以及作柔性模板。

二、加筋土

加筋土系由填土、在填土中布置一定量的带状拉筋，以及直立的墙面板三部分组成一个整体的复合结构。这种结构内部存在着墙面土压力、拉筋的拉力、及填料与拉筋间的摩擦力等相互作用的内力，这些内力互相平衡，保证了这个复合结构的内部稳定。同时，加筋土这一复合结构还要能抵抗拉筋尾部后面填土所产生的侧压力，即为加筋土挡墙的外部稳定，从而使整个复合结构稳定。

加筋土挡墙有以下特点：

（1）它的最大特点是可做成很高的垂直填土，从而可减少占地面积，这对不利于开挖的地区、城市道路以及土地珍贵的地区而言，有着巨大的经济意义。

（2）面板、筋带可在工厂中定型制造加工，构件全部预制，实现了工厂化生产，不但保证质量，而且降低了原材料消耗。

（3）由于构件较轻，施工简便，除需配备压实机械外，不需配备其他机械，施工易于掌握，施工快速，且能节省劳力和缩短工期。

（4）充分利用材料性能，以及土与拉筋的共同作用，因而使挡土墙结构轻型化,其所使用混凝土体积相当于重力式挡土墙的 3%~5%。由于加筋土挡土墙面板薄,基础尺寸小,当挡土墙高度超过 5m 时,加筋土挡土墙的造价与重力式挡土墙相比可降低造价 40%~60%,墙越高经济效益越佳。

(5)加筋土挡土墙系由各构件相互拼装而成,具有柔性结构的性能,可承受较大的地基变形,因而可应用于软土的地基上;加筋土挡土墙结构的整体性较好,且它所特有的柔性能够很好地吸收地震能量,较其他类型的挡土结构稳定性强,具有良好的抗震性能。

(6)面板的形式可根据需要,拼装完成后造型美观,适合于城市道路的支挡工程。

加筋土主要适用于公路加筋土挡墙和公路梁(板)式加筋土桥台等构筑物,路基的侧向挤出问题比较突出,如何提高土的抗拉强度,鉴于受压性能为主的混凝土中增加了能承受抗拉的钢筋后,改善了混凝土的抗拉性能。

三、土工聚合物的作用机理

土工聚合物的作用,见表 7-12。

表 7-12　土工聚合物的作用

项目	内容
排水作用	利用某些内部具有排水通道(如盲沟、塑料排水板)的土工纤维的良好的三维透水性,使水能沿土工织物内部的排水通道迅速排出
反滤作用	利用无纺型土工织物的较小当量直径所形成的与砂大致相同的渗透性,取得同一般砂砾反滤层一样的反滤作用。在有渗流的情况下,将一定规格的土工织物铺设在被保护土层上,在容许流畅通的同时,又阻止土粒的移动,从而防止土体的流失和管涌
隔离作用	利用土工织物的高抗拉、抗撕裂性,良好的柔韧性,整体性和耐酸碱、耐生物侵蚀性能,将渗透性较土工织物大的两种材料相互隔开,以发挥其各自的作用。当被隔离的材料之间无水流作用时,还可以采用不透水薄膜隔离
加固作用	土工织物对软土的加固作用主要体现在水平加筋上。复合地基中,土工织物主要处于受拉状态下,土工织物在产生拉伸应力的同时,对土体产生了一个类似于侧向约束的压力的作用,使得复合土体具有一个较高的抗剪强度和变形模量。宏观上讲,在土体可能产生楔入(冲切)破坏时,铺设的土工织物将阻止破坏面的出现,从而提高地基承载力。当地基承受较大的荷载而发生变形时,土工织物与土体界面上的摩擦阻力将增大并增强对土体侧向变形的限制;高模量的土工织物在受拉后将产生垂直向上的分力起支承荷载的作用,从而减小了地基的竖向变形,增大了地基承载力和地基的稳定性

土工织物对土层的侧限作用,主要反映在对浅层土体的侧向位移约束,对较深均匀软土作用则不很明显。对于坝堤下软土地基所进行的离心模拟试验情

况绘制的地基土的水平位移随深度变化曲线,Rowe 和 Soderman 指出, 对于深度超过堤顶宽 0.5 倍的均匀沉积土层,即使用高模量的加筋物,对土堤稳定性的提高作用也是很有限的。但对于强度随深度明显增长的软土,对于深度超过顶宽 0.5 倍的软土,数值分析表明,土堤破坏高度与土工织物的模量有关:土堤破坏时,土工织物的加筋作用随土工织物模量的增加而增加。

目前对土工合成材料与土体相互作用及其对土工合成材料变形的影响的研究还有待深入,重要的一点是土工合成材料长期使用性能与效果的合理评估也值得关注,如老化和使用寿命等有待进一步研究。

第六节　注浆加固法与深地层孔内强夯桩法

一、注浆加固法

注浆加固法主要有高压喷射注浆法、深层搅拌法、渗入性灌浆、压密灌浆法、电化学灌浆法。见表 7–13。

1. 高压注浆法

(1)高压注浆加固机理解释

1)高压水喷射流的性质

高压水喷射流是通过高压发生设备,使它获得巨大能量后,从一定形状的喷嘴,用一种特定的流体运动方式,以很高的速度连续喷射出来的能量高度集中的一股液流。见图 7–3。

图 7–3　高压水喷射流加固原理示意图

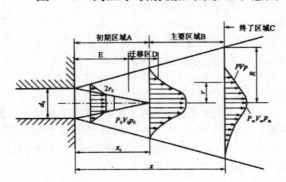

表 7-13 注浆加固法

方法	加固原理	适用范围
深层搅拌法（湿法）	利用水泥浆等材料作为固化剂，通过特制的深度搅拌机在地基深部就地将软土和固化剂强制拌和，使软土硬结而提高低级承载力	淤泥，淤泥质土，含水量较高地基承载力不大于 120kPa 的黏性土，粉土等软土地基。在有较厚泥炭土层的软土地基注意其适用性；并可适量添加磷石膏以提高搅拌桩桩身强度。当地下水中含有大量硫酸盐时，宜采用抗硫酸盐水泥，防止硫酸盐的侵蚀。冬季施工应注意负温影响。适合于七层以下建筑
高压喷射注浆法	利用钻机把带有喷嘴的注浆管钻到预定深度的土层，将浆液以高压冲切土体，使土体与浆液搅拌混合，并按一定的浆土比例和质量重新排列，在土中形成一个固化体	淤泥，淤泥质土、黏性土、黄土、砂土、人工填土和碎石土等地基
渗入性灌浆	在不使地层结构受到扰动和破坏的压力作用下，使浆液渗入到土层空隙和裂隙中，凝固、硬化、从而加强地基土强度	用普通水泥配制的灌浆材料适用于渗透系数 $k>10^{-3}$m/s 的土，用超细水泥（$d_{50}=3\sim4$um）配制的灌浆材料适用于 $k=10^{-1}\sim10^{-2}$m/s 的土。黏土水泥灌浆适用于渗透系数 $k>10^{-1}$m/s 的土。化学灌浆适用于渗透系数 $k>10^{-6}$m/S 的土层
压密灌浆法	通过钻孔，将压浆管放入到预定深度的土层，向土中压入用高黏滞性土、水泥和水调成的浆液，在压浆点周围形成灯泡形空间。因浆液的挤压作用产生上抬力，从而引起地层局部隆起，以此纠正建筑物的倾斜	软弱黏性土，具有大孔隙或孔穴的地基土、中砂、湿陷性黄土。常用以调整既有建筑物的不均匀沉降
劈裂灌浆法	在较高的灌浆压力作用下，浓浆克服土体的初始应力和抗拉强度，在土体内产生水力劈裂和置换作用，形成交叉的结石网格，形成较高强度的空间性刚性骨架。在水力劈裂过程中，土体中自由水和毛细水被排走，表面水被吸收，土体发生固化和化学硬化作用，使土体再次得以加固	粉土、软黏土，处理效果难以预测
电化学灌浆法	通过电化学作用，促使在通电区域内含水量降低，形成渗浆"通道"，并同时向土中灌注浆液，使之在"通道"上与土粒胶结成具有一定力学强度的加固体	饱和黏土、粉质黏土。若灌浆材料为胶体时，仅适用于渗透系数 $k>10^{-3}$m/s 的净砂。不适合于电导性土

2)高压喷射流的种类和构造

①单管喷射流为单一的高压水泥浆喷射流。

②二重管喷射流为高压浆液喷射流与其外部环绕的压缩空气喷射流,组合为复合式高压喷射流。

③三重管喷射流由高压喷射流与其外部环绕的压缩空气喷射流组成,亦为复合式高压喷射流。

④多重管喷射流为高压水喷射流。

单管旋喷注浆使用高压喷射水泥浆流和多重管的高压水喷射流,它们的射流构造如图7-3所示。高压喷射流可由三个区域所组成,即保持出口压力的初期域A,紊流发达的主要区域B和喷射水变成不连续喷流的终期区域C等三部分。

在初期区域小,喷嘴口处速度分布是均匀的,轴向动压是常数,保持速度均匀的部分向前面逐渐变小,当达到某一位置后,断面上的流速分布不再是均匀的,速度分布的这一部分称为喷射核(E区),喷射核末端扩散宽度稍有增加,轴向动压有所减小的过渡部分称过渡区。

二重管旋喷注浆的浆、气同轴喷射流,与三重管旋喷注浆的水、气同轴喷射流除介质不同外,都是在喷射流的外围同时喷射圆筒状气流,它们的构造基本相同。

初期区域A内,水喷流的速度大于喷嘴出口的速度,但由于水喷射与空气流相冲撞及喷嘴内部表面不够光滑,以至从喷嘴喷射出的水流较紊乱,再加以空气和水流的相互作用,在高压喷射水流中形成气泡,喷射流受干扰,在初期区域的末端,气泡与水喷流的宽度一样。在迁移区域D内,高压水喷射流与空气开始混合,出现较多的气泡,在主要区域B内,高压水喷射流衰减,内部含有大量气泡,气泡逐渐分裂破坏,成为不连续的细水状态,同轴喷射宽度迅速扩大。经比较,水、气同轴的初期区域长度增加3~6倍。

破坏土体的结构强度的最主要因素是喷射动压,破坏力的计算公式为:$P=p \cdot Q \cdot V_m$(式中 p—密度:Q—流量:V_m—平均速度)。为了取得较大的破坏,需要增加平均速度, 也就是增加旋喷压力, 一般要求高压脉冲泵的工作压力在20MPa以上,这样就使喷射流像刚体一样,冲击破坏土体,使土体与浆液搅拌混合,凝固成固结体。喷射流在终期区域,能量衰减很大,不能直接冲击土体使土颗粒剥落,但能对有效射程的边界土产生挤压力,对四周土体有压密作用,并使部分浆液进入土粒之间的空隙里,使固结体与四周土紧密相依,不产生脱离现象。单射流虽然具有巨大的能量,但由于压力在土中急剧衰减,故此破坏土的有效射程较短,当在喷嘴出口的高压水喷流的周围加上圆筒状空气射流,进行水、气同轴喷射时,空气流使水或浆的高压喷射流从破坏土体上将土粒迅速吹散,使高压喷射流有效射程大大提高,表明高速空气具有防止高速水射流动压急剧衰减的作用。旋喷时,高压喷射流在地基中,把土体切削破坏,一部分细小的土粒被喷射的浆液置换,随着液流被带出,在横断面上土粒按质量大小有规律的排列起来,小颗粒在中部居多,大颗粒多数在外侧或边缘部分,形成了浆液主体搅拌混合,压缩和渗透等部分,经过一定时间便凝固成强度较高渗透系数较小的固结体。

3)固化原理(水泥与土的固结机理)

高压喷射所采用的硬化剂,主要为水泥浆,并添加防沉或加速凝固的外加剂。当水泥与水拌和后,首先产生的是铅酸三钙水化物和氢氧化钙,可溶于水中,但溶解度不高,很快就达到饱和,这种化学反应连续不断的进行,析出一种胶质物体。这种胶质物体有一部分混在水中悬浮,后来就包围在水泥微粒的表面,形成一层胶凝薄膜。所生成的硅酸钙水化物几乎不溶于水,只能以无定形状的胶质包围在水泥微粒的表层,一部分渗入水中。水泥各种成分所生成的胶凝膜,逐渐发展联结起来成为胶凝体,此时表面为水泥的初凝状态,开始有胶粘的性质。此后,水泥各成分在不缺水不干固的情况下,继续不断的按上述水化程序发展、增强和扩大,就产生了下列现象:胶凝体增大并吸收水分使凝固加速,结合更密,结晶体与胶凝体相互包围渗透并达到一种稳定状态,这就是硬化的开始。水化作用继续深入到水泥微粒内部,使未水化部分再来参加以上化学反应,到水分完全没有以及胶质凝固和结晶充盈为止。但无论水化时间持续多长,很难将水泥微粒内核全部水化完,所以,水化过程是一个长久的过程,在这个过程中,固结体强度将不断提高。

旋喷注浆法是通过高压发生装置,使液流获得巨大的能量后,经过注浆管道从一定形状的喷嘴中,以很高的速度喷射出来,形成了一股能量高度集中的流液,直接冲击到破坏土体,并使浆液与土搅拌混合,便在土中凝固成为一个具有特殊结构体的固结体,从而使地基得到加固。旋喷加固时,高压喷射流的流态、结构和喷射速度等基本形态,对加固地基的质量和经济利益都起到关键作用。

4)高压水喷射流的性质

高压水喷射流是通过高压发生设备获得巨大能量后,从一定形状的喷嘴,用一种特定的流体运动方式,以很高的速度连续喷射出来的,是能量高度集中的一股液流。在高压高速的条件下,喷射流具有很大的功率,即在单位时间内从喷嘴中射出的喷射流有很大的能量。高压喷射流可由三个区域组成,即保持出口压力的初期区域、紊流发达的主要区域和喷射水变成不连续喷流的终期区域三部分。

5)喷射流对土体的破坏作用

单射流虽然具有巨大的能量,但由于压力在土中急剧减弱,因此,破坏土的有效射程较短,致使旋喷固结体的直径较小。当在喷嘴出口的高压水喷射流的周围加上圆筒状空气射流进行水、气同轴喷射时,空气流使水或浆的高压喷射流从土体上将土颗粒迅速吹散,使高压喷射流的喷射破坏条件得到改善,阻力大大减少,能量消耗降低,因而,增大了高压喷射流的破坏能力,形成的旋喷固结体直径较大。

进行旋喷时,高压喷射流在地基中,把土体切削破坏。一部分细小的土颗粒被喷射的浆液所置换,随着液流被带到地面上(俗称冒浆),其余的土粒与浆液搅拌混合。在喷射动压力、离心力和重力的共同作用下,在横断面上土颗粒按质量大小有规律的排列起来,小颗粒在中部居多,大颗粒多数在外侧或边缘部分,形成了浆液主体搅拌混合、压缩和渗透等部分,经过一定时间便凝固成强度较高渗透系数较小的结固体。由于旋喷体不是等颗粒的单体结构,固结质量也不均匀,通常是中心部分强度低,边缘部分强度高。

(2)旋喷注浆法的主要特征

旋喷注浆法的主要特征,见表7-14。

(3)固结体的基本性质

粘砂土、砂黏土、粉砂、细砂、中砂、粗砂、砾砂、砾石土、黄土、淤泥及杂填土经过旋喷注浆后,由松散的土固化为体积大、重量较轻、渗透系数小和坚硬耐久的固结体,固结体的主要特点:

1)直径较大:旋喷固结体的直径大小与土的种类和密实程度有较密切的关

表 7–14 旋喷注浆法的主要特征

特征	主要内容
适用的范围广	旋喷注浆法不再像静压注浆那样，以调整浆液材料配方和注浆工艺去适应不同土质和土层结构的传统做法，而以高压喷射流直接破坏并加固土体，固结体的质量明显提高，适用范围扩大。它既可用于工程新建之前，也可用于工程修建之中，特别是用于工程落成之后，显示出不损坏构筑物的上部结构和不影响运营使用的长处
施工简便	旋喷施工时，只需在土层中钻一个孔径为 50mm 或 100mm 的小孔，便可在土中喷射成直径为 0.4～4.0m 的固结体。而且能灵活地成型。它既可在钻孔的全长成柱型固结体，也可仅作其中一段，如在钻孔底部或钻孔的中间任何部位
确保固结体的强度	根据采用不同的浆液种类和配方，即可获得所需的固结体强度。当前采用水泥浆液，黏性土固结体的抗压强度最高为 5～10MPa，砂类土固结体的抗压强度最高可达 10～20MPa
固结体形状可以控制	为满足工程的需要，在旋喷过程中，可调整旋转速度的提升速度、增减喷射压力或更换喷嘴孔径改变流量，使固结体成为设计所需要的形状
价格低廉	喷射的浆液是以水泥为主，化学材料为辅。除了在要求速凝超早强时使用化学材料以外，一般的地基工程均使用料源广阔价格低廉的 325 号或 425 号普通硅酸盐水泥。若处于地下水流速快或含有腐蚀性元素、土的含水率大或固结强度要求高的场合下，则可根据工程需要，在水泥中掺入适量的外加剂，以达到速凝、高强、抗冻、耐蚀和浆液不沉淀等效果。此外，还可以在水泥中加入一定数量的粉煤灰，这既利用了废料，又降低了注浆材料的成本
有较好的耐久性	在一般的软弱地基中加固，高压喷射工艺和其他施工工艺相比，因其加固结构和适用范围不同，加固效果虽不能一概而论，但从使用的浆液性质来看，能预期得到稳定的加固效果并有较好的耐久性能
设备简单管理方便	旋喷的全套设备均为我国定型产品或专门设计制造。结构紧凑、体积小、机动性强，占地少，能在狭窄和低矮的现场施工。施工管理简便，在旋喷过程中，通过对喷射的压力、吸浆量和冒浆情况的量测，即可间接地了解旋喷的效果和存在问题，以便及时调整旋喷参数或改变工艺，保证固结质量
浆液集中，流失较少	旋喷时，除一小部分浆液由于采用的喷射参数不适，沿着管壁冒出地面外，大部分浆液均聚集在喷射流的破坏范围内，很少出现在土中流窜到很远地方的现象。冒出地面的浆液经沉淀、去砂和析出清水过滤后，即可重复再用

系。单管旋喷注浆加固体直径一般为 0.4~0.8m。三重管旋喷注浆加固体直径可达 1.5~2.5m。二重管旋喷注浆加固体直径介于二者之间。

2)固结体的形状:在均质土中旋喷的圆柱体比较匀称。在非均质或有裂隙土中旋喷的圆柱体不匀称,甚至在圆柱体旁长出翼片。由于喷射流脉动和提升速度不均匀,固结体的外表很粗糙,三重管旋喷固结体受气流影响,在黏砂土中外表格外粗糙。在深度大的土中,如果不采取其他的措施,旋喷圆柱固结体可能出现上粗下细似胡萝卜的形状。

3)重量轻:固结体内部的土粒少并含有一定数量的气泡。因此,固结体的重量较轻,小于或接近于原状土的重度。固结体内部的土块大小及数量与提升速度有关,提升过快,被喷射流冲切下来的土块不能得到充分破碎便与浆液搅拌混合,内部的土块直径较大且数量较多。

4)透气透水性差:固结体内虽有一定的孔隙,但这些孔隙间并不贯通为封闭型,而且固结体有一层较密至的硬壳,其渗透系数达 $10^{-6}s \cdot cm$ 以上,具有一定的防渗性能。

5)强度:固结体的无侧限抗压强度最高可达 10~20MPa,完全能满足一般构筑物对地基的沉陷和稳定的要求。但固结体的抗折强度较低,约为抗压强度的1/5~1/10。

6)其他:用普通硅酸盐水泥旋喷的固结体,抗冻、抗蚀和抗干的性能较差,在有冻结、腐蚀和干燥的条件下旋喷时,应针对不同问题掺入合适的添加剂。

(4)适用范围

1)适用土质条件

旋喷注浆加固地基技术,主要适用于软弱土层,如第四纪的冲(洪)积层、残积层及人工填土等。这些正是构筑物地基常出现病害需要进行处理的地层。实践证明,砂类土、黏性土、黄土和淤泥都能进行旋喷加固,一般效果较好,解决了小颗粒土不易注浆加固的难题。但对于砾石直径过大、砾石含量过多及有大量纤维质的腐殖土,旋喷质量较差,有时甚至还不如静压注浆的效果。但是对于地下水流速过大,旋喷浆液无法在注浆管周围凝固、无填充物的岩溶地段、永久冻土和对水泥有严重腐蚀的地基,均不宜采用旋喷注浆法。

2)工程使用范围

从固结体的目前性质来看,旋喷注浆法宜作为地基加固和基础防渗之用。按用途,可分为增加地基强度、挡土围堰及地下工程建设、增大土的摩擦力及固结力、减小振动防止砂土液化、降低土的含水率、防止洪水冲刷和防渗帷幕七类工程。具体情况见表 7-15:

(5)设备和施工参数

1)注浆泵:注浆泵是施工中最重要的设备之一,注浆泵应有足够的排水量,泵压应大于最大注浆量的1/4,以保证注浆工作顺利进行。对于高压注浆,它是通过泵的作用,把低压吸入的浆液或水以高压排出,从而使喷嘴处液流压力升

表 7-15　工程使用范围

项目	主要内容
挡土围堰及地下工程建设	防护邻近构筑物，地下工程建设，地下铁道、隧道工程及管道暗挖工程等均或采用旋喷注浆
增加地基强度	提高地基的承载力，整治既有构筑物的沉裂，防止局部地表下沉，反力后座基础。加强盾构法及顶管法的后座，形成反力基础
减少振动防止砂土液化	减小机械设备基础的振动，防止砂土地基震动液化
增大土的摩擦力及固着力	防止小型坍方滑坡，锚固基础
防止洪水冲刷	防止洪水对桥涵路堤及水工建筑物基础的淘刷
防渗帷幕	河堤、水池的防漏及坝基防渗，帷止管道漏气，防止管道漏气，地下连续墙的补缺，防止涌砂冒水
降低土的含水量	整治路基翻浆冒泥，防止地基冻胀

高。喷嘴处液流压力越大，喷射流的破坏力也就愈大，固结体的尺寸也就愈大。在单管和二重管处多使用高压泥浆泵，而在三重管施工采用高压水泵。

2）钻机：由于高压喷射注浆施工必须把注浆管放置地层预定深度内，且要求喷射注浆工艺用的钻机除有一般钻机的功能外，还要求带动注浆管以一定的转速和一定的提升速度的功能，因此需要对普通的工程地质钻进行改进。

3）泥浆泵：采用高压水作为载能介质冲击破坏和搅动土体的旋喷方式中，必须配备泥浆泵。在旋喷的同时，向加固的部位压注硬化剂（这里是水泥浆），以便及时地与被搅动的土体混合在一起，将旋喷时造成的空隙充满，使作用范围内的土体得到加固。为使与钻机配套，这里选用 BW-150 型泥浆泵，因为它具有多档变素速变量、结构紧凑、重量轻、迁移方便、操作简便等特点，其主要参数如下：泵压 1.8~7MPa，泵量 15~32L/min，驱动功率 7.4kW，重约 500kg，外形尺寸为 $1800 \times 800 \times 1000$mm。

4）空气压缩机：为了扩大高压载能液流破坏土体的范围，在高压液流周围送进 0.7MPa 左右的压缩空气，造成环状的空气流，就需要配备空气压缩即施工运用，常用的是活塞式可移动的空压机，为了减少噪音，应尽量选用电动式空压机。通过比较这里可以选用沈阳空压机厂生产的 YV-6/8 型空压机。其主要参数如下：排气量 6m³/min，压力 0.8MPa，功率 40kW，重量约 21t。

5）三重管：三重管由导流器、转杆和喷头三部分组成，在喷射流过程中，三种介质不得在三重管内串流。导流器：由外壳和芯管组成，外壳上有三个卡口式或接口，通过软管与高压水泵、空气压缩机和泥浆泵连接，旋喷作业时，芯管旋转,外壳不动。芯管由内、中、外三管重合在一起的组合加工件,介质从芯管的三个端口进入芯管内,导流器芯管底部与三重钻杆相连并随之转动。钻杆:是将导流器输送来的介质注入到地层中预定深度的特别管道,上接导流器,下接喷头,使三重管成为一个整体,主要由内、中、外管组成。三根管按直径大小套在一起,轴线重合,内管输送高压水,中管输送压缩空气,外管输送浆液。喷头:实现水、气同时喷射和浆液注入装置,上接三重钻杆,是三重管最底部的构件。喷头在插入地层预定深度后射流破坏土体。

6)搅拌机:泥浆搅拌机和上料浆液贮储桶共同组成制浆系统,根据经验,单机高压喷射注浆时,泥浆搅拌机的容积在 1.2m³ 左右,转速为 30~40r/min。为使浆液高速搅拌,达到均匀混合的目的,这里可以选用 M-200 型外环式高速搅拌机。

7)喷嘴:喷嘴是将高压泵输送来的液体最大限度地转换成射流动能的装置,安装在喷头侧面,其轴线与钻杆轴线成 90°或 120°的夹角,一般有圆柱型、收敛圆锥型和流线型三种。实验表明,流线型喷嘴的射流性最好,但是这种喷嘴很难加工,在实际工作中很少用到,而收敛圆锥型喷嘴的喷流系数、流量系数和流线型喷嘴所差无几,又比较容易加工,价格相对便宜,故在此选用收敛圆锥型喷嘴。

8)胶管:输送浆液的胶管一般采用钢丝缠绕液压胶管,其工作压力不低于喷浆泵压。输送压缩空气的胶管一般由 3~8 层帆布缠裹制成,工作压力 10MPa 以上,内径 20mm。

9)水:三重管高压喷射注浆,主要是靠高压水切割、破坏土体,成桩直径和成桩质量与高压水的工作状态有密切的关系。前面已经论述了射流对土体的破坏力与射流的平方成正比,而流速又决定于水泵施加的压力,水的压力越大,射流破坏力越大,射程越远,成桩直径也越大。喷量由高压水泵的性能决定,在选用的 3W-6 型高压水泵中取 80L/min,工作压力取 30MPa,一个喷嘴时半径为 2.74mm。特别注意的是,喷嘴的内径对高压喷射的影响很大,喷射流与内径的四次方成反比。在流量一定时,喷嘴内径 ±0.2mm 的变化可以引起喷射压力 10MPa 的变化,因此应根据施工条件选取规格,并在施工过程中经常检查喷嘴的磨损情况和是否畅通。

10)气:三重管在环境高压水射流外围,同时喷射高压空气,使高压水的轴动压力衰减及扩散率变缓,增大了射流核迁移区的长度,扩展了射流切割土体范围,而且水、气同时作用于土体增强了土体的破坏能力。压力一般选用 0.7MPa,风量一般为 3~6m³/min。

11)浆液:通过喷射浆液,使与被高压射水破坏松散的土体搅拌混合,并填充被高压气、水携出孔外的土体所遗留的空隙。浆液的流量是一项关键性的参数,不仅与注浆压力及喷嘴内径有关,而且必须与旋喷桩直径及注浆管的提升速度相适应。一般桩的直径较大,单位时间浆液流量也要较大,但为了防止因浆管提升过快,造成旋喷桩直径偏小,施工中多采用注浆量较小的注浆泵,这样在浆嘴内径一定时,注浆压力也较小。通过综合各方面的因素,并从现有设备考虑,设定浆液压力为 3MPa,流量为 100L/min,孔径为 10mm。

12)注浆管的提升:试验表明,注浆管的提升速度与旋喷桩的直径的平方成反比,所以旋喷桩的直径对提升速度有很大的影响。由于提升速度与成桩质量、成桩直径、工作效率和工程成本都有密切的关系,并且不应太大,否则将会导致旋喷桩直径过小,因此应该合理选取。根据试验及施工经验选取 10cm/min。

13)旋转速度:注浆管与旋转速度的关系是,旋转速度越快,浆液对土体的作用时间越短,成桩直径越小;旋转速度减慢,成桩直径将会增大,但是当旋转速度减慢到一定程度后,浆液对同一高度范围内的土体的重复切割次数也会减少,反而降低了破坏和置换土体的作用,成桩直径也会减少。因此,在提升速度一定时,旋转速度有最佳值,在该值附近成桩直径最大,并应与提升速度配合,选取 8r/min。

(6)施工程序

施工程序的主要内容,见表 7-16。

(7)旋喷工艺

旋喷工艺的内容,见表 7-17。

(8)质量检测

1)质量检验的意义:喷射注浆法加固范围和效果与土质情况,施工中采用的技术参数均有密切的关系,目前虽然有一些应用经验,但是要准确地用理论的方法确定设计施工的方法还是有困难,在大多数情况下还是要通过现场和室内试验来确定施工的最佳参数,以提高工作效率。目前常用旋喷固结体系在地层下直接形成,属于隐蔽工程不同于其他地基工程,因而不能直接观测到旋喷

表 7-16 施工程序

步骤	具体操作
钻机就位	将使用的钻机安置在盾构管片预留的孔位上，使钻杆头对准孔位的中心，同时为保证钻孔达到设计要求的垂直度，钻机就位后，必须做水平校正，使其钻杆轴线对准钻孔中心线位置
钻孔	将钻头钻入预定的地层中
插管	将旋喷注浆管插入地层预定的深度，由于这里使用地质钻机，在钻孔完毕后必须拔出岩芯管，并换上旋喷管插入预定深度。在插管过程中，为防止泥砂堵塞喷嘴，可以边射水，边插管，但需要注意的是水压不应太大，否则容易将孔壁射塌
旋喷作业	当旋喷管插入预定深度后，应立即按设计配合比搅拌浆液，指挥人员宣布旋喷开始时，即提升喷管。现场技术人员必须时刻注意检查注浆流量、风量、压力、旋转提升速度是否符合设计要求，并做好记录，绘制作业过程曲线
冲洗	当旋喷提升到设计标高后，旋喷即告结束。施工完毕后应把注浆管等机具设备冲洗干净，管内机内不得残余水泥浆

表 7-17 旋喷工艺

项目	具体内容
固结体	对不同的地层土质的情况，选用合适的旋喷参数，才能获得均匀密实的固结体。在一般情况下，若遇到土质较硬的土，可以采用增加压力和流量或适当降低旋转速度和提升速度等方法
重复喷射	由旋喷机理可知，在不同的介质环境中有效喷射长度差别很大，对土体进行第一次喷射时，喷射流冲击对象为原状结构土，若在原位进行重复喷射，则喷射流所冲击破坏的对象已经变为浆土混合体，冲击破坏所遇到的阻力将减少。因此，在一般情况下，重复喷射有增加固结体直径的效果，但是由于增径率难以控制和影响施工速度，所以在实际施工是不把它作为增径的主要措施，只在发现浆液喷射不足而影响了固结质量时使用
冒浆处理	在旋喷过程中，往往有一定数量的土粒，随着一部分浆液沿着注浆管管壁冒出管外，通过对冒浆的观察，可以及时了解土层情况，旋喷的效果和旋喷参数的合理性。根据经验，冒浆量小于注浆量的 20% 为正常现象，若超过 20% 或者完全冒浆时，应查明原因并采取相应的措施。若是由于土层中有较大的孔隙引起的冒浆，则可以在浆液中掺入适量的速凝剂，缩短固结时间，把浆液控制在一定的范围内；而一般冒浆过大的原因是由于施工参数选用不当所致，可以适当提高喷射压力，缩小喷嘴孔径和加注浆管的提升速度和旋转速度等
隧道内施工的特殊工艺	由于隧道内空间狭小，并且盾构设备已占有了很大的空间，因此必须对高压注浆的设备进行修改。因为需要进行倾斜和向上注浆，因此，钻机的支架需要转动灵活。可以利用盾构施工的轨道安装小车运输注浆设备和浆液，浆液的配置可以在盾尾进行。需要注意的是必须合理布局，配置人员最大限度地利用有限的轨道，协调配合盾构施工

桩桩体的质量，必须用科学的，比较合理的方法检验其加固效果。旋喷注浆法是通过高压发生装置，使液流获得巨大的能量后，经过注浆管道从一定形状的喷

嘴中,以很高的速度喷射出来,形成了一股能量高度集中的流液,直接冲击到破坏土体,并使浆液与土搅拌混合,便在土中凝固成为一个具有特殊结构体的固结体,从而使地基得到加固。然而,旋喷桩的功能能否充分地发挥,发挥程度如何,与土层的性质、旋喷桩的布置、桩体质量、桩间土的工程性能的改善以及施工质量等因数有关。因此,旋喷桩地基工程质量的好坏,实为一个受多种因素控制的复杂问题。故对于地铁的地基处理后的桩体质量,只能于加固处理后进行必要的质检,根据检查的资料的整理,分析后才能做出比较切合实际的评价。

2)检验的内容:固结体的整体性和均匀性;固结体的有效直径;固结体的垂直度;固结体的耐久性;固结体的强度特性。

3)检测与评价:旋喷桩复合地基的检测和评价包括两方面:一是施工质量的检验和评估,主要是检验,评价旋喷桩的质量好坏,如桩数、桩位偏差、桩径、桩体密实度是否合乎要求等,若不符合要求,则需要研究进行补救措施;二是旋喷桩地基的功效检验与评价,验证其能否满足设计方面提出的抵抗地震液化的能力是否达到规定的要求。

检验的起始时间:一般应为注浆 28d 后。

桩点的选择:旋喷桩的质量优劣,受多种因素影响,如土层性质、制桩工艺的控制、浆液配置等,各状质量差异不可能控制得完全一致,期间存在人们难以掌握的差异,即质量差异的随机性。根据经验,检验桩点的位置应遵循随机性为主,判定性为辅,按平面均布,选择一些有针对性的点。对于复合地基荷载实验,宜以判定性为主,随机性为辅,即在桩体和桩间土的基面上,选择具有较好的代表性或具有意义的点进行检验。对情况较复杂的且加固面积较大的代表性或有疑义的点位进行检验。由于土层情况复杂,因此,检验的时间在完成 1/3 工作量后提前进行检验,以发现问题并即时处理。当检验发现复合地基的加固质量存在问题时,应分析原因,估计后果,采取必要的补救措施。

4)检验点的数量

由于在处理地基时,振冲碎石桩复合地基所形成的碎石桩具有较大的数量,若每根桩都进行检验,必然耗资大,耗时长,也无必要。通常是以随机性与判定性结合的办法,选择一定数量有代表性的能综合反映总体实际情况的桩点进行检验。其中主要以动力触探、标准贯入、静力触探和少量的荷载实验检验。其中荷载实验可按每 400 根桩随机抽取一根,动力触探取总数的 2%,静力触探取总数的 1%,标准贯入试验可以取总数的 0.5%。

5)检验方法

开挖检验:旋喷完毕后,待凝固具有一定强度后,即可开挖。这种方法的工作量虽很大,但由于固结体完全暴露出来,因此能比较全面地检查旋喷固结体的质量,垂直度和固结形状,是当前较好的一种方法。

室内试验:在设计过程中,先进行现场地质调查,并取得现场地基土,以标准稠度求得理论旋喷固结体的配合比。施工室可以作为浆液配方,先作现场旋喷试验,开挖观测并制作标准试件进行各种力学试验,与理论配合比比较,是一种现场的补充试验。

钻孔检查:可将已旋喷好的固结体中钻取出岩芯通过视觉、嗅觉和触觉来观察判断其固结体整体性,并将所取岩心做成标准试件进行室内力学物理性实验,以求得其强度特性,或检查其施工质量,鉴定其是否合乎设计要求。

标准贯入实验:旋喷固结体的标准贯入实验是在旋喷固结体的中部,一般距旋喷注浆孔的中心 0.15~0.2m 进行,使用一个带有直径为 51mm 的对开失取土器的专门贯入器,以 63.5kg 的锤,从 0.76m 高度自由落下,先把取土器打入孔底 0.15m(不记录锤击)处,然后打入 0.3m 所需的锤击数即为 N 值,对选取的桩每隔 1m 进行一个标准贯入度 N 值计算。

载荷试验:包括平板载荷试验和孔内载荷试验两种,在试验前应对固结体的加载部位进行加强处理,以防止加载时由于受力不均而破坏。

(9)质量的总体评价

旋喷桩地基经过土力学基本实验后,其抽查结果一般不会完全相同,总有一定的差异,有的桩很密实,有的就会差些。即使同一根旋喷桩,有的桩段检验属密实,有的又属于欠密实,甚至为松散段。如何合理评价桩和旋喷桩地基的总体施工质量,目前尚缺乏法定的规程,要结合当地土层的具体情况,将工程中自检的规定如下:

1)评定项目

保证项目:保证项目是指定的旋喷桩的桩数,每根桩的桩长、桩径等,其方法为现场观察和检查施工记录。

基本项目:基本项目为旋喷桩的承载力及桩体的密度。其检验方法为荷载试验、标贯、动力触探试验、静力触探等。

允许偏差项目：允许偏差项目仅指旋喷桩成桩后的桩心与设计桩心的偏差距离。检验方法为现场拉线或尺量检查。

2)评定标准：评定标准分为合格、基本合格和不及格三类。

①保证项目：

桩数符合设计图纸要求为合格，否则为不合格。

填料量达到设计要求为合格，否则为不合格。

②基本项目：

桩体承载力：用荷载试验结果确定的旋喷桩承载力的标准值。合格：选取桩的荷载试验达到承载力标准时满足设计要求。基本合格：当荷载试验中有一组不合格时，应增补两根桩再进行试验，若增补桩合格则可以判定为基本合格。不合格：当试验桩有20%不合格或当增补桩中有一组不合格，则可以判定为不合格。

桩体的密实度：根据动力触探贯入10cm的锤击数进行判别。抽选数根状判别桩体的密实度，判别标准为：击数大于等于7击/段者为密实桩段；击数在5~6击/段为欠密实段；击数小于5击/段为疏松段。密实桩：密实数量占检验总数80%以上。松散段小于5%。

欠密实桩：符合下列条件之一。

a.密实数量小于检验总数的80%，大于60%；

b.密实数量小于检验总数的60%，松散段小于20%，连续出现5个松散段。

松散桩：出现下列情况之一为松散段。

a.密实数量小于检验总数的60%，松散段大于20%；

b.连续出现5个松散段的部位多于两处。

旋喷桩总体质量：分为合格、基本合格或不合格。

合格：抽检中超过75%为密实桩，其余为欠密实桩为合格。

基本合格，出现下面情况之一为基本合格：抽检中超过50%为密实桩，其余为欠密实桩；抽检中不超过25%为松散桩，且松散桩的两次补桩检验无松散情况。

不合格，出现下面情况之一为不合格：抽检中超过50%为松散桩；抽检中超过25%不超过50%为松散桩，且松散桩的两次补桩检验出现一次松散情况。

允许偏差项目:合格桩的中心偏离设计桩心的距离应小于桩直径的五分之一;基本合格桩的中心偏离设计桩心的距离大于桩直径的五分之一,但在基槽内,可以继续使用;不合格桩桩位的偏差大于桩直径的五分之一,且部分或全部在基槽外,影响加固体的质量为不合格桩。

桩位偏差的总体评价。合格:合格的桩数占总桩数的95%以上,且无不合格桩。基本合格:合格的桩数占总桩数的80%以上,且无不合格桩或合格的桩数占总桩数的95%以上,不合格桩数在5%以下。不合格:不合格的桩数占总桩数的5%以上。

3)等级评定

旋喷桩复合地基质量的好坏主要与所构筑的旋喷桩质量有关,依赖于旋喷桩的质量。因此旋喷桩质量的总体评价即为复合地基质量的总体评价,基于以上的各项指标进行最终的评定。

优良:保证项目必须达到合格,基本项目必须达到合格,允许偏差项目必须达到合格;

合格:保证项目必须达到合格,基本项目必须达到基本合格,允许偏差项目必须达到基本合格。

(10)环境评价

高压注浆法采用地下作业,会破坏地表环境,会对生态环境带来破坏,但地下施工振动小,几乎不会对城市产生任何噪声污染。设有专门的排污设备,及时排出产生的砂浆。所用的浆液无毒无害,不会对生态和人体产生负面影响。浆液中加入的一部分粉煤会为工业废料,即可以达到降低成本的目的,有利于环保。

2. 灌浆法

灌浆法就是利用气压、液压或电化学的原理,把某些能固化的浆液注入各种介质的裂隙、孔隙,以改善灌浆对象的物理力学性质,适应各类土木工程需要的方法。通过向地层灌入各类浆液,减少地层的渗透性,并提高地层的力学强度和抗变形能力。就其效果而言,任何一类灌浆,都可归属于防渗灌浆或加固灌浆的范畴。灌浆法是指一切使浆液与地层发生填充、置换、挤密等物理和化学变化的地基处理方法,包括压力灌浆、高压喷射、深层搅拌等,但习惯上仍是指压力灌浆。

加固灌浆和防渗灌浆虽然目的不同,所用灌浆材料和工艺也有些差异,但这两种灌浆法所用的浆材都具有一定的力学强度，而且灌浆结果都必然会减少物体的孔隙率和提高物体的密度，所以，防渗灌浆和加固灌浆的功能总是并存的。

在渗入性灌浆中，浆液在介质中的运动，是以不破坏介质原有的结构和孔隙尺寸为前提的。浆液在压力的作用下，使孔隙中存在的气体和自由水被排挤出去，浆液充填裂隙或孔隙，形成较为密实的固化体，从而使地层的渗透性减小，强度得到提高。对于粒状浆材（如水泥、膨润土等），最多只能灌入粒径不小于 0.1mm 的细砂及以上的土层或比细砂直径更大的裂隙；对于化学浆材，最多只能灌入粉土层中。

压密灌浆是用极稠的浆液（坍落度 25~50mm）以高压快速通过钻孔强行挤入弱透水性土中的灌浆方法。由于弱透水性土的孔隙是不进浆的，因此，不可能产生传统充填型的渗入性灌浆，而是在注浆点集中地形成近似球形的浆泡，通过浆泡挤压邻近的土体，使土体被压密，承载力得到提高。在浆泡的直径或体积较小时，压力主要是径向（水平向）的，随着浆泡的扩大，在地层内部出现了复杂的径向和切向应力体系。在灌浆体邻近区，出现大的破裂、剪切和塑性变形带，这一带的地基土密度由于扰动而降低。随着地基土距灌浆体接合面距离的增加，地基土变形逐渐以弹性变形为主，地基土密度得到明显的增加。压力灌浆有渗入性灌浆、压密灌浆、劈裂灌浆三个加固作用组成。

压密灌浆的最大优点是它对于最软弱土层区域能起到最大的压密作用。压密灌浆法一般用于比中、细砂细的粉细砂中，也可用于有充分排水条件的黏土和非饱和黏性土，此外，还可用来调整不均匀沉降，进行纠偏托换，以及在大开挖或隧道开挖时对邻近土进行加固，但在加固深度小于 1~2m 时，加固质量很难保证，除非其上原有建筑物能提供约束。

劈裂灌浆是指在较高的灌浆压力作用下，将较稀的浆液通过钻孔施加于弱透水性的地基中，当浆液压力超过地层的初始应力和抗拉强度时，使土层内产生水力劈裂，浆液进入裂隙扩散到更远的区域，浆液的可灌性和扩散距离都得到增大，加固范围大大扩大。

劈裂灌浆初次出现的劈裂面往往是阻力最小的小主应力面，劈裂压力与地基中的小主应力及抗拉强度成正比：液体愈稀，注入愈慢，则劈裂压力愈小；当液体压力超过劈裂压力时，劈裂面突然产生并且迅速扩展，浆液进入裂隙，灌浆压力下降。在土体劈裂后继续灌注大量浆液,则灌浆压力会缓慢提高,小主应力有所增加。一旦注浆压力提高到大于土中的中间主应力,就会在中间主应力面产生新的劈裂面,如此继续进行,在钻孔附近形成网状浆脉。形成浆脉网的另一原因是土体的不均匀性以及薄弱结构面的存在。浆脉网在提高土体内的法向应力之和的同时,还缩小了大、小主应力之间的差值,从而既提高土体的刚度,又提高土体的稳定性。由于劈裂灌浆是通过浆脉来挤压和加固邻近土体的,虽然浆脉压力较小,但与土体的接触面却很大,且远离灌浆孔处的浆脉压力与灌浆孔处相差不大。因此,劈裂灌浆适合于大体积土体的加固。

灌浆工程中所用的浆液是由主剂(原材料)、溶剂(水或其他溶剂)及各种外加剂混合而成,通常所指的灌浆材料系指浆液中的主剂。灌浆材料基本上可分为两类:一类是固体颗粒的灌浆材料,例如水泥、黏土、砂等,用固粒浆材制成的浆液,其颗粒处于分散的悬浮状态,是悬浊液。另一类是化学灌浆材料,例如甲凝、丙凝、环氧树脂等,由化学浆材制成的浆液,是真溶液。在传统的渗透性灌浆中,化学浆材由于具有黏度低、胶凝时间可精确控制、不受颗粒尺寸效应的影响等优点,较粒状浆材有更广泛的应用范围,但是由于化学浆材或多或少都存在一定的毒性,易引起环境污染,其耐久性值得考虑。

$$
灌浆材料主要包括
\begin{cases}
黏土浆、水泥浆、水泥黏土浆、硅粉水泥浆粉 煤灰水泥浆 \\
水玻璃 \\
环氧树脂、单宁类、聚氨酯类、丙烯酰胺 \\
水泥—水玻璃
\end{cases}
$$

3. 深层搅拌法

(1)水泥土

水泥土搅拌法指机械或人工将土与水泥或水泥系材料混合所形成的圆柱形水泥土体。分为深层搅拌水泥土桩和夯实水泥土桩,深层搅拌水泥土桩是利用水泥或水泥系材料为固化剂,通过特制的深层搅拌机械,在地基深处就地将原位土和固化剂(浆液或粉体)强制搅拌,形成水泥土圆柱体。由于固化剂和其他掺和料与土之间产生一系列物理化学反应,使圆桩体具有一定强度,桩周土得到部分改善,组成具有整体性、水稳性和一定强度的复合地基,也可作为连续的地下水泥土壁墙和水泥土块体以承受荷载或隔水。

水泥土搅拌法加固软土技术具有其独特优点：①最大限度地利用了原土；②搅拌时无侧向挤出、无振动、无噪声和无污染，可在密集建筑群中进行施工，对周围原有建筑物及地下管沟影响很小；③根据上部结构的需要，可灵活地采用柱状、壁状、格栅状和块状等加固形式；④与钢筋混凝土桩基相比，可节约钢材并降低造价；⑤可以自由选择加固材料的喷入量，能适用于多种土质；⑥土体加固后重度基本不变，对软弱下卧层不致产生附加沉降；⑦针对拟加固土质和加固目的可自由选择加固材料，包括水泥粉、水泥浆、石膏、矿渣、粉煤灰、砂或碎石粉末等，设计较灵活。如果事前加以混合，可以同时喷射两种以上的混合加固材料；⑧施工速度快，国产的深层搅拌桩机每台班（8h）可成桩 100~150m。日本的深层搅拌船每小时可加固 90m³ 以上。

软土地基深层搅拌加固法是基于水泥对软土的加固作用，用不同品种的水泥及外掺剂，得出以下结论：

1）水泥土的物理性质

重度：拌入软土中的水泥浆的重度与软土的重度相近，所以，水泥土的重度与天然软土相近。重度试验结果表明，尽管水泥掺入比为 25%，水泥土的重度也仅比天然软土增加 3%。因此，采用深层搅拌加固厚层软土地基时，其加固部分对于下部未加固部分不致产生过大的附加荷重，也不会发生较大的附加沉降。

相对密度：由于水泥的相对密度（3.1）比一般软土（2.65~2.75）大，故水泥土的相对密度也比天然土稍大。当水泥掺入比为 15%~20%时，水泥土的相对密度比软土约增加 4%。

2）水泥土的力学性质

①无侧限抗压强度及其影响因素

水泥土的无侧限抗压强度一般为 300~4000kPa，比天然软土大几十倍至数百倍，随强度不同而介于脆性体与弹塑性体之间。水泥土受力开始阶段，应力与应变关系基本上符合虎克定律。当外力达到极限强度的 70%~80%时，试块的应力和应变关系不再继续保持直线关系。当外力达到极限强度时，对于强度大于 2000kPa 的水泥土很快出现脆性破坏，破坏后残余强度很小，此时的轴向应变约为 0.8%~1.2%；对于强度小于 2000kPa 的水泥土则表现为塑性破坏。

影响水泥土抗压强度的因素很多，主要内容见表 7-18：

表 7-18　影响水泥土抗压强度的因素

项目	内容
水泥掺入比	水泥土的强度随着水泥掺入比的增加而增大,当掺入比小于 5% 时,由于水泥与土的反应过弱,水泥土固化程度低,强度离散性也较大,故在深层搅拌法的施工中,选用的水泥掺入比以大于 5% 为宜,一般为 10%~25%
龄期对强度的影响	水泥土强度随着龄期的增长而增大,一般在龄期超过 28d 后仍有明显增加,当水泥掺入量为 7% 时,120d 的强度为 28d 的 2.03 倍;当 d=12% 时,180d 强度为 28d 强度的 1.83 倍。当龄期超过三个月后,水泥土的强度增长才减缓。据电子显微镜观察,水泥和土的硬凝反应约需三个月才能充分完成。因此,选用三个月龄期强度作为水泥土的标准强度较为适宜
土样中有机质含量对强度的影响	当含水率从 157% 降低时,有机质含量少的水泥土强度比有机质含量高的水泥土强度高得多。由于有机质使土壤具有较大的水容量和塑性,较大的膨胀性和低渗透性,并使土壤具有酸性,这些因素都阻碍水泥水化反应的进行。因此,有机质含量高的软土,单纯用水泥加固的效果较差
土样含水率对强度的影响	水泥土的无侧限抗压强度随着土样含水率的降低而增大,当含水率降低为 47% 时,强度则从 260kPa 增加到 2320kPa
粉煤灰对强度的影响	掺加粉煤灰的水泥土,其强度一般都比不掺粉煤灰的有所增长,不同水泥掺入比的水泥土,当掺入与水泥等量的粉煤灰后,强度均比不掺粉煤灰的提高 10%,因此,采用深层搅拌法加固软土时掺入粉煤灰,不仅可消耗工业废料,还可稍微提高水泥土的强度
掺剂对强度的影响	不同的外掺剂对水泥土强度有着不同的影响,例如:木质素磺酸钙对水泥土强度增长影响不大,主要起减水作用。石膏、三乙醇胺对水泥土强度有增强作用,而其增强效果对不同土样和不同水泥掺入比又有所不同,所以,选择合适的外掺剂可以提高水泥土强度或节省水泥用量

②抗拉强度

水泥土的抗拉强度随抗压强度的增长而提高,当水泥土的抗压强度为 500~4000kPa 时,其抗拉强度为 100~700kPa。

③抗剪强度

水泥土的抗剪强度随抗压强度的增加而提高。当抗压强度为 500~4000kPa 时,其黏聚力 $c=100~1100kPa$,一般约为抗压强度的 20%~30%,内摩擦角在 20°~30° 之间。

④变形模量

对不同无侧限抗压强度的水泥土进行变形模量试验得出,当抗压强度为 300~4000kPa 时,其变形模量为 40~600MPa。

⑤压缩系数和压缩模量

水泥土试件的压缩系数约为 60~100MPa。

3）水泥土的抗冻性能

水泥土试件放置于自然负温下进行抗冻试验表明，其外观无显著变化，仅少数试块表面出现裂缝，有局部微膨胀或出现片状剥落及边角脱落，但深度及面积均不大，可见自然冰冻没有造成水泥土深部的结构破坏。水泥土试块经长期冰冻后的强度与冰冻前的强度相比几乎没有增长。但恢复正温后其强度能继续提高，冻后正常养护 90d 的强度与标准强度非常接近，抗冻系数达 0.9 以上。在自然温度不低于 −15℃ 的条件下，冻胀对水泥土结构损害甚微。在负温时，由于水泥与黏土之间的反应减弱，水泥土强度增长缓慢；正温后随着水泥水化等反应的继续深入，水泥土的强度可接近标准强度。

（2）水泥土加固原理

软土与水泥采用机械搅拌加固的基本原理，是基于水泥加固土（简称水泥土）的物理化学反应。在水泥加固土中，由于水泥的掺量很少（仅占被加固土重的 7%~15%），水泥的水解和水化反应完全是在具有一定活性的介质的土的围绕下进行的，所以，硬化速度缓慢且作用复杂，因此，水泥加固土强度增长的过程也比混凝土慢。

1）水泥的水解和水化反应

普通硅酸盐水泥主要是由氧化钙、二氧化硅、三氧化二铝、三氧化二铁及三氧化硫等组成，由这些不同的氧化物组成了不同的水泥矿物——硅酸三钙、硅酸二钙、铝酸三钙、铁铝酸四钙、硫酸钙等。用水泥加固软土时，水泥颗粒表面的矿物很快与软土中的水发生水解和水化反应，生成氢氧化钙、含水硅酸钙、含水铝酸钙及含水铁酸钙等化合物。氢氧化钙、含水硅酸钙能迅速溶于水中，使水泥表面重新暴露出来，再与水发生反应，这样周围的水溶液就逐渐达到饱和。当溶液达到饱和后，水分子虽然继续深入颗粒内部，但新生成物已不能再溶解，只能以细分散状态的胶体析出，悬浮于溶液中，形成胶体。硫酸钙与铝酸三钙一起与水发生反应，生成一种被称为"水泥杆菌"的化合物，这种反应迅速，反应结果把大量的自由水以结晶水的形式固定下来，并具有膨胀作用，这对于高含水量的软黏土的强度增长有特殊意义。

2）离子交换和团粒化作用

软土中的胶体颗粒表面带有钠离子或钾离子，它们能和钙离子进行当量吸附交换，使较小的土颗粒形成较大的土团粒，从而使土体强度提高。

水泥水化生成的凝胶粒子的比表面积约比原水泥颗粒大 1000 倍，因而产生很大的表面能，具有强烈的吸附活性，能使较大的土团粒进一步结合起来，形成水泥土的团粒结构，并封闭各土团之间的空隙，形成坚固的联结，使水泥土的强度大大提高。

3）硬凝反应

随水泥水化反应的深入，溶液中析出大量的钙离子，当其数量超过上述离子交换的需要量后，则在碱性的环境下，能使组成黏土矿物的二氧化硅及三氧化二铝的一部分或大部分与钙离子进行化学反应。随着反应的深入，逐渐生成不溶于水的稳定的结晶化合物。新生成的化合物在水中和空气中逐渐硬化，增大了水泥土的强度。而且由于其结构比较致密，水分不易浸入，从而使水泥土具有足够的水稳定性。

4）碳酸化作用

水泥水化物中游离的氢氧化钙能吸收水中和空气中的二氧化碳，发生碳酸化反应，生成不溶于水的碳酸钙，这种反应也能使水泥土强度增加，但增长的速度较慢，幅度也较小。

（3）深层搅拌法

水泥土搅拌法分为湿法（或称深层搅拌法）和干法（或称粉体搅拌法）。水泥土搅拌法适用于处理正常固结的淤泥与淤泥质土、粉土、饱和黄土、素填土、黏性土以及无流动地下水的饱和松散砂土等地基。深层搅拌法是用于加固饱和软黏土地基的一种新方法，它是利用水泥或石灰等材料作为固化剂的主剂，通过特制的深层搅拌机械，在地基深处就地将软土和固化剂（浆液或粉体）强制搅拌，利用固化剂和软土之间所产生的一系列物理—化学反应，使软土硬结成具有整体性、水稳定性和一定强度的优质地基。深层搅拌法施工工期短、无公害、施工过程无振动、无噪声、不排污、对相邻建筑物无不利影响。

（4）深层搅拌法加固机理

1）深层搅拌法的加固机理

深层搅拌法是用固化剂水泥和石灰与外加剂（石膏）通过深层搅拌机输入到软土中并加以充分拌和，固化剂和软土之间产生一系列的物理化学反应，改变了原状土的结构，使之硬结成具有整体性、水稳性和一定强度的水泥土和石灰土。由于土质不同，其固化机理也有差别。用于砂性土时，水泥土的固化原理类同于建筑上常用的水泥砂浆,具有很高的强度,固化时间也相对较短。用于黏性土时,由于水泥掺量有限(7%~20%),且黏粒具有很大的比表面积并含有一定的活性物质,水泥和石灰的水解和水化反应完全处于黏土颗粒包围之下,硬化速度比较缓慢,固化机理比较复杂。

深层搅拌桩用来挡土隔水或直接用作建筑的地基或基础时,主要考虑混合体本身的固化机理,作为复合地基处理时,尚要涉及桩间土力学性质的变化。

2)水泥液喷射深层搅拌加固机理

从水泥土的加固机理分析可见,软土地基深层搅拌加固技术来说,由于机械的切削作用,实际上不可避免地会留下未被粉碎的大小土团。在拌入水泥后将出现水泥浆包裹土团的现象,而土团之间的大孔隙基本上已被水泥颗粒填满。所以,加固后的水泥土中形成一些水泥较多的微区,而在大小团内部则没有水泥。只有经过较长的时间,土团内的土颗粒在水泥水解产物渗透作用下,才逐渐改变其性质。因此,在水泥土中不可避免地会产生强度较大的和水稳定性较好的水泥石区和强度较低的土块区。两者在空间相互交替,从而形成一种独特的水泥土结构。因而,可以得出定性结论:水泥和土之间的强制搅拌越充分,土块被粉碎的越小,水泥分布到土中越均匀,则水泥土结构强度的离散性越小,其宏观的总体强度也越高。

3)水泥粉体喷射深层搅拌加固机理

粉体喷射深层搅拌常用的固化剂有水泥粉体、生石灰和消石灰,也有掺入粉化灰、石膏等外加剂的,粉体固化剂与原状土搅拌混合后,使地基土和固化剂发生一系列物理化学反应,生成稳定的水泥土或石灰土。用水泥粉体作固化剂加固软土地基与水泥浆作固化剂加固原理基本相同,只是用水泥粉体作固化剂水化反应,放热直接在地基土中,使水分蒸发和吸收水分的能力提高。

(5)深层搅拌法的适用范围

1)适用土质与加固深度

深层搅拌法最适宜于处理淤泥、淤泥质土、地基承载力不大于 120kPa 的黏性土和粉性土等土层,对于含有伊利石、氯化物和水铝英石等矿物的黏性土及有机质含量高、场地内地下水具有侵蚀性的黏性土,应通过试验确定其适用性。目前,国内加固场所局限于陆地,加固深度可达 12m 左右。

2)适用工程对象

深层搅拌法可用于软土地基加固、边坡支护、基坑防渗等方面,适用于以下工程对象:

①作为建筑物或构筑物的地基、厂房内具有地面荷载的地坪、高填方路堤土的基础等;

②进行大面积地基加固,以防止码头岸壁的滑动、深基坑开挖时边坡坍塌、坑底隆起和减少软土中地下构筑物的沉降等;

③作为海中(水中)堤体的地基,作为地下防渗墙以阻止地下水渗透,对桩侧或板桩背后的软土加固以增加侧向承载能力。

二、深地层孔内强夯桩法

1. 深层地层的孔内强夯桩法加固机理

深层地层的孔内强夯桩法的技术形成的强夯－扩大－挤密桩是指由夯扩挤密桩桩体和桩间被挤密的土体构成的复合地基,其建筑物的上部荷载由该复合地基承担。孔内夯扩技术、DDC 桩法、深层地层的孔内强夯桩法的原理基本相似。

深层地层的孔内强夯桩法按照桩孔的成孔方式可分为非排土夯扩挤密桩与排土夯扩挤密桩两种。非排土夯扩挤密桩是利用成孔时的侧向挤压作用,挤或冲击成桩孔,且使桩间土得到第一次挤密,然后将桩孔用合适的拌和料分层夯填密实,夯填过程中又对桩间土进行第二次挤密。排土夯扩挤密桩是首先采用人工或机械成孔而形成桩孔,在成孔过程中并未对桩间土造成挤密;然后将桩孔用合适的拌和料分层填密实,仅在夯填过程中桩间土形成挤密效应。前述中的两种桩型,其共同点是对桩间土都有侧向深层挤密加固的作用。根据深层地层的孔内强夯桩法的材料性质,夯扩挤密桩又可分为刚性桩、柔性桩及散体材料桩三种。受桩体材料性质的限制,虽然刚性桩、柔性桩都对桩间土有一定的侧向挤密作用,但远不及散体材料桩对桩间土的侧向挤密作用那么明显。因此,夯扩挤密桩复合地基中多采用散体材料桩作为复合地基中的增强体。所谓散体材料桩是指无黏强度的桩,目前在国内外广泛应用的碎石桩、砂桩、渣土桩等桩型均属散体材料桩。散体材料桩可以就地取材,不用三材(钢材、木材、水泥),甚至可以消除工业和生活垃圾,因此造价低廉,得到较广泛的应用。

深层地层的孔内强夯桩法除具有一般概念上桩体的置换、挤密、垫层、加筋等作用外,还具备自身所特有的作用机理,在桩孔内分层投料、分层夯实及夯扩挤密,使桩体材料侧向挤压地基土,甚至挤入至地基土层中,这在一定程度上改善了桩间土的物理力学性质。在加固深度范围内,不同深度地层的软硬有变化时,可使得同一根桩不同深度具有不同的桩径。其设计思路是在一定能级的夯击作用下,桩体直径随土层密实度的变化而变化。由于该工法侧向冲击挤压力较大,可使土层中的软弱地段产生较大的水平向挤密,从而达到桩身在竖向上呈不等径串珠状,使得桩体与桩间土是镶嵌挤密在一起,除更能充分发挥和利用桩间土的承载力外,桩与桩间土的相互协同作用效果更好,因此可以有效地提高复合地基的承载力。

（1）夯实效果分析

强夯法在我国已广泛应用,但其缺点是施工噪声大,单位面积夯击能量小,夯击时仅是动力表层压密。由于存在有效罩和影响区的差别,深层难于达到压密的效果,加固深度受到限制,致使强夯法的推广使用在工程上受到影响。深层地层的孔内强夯桩法是以强夯重锤（6~15t）,将高压强的动能夯击力,通过桩孔道进入地基深层,对桩体自下而上的进行动力固结和对桩间土强力挤密。施工方法是自上而下挤密成孔,自下而上夯实填料,分层封料、强夯。其噪声小、公害小,在重量小、压强高的特制重锤作用下,能产生高压强的动能。在深层直接加固软弱下卧层,自下而上均匀动力加固地基,最深可达 30m,而强夯法一般有效加固深度 10m 左右,这是此项技术十分重要的特点之一。

深层地层的孔内强夯桩法的桩锤构造新颖,呈尖锥杆状或呈橄榄状。夯击时,对下层填料是深层动力夯、砸、压密,对上层新填料是动力夯、砸、劈裂和强制侧向挤压。通过桩锤的动力夯击,在锤侧面上,产生极大的动态被动土压力,锤推土迫使填料向周边强制挤出,桩间土也被强力挤密加固。深层地层的孔内强夯桩法处理的地基,对桩体自下而上都得到加固,使桩和桩间土均呈均匀密实状态,因而它的技术效果高于强夯法（强夯加固的地基则上强下弱,有软弱下卧层时,难于达到地基加固的目的）。深层地层的孔内强夯桩法处理地基的承载力高,抗应变能力强,适用范围广,可用于各类孔内强夯杆状锤强夯机理图、孔内强夯桩橄榄状夯锤机理图和疑难地基处理。桩锤比强夯重量小,单位面积的夯击能量都是压强高,对机具要求条件低,所产生的公害也小,与强夯法相比优越性明显。

（2）承载力分析

双灰桩、灰土桩、砂桩、碎石桩等柔性加固桩等都已广泛使用,其最大缺点是加固施工用的桩锤小,夯击能量小,成桩的桩径小,桩体材料要有选择性,压密效果低,对桩侧土挤密的侧压力小,桩间土被加固的效果较差。加固后的复合地基,其承载性能虽有改善,但加载后都会发生变形或浸水湿陷。用这类柔性桩加固的复合地基,其地基承载力一般不会超过原地基的 1.4~2 倍左右,接近于天然地基,且由于施工机具的限制,其处理深度也是有限的,一般 8~10m 左右为宜。因此,用这些柔性桩加固的地基,不适用于承受较大载荷或对沉降要求严格的重要建筑物。

当地下有水或淤泥土时不能施工,桩间土处理后效果差,承载力提高幅度小,压缩变形量大,易发生缩颈与断桩,柔性桩的处理效果更差些。

深层地层的孔内强夯桩法在加固地基时,采用强夯重锤对孔内填料以高压强的动能强夯,使地基土受到很高的预压应力。处理后的地基浸水或加载都不会产生明显的压缩变形,复合地基承载力比原天然地基可提高 3~9 倍。最大处理深度可达 30m,桩体直径可达 0.6m~2.5m。而且桩间土也受到很大侧向挤压力,也被挤密加固,桩周土被挤密形成了强制挤密区、挤密区以及挤密影响区,复合地基的整体刚度均匀,这是一般柔性桩加固地基难以取得的效果。

柔性桩加固用料,要比深层地层的孔内强夯桩法的用料严格,如碎石桩、砂石桩等用料不能就地取材,其工程造价必然提高。深层地层的孔内强夯桩法工程用料适应性大,从建筑垃圾、砂、土、到含有块状石的土夹石料、煤矸石等各种工业用废料以及它们的混合物乃至素混凝土块、碎砖石瓦块等均可使用。深层地层的孔内强夯桩法具有广泛的应用性。由于用料可以就地取材,减少运输费用,造价会明显降低。

采用深层地层的孔内强夯桩法加固的桩体,十分密实,在受到高压动力夯击能后,桩体内力缓慢释放,对桩周土施加侧向挤压力。而桩周土受到的侧向强力挤密应力也向桩体慢慢释放,对桩体产生很大的侧向约束"抱紧"作用,使地基具有半刚半柔性的特点。对于分层地基或软硬不均土层,在桩体的施工挤密过程中,会形成"串珠"状态,有利于桩与桩侧土的紧密"咬合",增大了侧壁摩阻力,使加固后的桩与桩间土形成一个密实整体。其复合地基不仅刚度均匀,而且承载性能显著改善。其桩土应力比一般为 3~5 倍。

(3)刚度大大增加

表 7-19 深层地层的孔内强夯桩法技术特点

特点	具体内容
适用范围广	可用于各类地基处理，根据不同的岩土工程条件而采用各种不同的成孔方法，所以，孔内夯扩技术的适用范围就较广。能适用于各种复杂地层的地基加固处理。如用于大厚度的黄土、杂填土、液化土地基，各类软弱土、湿陷性土以及具有酸、碱、盐腐蚀的地基，具有硬夹层的不均匀地基，石料及废料回填垃圾地基及地下人防工事等各种复杂建筑物场地的处理。通过钻孔、强力冲孔等手段成孔，只要能形成桩孔的地基，不论孔内有无地下水均可采用本法加固处理。总之，采用深层地层的孔内强夯桩法，既可消除地基土的湿陷性、液化性，也兼有桩承载的特性及复合地基的特性。不仅承载力高，而且地基刚度均匀。就目前已经应用成功的工程经验来看，孔内夯扩技术适用于处理软弱粉土、黏性土、黄土以及素填土和杂填土。对于地下水位较高时，若采取的成孔及地下水处理方法得当，也可采用
具有高动能、超压强和强挤密效应	该技术的重要特征就是它具有超压强动能，在冲、砸动力作用下，使孔内填料不断受到高动能、超压强和劈裂挤密。它是一般强夯压能的 5~8 倍，根据工程设计需要还可进行调高或降低
就地取材	该技术另一个特点，就是能就地取材。凡是无机固体材料如土、砂石、碎砖瓦、混凝土块、工业废料及其混合物等均可使用。而且用料不需要严格加工，凡是无机固体材料均可使用
处理深度大且均匀	一般处理深度为 20m 左右，最深时可达 30m，而且上下均匀，持力层范围内的地基土层都可以加固，深层的软弱下卧层也可加固，而且显著地改善土性。孔内夯扩技术能够处理的深度视地基的岩土工程条件而定，一般为 8~10m，最深的达到 20m。复合地基承载力特征值一般不超过 180kPa
地基承载力提高显著	由于深层地层的孔内强夯桩法，具有超压强、强挤密的效果，处理地基承载力提高的效果显著。它的承载力可根据设计需要而定。渣土桩为 1000~1800kPa，灰土桩为 3000kPa，复合地基为 200~1000kPa，土桩无侧限抗压强度可达 800~1200kPa，为原天然地基的 3~9 倍。深层地层的孔内强夯桩法的单桩承载力可比一般钻孔灌注桩的承载力提高 2 倍左右
复合地基压缩模量高，沉降变形小，承载性状好	桩与桩间土具有良好的共同工作特性。桩体材料在受到高压强的强力冲击挤压下，桩间土受到明显的侧向挤压密实，从而使处理后的复合地基上下均匀，左右"抱紧"，密实"咬合"，压缩模量显著提高，承载性能明显改善，地基压缩变形量大为降低，可达 30~80MPa
成桩直径大，挤密加固范围大，桩呈串珠状	在超压强冲击挤压下，桩径一般可达 550~3000mm，在松软土层中，具有更大的侧向挤密效应。在分层土中，桩体呈串珠状，桩间土呈"咬合"和"抱紧"的强挤密现象。采用粗粒体作加固料时，桩体也是地基排水通道，有利于饱和土地基的排水固结。同时将加固区范围内的土中水排挤到加固区以外的土体中去。改善地基土性，加固影响范围大
均匀性好	对于复杂的，层厚和土质不均的地基经过深层地层的孔内强夯桩法处理后，可以使压缩变形量变小，整个土层变形模量一致、上下密实均匀，成为均质的复合地基

混凝土灌注桩、预制桩、沉管灌注桩、孔内夯扩混凝土灌注桩等为刚性的混凝土加固桩,和采用孔内填混凝土或其他合适加固料的深层地层的孔内强夯桩法相比,只要被加固地基具有良好的成孔条件,加固处理后地基的综合技术性能好、经济效益高,都是一般刚性桩所不及的。

打入桩施工噪声大,截桩工作量大、工程造价高,打桩机污染空气。混凝土灌注桩的桩身混凝土质量难于保证,桩侧土未被挤密(或轻微挤密),土对桩的约束力小,尤其在挤密影响区淤泥软土地基更易发生缩颈或桩体变形、桩形不规则等缺点,事故率较高。而且这类地基是靠单桩承载,而不是复合地基承载,其用钢量和水泥量都比较多,工程造价也必然提高。

此外,由于混凝土灌注桩在成孔施工时,对周边土有振动(或采用泥浆护壁),未起到侧向挤压加固作用,泥浆还起到润滑或产生"泥皮"的作用。混凝土硬化时收缩,使桩体混凝土与桩侧土间出现缝隙或润滑现象,造成桩侧摩阻力下降,尤其对以摩阻力为主要承载力的深长桩,其承载力损失较大,难于达到设计标准,而深层地层的孔内强夯桩法由于施工时不断对侧向土以超压强动能进行强制挤压,使成桩后侧土对桩体混凝土产生很好的"抱紧",以形成"串珠状"、"扩径"增强了桩与桩间土的密实度,形成了良好的桩土共同作用整体受力的复合地基。

2. 深层地层的孔内强夯桩法技术特点

深层地层的孔内强夯桩法技术特点,见表 7-19。

第八章　特殊土地基技术

第一节　湿陷性黄土的处理方法

一、湿陷性黄土的物理和力学特性

黄土在天然含水率低时往往具有较高的强度和偏低的压缩性,但遇水浸湿后,黄土的性质却有很大差别。凡天然黄土在上覆土的自重压力作用下,或在上覆土的自重压力与附加压力共同作用下,受水浸湿后土的结构迅速破坏而发生显著附加下沉的,称为湿陷性黄土;否则,就称为非湿陷性黄土。黄土的湿陷性是黄土地基勘察与工程地质评价的核心问题。影响黄土湿陷性的主要指标为天然孔隙比和天然含水率。其他条件相同时,黄土的天然孔隙比愈大,则湿陷性愈强。实际资料表明:西安地区的黄土,如 e < 0.9,则一般不具湿陷性或湿陷性很小;兰州地区的黄土,如 e < 0.86,则湿陷性一般不明显。黄土的湿陷性随其天然含水率的增加而减弱。在一定的天然孔隙比和天然含水率情况下,黄土的湿陷变形量将随浸湿程度和压力的增加而增大,但当压力增加到某一个定值以后,湿陷量却又随着压力的增加而减少,黄土的湿陷性从根本上与其堆积年代的成因有密切关系。天然孔隙比越大,则湿陷性越强。

黄土湿陷性由湿陷系数评价。湿陷系数:

$$\delta_s = \frac{h_p - h_p'}{h_0}$$

式中:h_p——天然土样在一定压力下的稳定高度;

h_p'——饱和土样在一定压力下的稳定高度;

h_0——初始天然土样高度。

$\delta_s < 0.015$ 为非湿陷性黄土;$\delta_s \geq 0.015$ 为湿陷性黄土。

计算或测量的场地湿陷量 $\triangle_{zs}$,根据 $\triangle_{zs}$ 划分自重性湿陷性黄土场地和非自重性湿陷性黄土场地。

$\triangle_{zs} > 7cm$ 为自重性湿陷性黄土场地；$\triangle_{zs} \leq 7cm$ 为非自重性湿陷性黄土场地。

二、湿陷性黄土的处理方法

湿陷性黄土的处理原则是消除湿陷性。根据建筑物的类别和湿陷性黄土的特性，并考虑施工设备、施工进度、材料来源和当地环境等因素，经技术经济综合分析比较后确定地基处理方法，见表 8-1。

表 8-1 湿陷性黄土地基常用的处理方法

名称	适用范围	可处理的湿陷性黄土层厚度(m)
垫层法	地下水位以上，局部或整片处理	1～3
强夯法	地下水位以上，$S_r \leq 60\%$ 的湿陷性黄土局部或整片处理	3～12
挤密法	地下水位以上，$S_r \leq 60\%$ 的湿陷性黄土	5～15
预浸水法	自重湿陷性黄土场地，地基湿陷等级为 III 级或 IV 级，可消除地面下 6m 以下湿陷性黄土层的全部湿陷性	6m 以上，尚应采用垫层或其他方法处理
硅化和碱液化学法	地下水位以上、渗透系数为 0.50～2m/d 的湿陷性黄土地基	—

甲类建筑消除地基全部湿陷量的处理厚度在非自重湿陷性黄土场地，应将基础底面以下附加压力与上覆土的饱和自重压力之和大于湿陷起始压力的所有土层进行处理，或处理至地基压缩层的深度为止。在自重湿陷性黄土场地，应处理基础底面以下的全部湿陷性黄土层。

乙类建筑消除地基部分湿陷量的最小处理厚度，在非自重湿陷性黄土场地，不应小于地基压缩层深度的 2/3，且下部未处理湿陷性黄土层的湿陷起始压力值不应小于 100kPa。在自重湿陷性黄土场地，不应小于湿陷性土层深度的 2/3，且下部未处理湿陷性黄土层的剩余湿陷量不应大于 150mm。基础宽度大或湿陷性黄土层厚度大，处理地基压缩层深度的 2/3 或全部湿陷性黄土层深度的 2/3 确有困难时，在建筑物范围内应采用整片处理。其处理厚度：在非自重湿陷性黄土场地不应小于 4m，且下部未处理湿陷性黄土层的湿陷起始压力值不宜小于 100kPa；在自重湿陷性黄土场地不应小于 6m，且下部未处理湿陷性黄土层的剩余湿陷量不宜大于 150mm。

丙类建筑消除地基部分湿陷量的最小处理厚度，应符合下列要求：

当地基湿陷等级为 I 级时：对单层建筑可不处理地基；对多层建筑，地基处理厚度不应小于 1m，且下部未处理湿陷性黄土层的湿陷起始压力值不宜小于

100kPa。

当地基湿陷等级为 II 级时：在非自重湿陷性黄土场地，对单层建筑，地基处理厚度不应小于 1m，且下部未处理湿陷性黄土层的湿陷起始压力值不宜小于 80kPa；对多层建筑，地基处理厚度不宜小于 2m，且下部未处理湿陷性黄土层的湿陷起始压力值不宜小于 100kPa；在自重湿陷性黄土场地，地基处理厚度不应小于 2.50m，且下部未处理湿陷性黄土层的剩余湿陷量，不应大于 200mm。

当地基湿陷等级为 III 级或 IV 级时：对多层建筑宜采用整片处理，地基处理厚度分别不应小于 3m 或 4m，且下部未处理湿陷性黄土层的剩余湿陷量，单层及多层建筑均不应大于 200mm。

局部处理时，其处理范围应大于基础底面的面积，在非自重湿陷性黄土场地，每边应超出基础底面宽度的 1/4，并不应小于 0.50m；在自重湿陷性黄土场地，每边应超出基础底面宽度的 3/4，并不应小于 1m。整片处理时，其处理范围应大于建筑物底层平面的面积，超出建筑物外墙基础外缘的宽度，每边不宜小于处理土层厚度的 1/2，并不应小于 2m。地基压缩层的深度，对条形基础，可取其宽度的 3 倍；对独立基础，可取其宽度的 2 倍。如小于 5m，可取 5m。在 z 深度处以下，如有高压缩性土，可计算至 $P_z=0.10p_{cz}$ 深度处止。对筏形基础和宽度大于 10m 的基础，可取其基础宽度的 0.80~1.20 倍基础宽度大者取小值，反之，取大值。

地基处理后的承载力，应在现场采用静载荷试验结果或结合当地建筑经验确定，其下卧层顶面的承载力特征值，应满足有关承载力的要求。

经处理后的地基，下卧层顶面的附加压力，对条形基础和矩形基础，可分别按基础工程设计原则，分条形基础、矩形基础分别计算。当按处理后的地基承载力确定基础底面积及埋深时，应根据现场原位测试确定的承载力特征值进行修正，但基础宽度的地基承载力修正系数宜取零，基础埋深的地基承载力修正系数宜取 1。处理方法如下：

1. 置换法

垫层法包括土垫层和灰土垫层。当仅要求消除基底下 1~3m 湿陷性黄土的湿陷量时，宜采用局部（或整片）土垫层进行处理，当同时要求提高垫层土的承载力及增强水稳性时，宜采用整片灰土垫层进行处理。土（或灰土）的最大干密度和最优含水率，应在工程现场采取有代表性的扰动土样采用轻型标准击实试验确定。土(或灰土)垫层的施工质量,应用压实系数控制,并应符合下列规定:小于或等于 3m 的土(或灰土)垫层,不应小于 0.95;大于 3m 的土(或灰土)垫层,其超过 3m 部分不应小于 0.97。

土或灰土垫层的承载力特征值,应根据现场原位(静载荷或静力触探等)试验结果确定。当无试验资料时,对土垫层不宜超过 180kPa,对灰土垫层不宜超过 250kPa。施工土(或灰土)垫层,应先将基底下拟处理的湿陷性黄土挖出,并利用基坑内的黄土或就地挖出的其他黏性土作填料,灰土应过筛和拌和均匀,然后根据所选用的夯(或压)实设备,在最优或接近最优含水率下分层回填、分层夯(或压)实至设计标高。灰土垫层中的消石灰与土的体积配合比,宜为 2:8 或 3:7,当无试验资料时,土(或灰土)的最优含水率,宜取该场地天然土的塑限含水率为其填料的最优含水率。在施工土(或灰土)垫层进程中,应分层取样检验,并应在每层表面以下的 2/3 厚度处取样检验土(或灰土)的干密度,然后换算为压实系数,取样的数量及位置应符合下列规定:整片土(或灰土)垫层的面积为 100~500m²,每层 3 处;独立基础下的土(或灰土)垫层,每层 3 处;条形基础下的土(或灰土)垫层,每层 1 处;取样点位置宜在各层的中间及离边缘 150~300mm。

2. 强夯法

强夯法处理湿陷性黄土应注意以下问题:小工程可参考以往和相邻工程经验,大工程、重要工程应先在场地内选择有代表性的地段进行试夯或试验性施工,并应符合下列规定:采用强夯法处理湿陷性黄土地基,土的天然含水率宜低于塑限含水率 1%~3%。在拟夯实的土层内,当土的天然含水率低于 10%时,宜对其增湿至接近最优含水率;当土的天然含水率大于塑限含水率 3%以上时,宜采用晾干或其他措施适当降低其含水率。夯击遍数宜为 2~3 遍。最末一遍夯击后,再以低能量(落距 4~6m)对表层松土满夯 2~3 击,也可将表层松土压实或清除,在强夯土表面以上并宜设置 300~500mm 厚的灰土垫层。试夯点的数量,应根据建筑场地的复杂程度,土质的均匀性和建筑物的类别等综合因素确定。在同一场地土性基本相同,试夯或试验性施工可在一处进行或在土质差异明显的地段分别进行。在试夯过程中,应测量每个夯点每夯击 1 次的下沉量(简称夯沉量)。试夯结束后,应从夯击终止时的夯面起至其下 6~12m 深度内,每隔 0.5~1.0m 取土样进行室内试验,测定土的干密度、压缩系数和湿陷系数等指标,必要时,可进行静载荷试验或其他原位测试。在强夯施工过程中或施工结束后,应按下列要求对强夯处理地基的质量进行检测；检查强夯施工记录，基坑内每个夯点的累计夯沉量，不得小于试夯时各夯点平均夯沉量的95%；隔7~10d，在每500~1000m² 面积内的各夯点之间任选一处，自夯击终止时的夯面起至其下5~12m 深度内，每隔1m 取1~2 个土样进行室内试验，测定土的干密度、压缩系数和湿陷系数。强夯土的承载力，宜在地基强夯结束30d 左右，采用静载荷试验测定。当不满足设计要求时，可调整有关参数（如夯锤质量、落距、夯击次数等）重新进行试夯，也可修改地基处理方案。

强夯的单位夯击能，应根据湿陷性黄土层的厚度、黄土地层的年代、设计的要求消除湿陷性黄土层的有效深度和施工设备等确定。一般可取1000~4000kN·m/m²，夯锤底面宜为圆形，锤底的静压力宜为25~60kPa。对湿陷性黄土地基进行强夯施工，夯锤的质量、落距、夯点布置、夯击次数和夯击遍数等参数，宜与试夯选定的相同。夯点的夯击次数和最后两击的平均夯沉量，应按试夯结果或试夯记录绘制的夯击次数和夯沉量的关系曲线确定。

强夯法加固地基的有效深度主要是夯击能或夯击冲击的巨大动力在地层中扩散的有效范围，应是空间体积概念，由于夯击能或夯击冲击只能在一定的范围内使土体发生剧烈变形，尤其是塑性变形，破坏土的结构，而弹性能不会改变土的性质，因此，存在一个有限深度，即使能量再大，工程中关心是"有效"深度。强夯法处理湿陷性黄土地基，消除湿陷性黄土层的有效深度，不同的夯击能和不同的土质不同，也可根据试夯确定。在有效深度内，土的湿陷系数均应小于0.015。选择强夯方案处理地基或当缺乏试验资料时，消除湿陷性黄土层的有效深度，可按表8-2 中所列的相应单击夯击能进行预估。

表8-2　强夯法消除湿陷性黄土层的有效深度预估值（m）

夯击能 （kN·m）	全新世（Q4）黄土晚更新世 （Q3）黄土有效深度预估值（m）	中更新世（Q2）黄土 有效深度预估值（m）
1000～2000	3～5	
2000～3000	5～6	
3000～4000	6～7	
4000～5000	7～8	
5000～6000	8～9	7～8
7000～8500	9～12	8～10

3. 挤密法

挤密法分为爆扩挤密、机械挤密、成孔挤密。成孔挤密，可选用沉管、冲击、夯扩、爆扩等方法。孔内填料宜用素土或灰土,必要时可用强度高的填料如水泥土等。当防(隔)水时,宜填素土;当提高承载力或减小处理宽度时,宜填灰土、水泥土等。选择垫层法和挤密法处理湿陷性黄土地基,不得使用盐渍土、膨胀土、冻土、有机质等不良土料和粗颗粒的透水性(如砂、石)材料作填料。填料时,宜分层回填夯实,其压实系数不宜小于 0.97。

(1)挤密孔直径:当挤密处理深度不超过 12m 时,不宜预钻孔,挤密孔直径宜为 0.35~0.45m;当挤密处理深度超过 12m 时,可预钻孔,其直径为 0.25~0.30m,挤密填料孔直径宜为 0.50~0.60m,孔底在填料前必须夯实。挤密填孔后,3 个孔之间土的最小挤密系数甲、乙类建筑不宜小于 0.88,丙类建筑不宜小于0.84。

(2)预留松动层的厚度:机械挤密,为 0.50~0.70m;爆扩挤密,宜为 1~2m。冬季施工可适当增大预留松动层厚度。挤密地基,在基底下宜设置 0.50m 厚的灰土(或土)垫层。孔内填料的夯实质量,应及时抽样检查,其数量不得少于总孔数的 2%,每台班不应少于 1 孔。在全部孔深内:宜每 1m 取土样测定干密度,检测点的位置应在距孔心 2/3 孔半径处。孔内填料的夯实质量,也可通过现场试验测定。重要或大型工程,应分层取样测定挤密土及孔内填料的湿陷性及压缩性,在现场进行静载荷试验或其他原位测试。成孔挤密,应间隔分批进行,孔成后应及时夯填。当为局部处理时,应由外向里施工。

采用挤密法时,对甲、乙类建筑或在缺乏建筑经验的地区,应于地基处理施工前,在现场选择有代表性的地段进行试验或试验性施工,试验结果应满足设计要求,并应取得必要的参数再进行地基处理施工。

雨期、冬季用置换法、强夯法和挤密法等处理地基时,施工期间应采取防雨和防冻措施,防止填料(土或灰土)受雨水淋湿或冻结,并应防止地面水流入已处理和未处理的基坑或基槽内。地基处理前,除应做好场地平整、道路畅通和接通水、电外,还应清除场地内影响地基处理施工的地上和地下管线及其他障碍物。采用垫层、强夯和挤密等方法处理地基的承载力特征值,应按规范的静载荷试验要点在现场通过试验测定结果确定,试验点的数量应根据建筑物类别和地基处理面积确定。但单独建筑物或在同一土层参加统计的试验点,不宜少于 3点。在地基处理施工进程中,应对地基处理的施工质量进行监理,地基处理施工结束后,应按有关现行国家标准进行工程质量检验和验收工。

4. 预浸水法

预浸水法宜用于处理湿陷性黄土层厚度大于 10m，自重湿陷量的计算值不小于 500mm 的场地。浸水前宜通过现场试坑浸水试验确定浸水时间、耗水量和湿陷量等。采用预浸水法处理地基，浸水坑边缘至既有建筑物的距离不宜小于 50m，并应防止由于浸水影响附近建筑物和场地边坡的稳定性；浸水坑的边长不得小于湿陷性黄土层的厚度，当浸水坑的面积较大时，可分段进行浸水；浸水坑内的水头高度不宜小于 300mm，连续浸水时间以湿陷变形稳定为准，其稳定标准为最后 5d 的平均湿陷量小于 1mm/d。地基预浸水结束后，在基础施工前应进行补充勘察工作，重新评定地基土的湿陷性，并应采用垫层或其他方法处理上部湿陷性黄土层。

5. 单液硅化法和碱液加固法

（1）单液硅化法

单液硅化法按其灌注溶液的工艺，可分为压力灌注和溶液自渗两种。压力灌注宜用于加固自重湿陷畦黄土场地上拟建的设备基础和构筑物的地基，也可用于加固非自重湿陷性黄土场地上既有建筑物和设备基础的地基，溶液自渗宜用于加固自重湿陷性黄土场地上既有建筑物和设备基础的地基，单液硅化法应由浓度为 10%~15% 的硅酸钠溶液掺入 2.5%氯化钠组成，其相对密度宜为 1.13~1.15，但不应小于 1.10。硅酸钠溶液的模数值宜为 2.50~3.30，其杂质含量不应大于式中加固湿陷性黄土的溶液用量，采用单液硅化法加固湿陷性黄土地基。压力灌注孔的间距宜为 0.80~1.20m，溶液自渗宜为 0.40~0.60m，加固拟建的设备基础和建筑物的地基，应在基础底面下按正三角形满堂布置，超出基础底面外缘的宽度每边不应小于 1m，加固既有建筑物和设备基础的地基，应沿基础侧向布置，且每侧不宜少于两排。

压力灌注溶液的施工步骤，应符合下列要求：向土中打入灌注管和灌注溶液，应自基础底面标高起向下分层进行；加固既有建筑物地基时，在基础侧向应先施工外排，后施工内排；灌注溶液的压力宜由小逐渐增大，但最大压力不宜超过 200kPa。具体过程为：在拟加固的基础底面或基础侧向将设计布置的灌注孔部分或全部打（或钻）至设计深度；将配好的硅酸钠溶液注满各灌注孔，溶液面宜高出基础底面标高 0.50m，使溶液自行渗入土中；在溶灌自渗过程中，每隔 2~3h 向孔内添加一次溶液，防止孔内溶液渗干。采用单液硅化法加固既有建筑物或设备基础的地基时,在灌注硅酸钠溶液过程中,应进行沉降观测,当发现建筑物或设备基础的沉降突然增大或出现异常情况时,应立即停止灌注溶液,待查明原因后,再继续灌注。硅酸钠溶液全部灌注结束后,隔 10d 左右,应按下列规定对已加固的地基土进行检测:检查施工记录,各灌注孔的加固深度和注入土中的溶液量与设计规定应相同或接近;应采用动力触探或其他原位测试,在已加固土的全部深度内进行检测,确定加固土的范围及其承载力。采用单液硅化法或碱液法加固湿陷性黄土地基,施工前应在拟加固的建筑物附近进行单孔或多孔灌注溶液试验,确定灌注溶液的速度、时间、数量或压力等参数。

（2）碱液加固法

当土中可溶性和交换性的钙、镁离子含量较大时,可采用氢氧化钠一种溶液加固地基。否则,应采用氢氧化钠和氯化钙两种溶液轮番注入土中加固地基。碱液法加固地基的深度,自基础底面算起,一般为 2~5m。但应根据湿陷性黄土层深度、基础宽度、基底压力与湿陷事故的严重程度等综合因素确定。碱液可用固体烧碱或液体烧碱配制。加固 1m³ 黄土需氢氧化钠量约为干土质量的 3%,即35~45kg。碱液浓度宜为 100g/L,并宜将碱液加热至 80~100℃再注入土中。采用双液加固时,氯化钙溶液的浓度宜为 50~80g/L。

单液硅化法和碱液加固法适用于加固地下水位以上、渗透系数为0.50~2m/d 的湿陷性黄土地基。在自重湿陷性黄土场地,用碱液加固法应通过现场试验确定其可行性。对于沉降不均匀的既有建筑物和设备基础,地基浸水引起湿陷,需要阻止湿陷继续发展的建筑物或设备基础拟建的设备基础和构筑物,宜采用单液硅化法或碱液法加固地基。灌注溶液试验结束后,隔 10d 左右,应在试验范围的加固深度内量测加固土的半径,取土样进行室内试验,测定加固土的压缩性和湿陷性等指标。必要时应进行沉降观测,至沉降稳定止,观测时间不应少于半年。对酸性土和已渗入沥青、油脂及石油化合物的地基土,不宜采用单液硅化法或碱液法加固地基。

第二节　膨胀土地基处理技术

一、膨胀土基础内容

膨胀土的成因及其分布：膨胀土一般指黏粒成分主要由强亲水性的蒙脱石和伊利石矿物组成，具有吸水膨胀和失水收缩的特点，如胀缩性能显著的黏性土。膨胀土的成因环境主要为温和湿润，具备化学风化的良好条件，硅酸盐为主的矿物不断分解，钙被大量淋失，钾离子被次矿物吸收形成伊利石－蒙脱石混合矿物为主的黏性土。膨胀土是一类结构性不稳定的高塑性黏土，也是典型的非饱和土，它在世界范围内分布极广，迄今发现存在膨胀土的国家达四十多个，遍及六大洲，其地理位置大致在北纬 60°到南纬 50°之间。我国是膨胀土分布最广的国家之一，与其他土类不同的是主要呈岛状分布。先后有二十多个省、市和自治区发现有膨胀土，主要分布在四川、湖北、陕西、云南、安徽、贵州、广西、广东、河南、河北、山西、江苏等省和自治区，总面积约在 10 万 km² 以上，以残积或残坡积为主。目前对膨胀土的划分标准和分类方法较多，据裂隙性与超固结性对边坡稳定性的影响以及路堤、基床修筑所需填料是否适用，取名为裂土（包括裂隙黏土和膨胀土）主要从地基承载力、地基胀缩变形影响基础和建筑物稳定性出发定名为膨胀土，欧美国家将裂隙黏土和膨胀土划分为两种性质不同的土。膨胀土的典型特征是其具有裂隙性、胀缩性和超固结性，对气候变化特别敏感，主要原因是膨胀土颗粒组成中黏粒含量超过 30%，且蒙脱石、伊利石或蒙－伊混成等强亲水性矿物占主导地位。裂隙性、胀缩性和超固结性对其强度都有强烈的衰减影响，使得膨胀土的工程性能极差，病害十分严重。在膨胀土地区修建的厂房、住宅、水利设施、机场、公路、铁路无不反映出因各种各样膨胀土不良工程性质而造成的危害，如由于地基土体含水率变化导致土体不均匀的胀缩变形极易引起建筑物变形和破坏。膨胀土边坡的失稳更是世界性的共同难题，当水通过裂隙渗入土体，土体遇水膨胀，当其膨胀受阻时，就会对支挡结构、衬砌或地下结构产生膨胀力，致使结构物发生破坏，尤其对铁路、公路、水渠的破坏作用更加突出，有"逢堑必崩、无堤不塌"之说，常常出现路面开裂、隆起或沉陷，路堤和路堑滑塌、边坡失稳等，且其对工程建设的危害往往具有多发性、反复性及长期潜在性，对其灾害防治十分困难，长期以来国内外均十分重视膨胀土问题的研究。

二、膨胀土的工程和力学特性

（1）胀缩性：膨胀土吸水体积膨胀，使建筑物隆起，如果膨胀受阻即产生膨胀力，失水体积收缩。造成土体开裂，并使建筑物下沉。土中蒙脱石含量越多，膨胀量和膨胀力就越大。土含水率越低，吸水潜能越大，膨胀量与膨胀力也越大。击实土比原状土大，密度值高，膨胀性也越大。

（2）崩解性：膨胀土浸水后体积膨胀解缓慢且不完全。

（3）多裂隙性：发生崩解，强膨胀土浸水后几分钟即完全崩解。弱膨胀土、崩膨胀土中的裂隙，主要可分垂直裂隙、水平裂隙和斜交裂隙三种类型。这些裂隙将土层分割成具有一定几何形状的块体，破坏了土体的完整性，易造成边坡的塌滑。

（4）超固结性：初始结构强度高。

（5）易风化：膨胀土受气候因素影响很敏感，极易产生风化破坏作用，基坑开挖后，在风力作用土体很快会产生碎裂、剥落，结构破坏，强度降低。受大气风作用影响深度各地不完全一样，云南、四川、广西地区约在地表下 3~5m；其他地区 2m 左右。

（6）强度衰减性：膨胀土的抗剪强度为典型的变动强度，具有极高的峰值，而残余强度又极低，由于膨胀土的超固结性，初期强度极高，现场开挖很困难。然而，由于胀缩效应和风化作用时间增加，抗剪强度大幅度衰减。

膨胀土"三性"对其工程性质的影响：裂隙性以定性描述为主，涉及裂隙发育过程的定量表达少见；超固结性对堑坡稳定的影响以及"三性"之间的内在联系认识肤浅，如干湿循环与强度参数的关系、超固结特性对变形和裂隙发育的影响、胀缩特性与裂隙发育的相互关系以及裂隙对抗剪强度的影响规律；对膨胀土的微观组构、裂隙成因、裂隙充填物及其对裂土边坡破坏的影响，原状膨胀土与重塑土的强度衰减规律及其差异影响尚未完全认识，需进一步完善室内外测定膨胀土参数的试验方法、起始条件、仪器设备、试验测试的标准、原位试验方法。

膨胀土的判别，凡是自由膨胀土率大于 40% 的，而且具有野外地质特征以及导致建筑物或构筑物破坏的黏性土，一般称为膨胀土。

膨胀土的自由体积膨胀率是经过实验室干燥的膨胀土浸水足够时间，完全饱和后土样的体积增加量与原来完全干燥的膨胀土体积之比的百分数：

$$\delta_{ef} = \frac{V_{we} - V_0}{V_o} \times 100\%$$

式中：V_{we}——完全饱和后土样的体积；

V_0——完全干燥的膨胀土体积。

按照自由体积膨胀率大小，膨胀土分为强膨胀土、中膨胀土和弱膨胀土。详见表 8-3，膨胀土的综合评价表。

表 8-3　膨胀土综合评价表

类型	主要矿物成分	自由膨胀率	总线性胀缩率
强膨胀土	蒙脱石	>90	>4
中膨胀土	蒙脱石、伊利石	65～90	2～4
弱膨胀土	蒙脱石、伊利石、高岭石	40～65	0.7～2

膨胀土力学特性方面，在侧重于研究膨胀土静力特性基础上，逐渐开展动力学特性研究。从物质成分与组构层面探讨了其胀缩机制，基本弄清了膨胀土微结构类型，并提出了膨胀土胀缩理论，建立对胀缩性影响的经验公式。微观分析仍停留在定性分析，未能建立起其微观特征量与力学特性的定量关系。通过吸力量测、控制吸力对膨胀土抗剪强度等的影响开展了大量科研工作，试图为非饱和土理论应用创造条件；对雨水入渗边坡的稳定性分析方法进行了有益的尝试，基于超固结土体内在的不均一性，在岩土破损力学的框架内提出了二元介质模型；探讨干湿循环对膨胀土吸力特性、膨胀、强度特性与结构损伤影响等。但现有的膨胀土渗流模型和本构关系尚未考虑裂隙存在、干湿循环及裂隙面的影响，更没有进行大量的室内外试验验证，对其基本力学行为至今尚未有清楚的认识。

而膨胀土铁路路基的灾害主要是由气候水文条件、膨胀土工程特性与列车动力共同作用所引起，列车动荷载是其产生病害的一个主要因素。目前对膨胀土、石灰稳定土、水泥改良土与有机高分子浆液改性土的基本特性与重复荷载下的耐久性进行了研究，指出在列车动荷载作用下土基的动态特性不同于静态特性，随着线路列车速度的提高，路基病害迅速增加，应该按照动力学的理论进行路基设计等，对高速列车膨胀土路基在湿度变化与振动作用下的力学性状与稳定性影响在国内外还处于探索阶段。

三、膨胀土处理

膨胀土的破坏特征见表 8-4。

表 8-4　膨胀土的破坏特征

类型	膨胀体变的表现形式	特点
建筑物、构筑物	基础开裂、墙体开裂、底鼓	季节性，区域性
路基	不均匀胀缩变形，雨季路基软化，旱季开裂	车辆—雨水—路基季节性、长期性、重复性、顽固性
边坡、岸坡	雨季泥流、滑坡、坡体流动，旱季开裂	—
地表	泥化与开裂	周期性

目前国内外有关膨胀土地基处理的方法较多，加固技术也在逐渐发展。结合工业与民用建筑、铁路和水利的地基、边坡、堤坝等工程，有关膨胀土路堤填筑方法与标准、土质改良与地基处理以及膨胀土病害整治和加固措施均取得了不少成果与经验，但膨胀土灾害仍屡屡发生，路堤下沉、基床翻浆冒泥和路基边坡的失稳十分严重。以前水坝、堤防、铁路、路基、填土路堤填筑控制以轻型击实试验为依据，填筑含水率采用最佳含水率，常常以压实度为控制标准，近年来迅速发展的高等级公路填土和机场跑道等，不仅以重型击实为依据，且在控制填筑标准方面既要满足压实度控制标准，还要满足强度指标要求。

膨胀土地基处理的原则：

①在膨胀土地基设计及处理中，首先应考虑场地地形的复杂程度及其对工程的影响，根据地形地貌条件可将场地分为平坦与斜坡场地两类，针对前者，膨胀土地基按变形控制设计，并考虑气候条件，充分估计季节循环中地基在很长时间，如十年以上可能发生的最大变形量及变形特征；后者除按变形控制设计外，还需验算地基的稳定性，防止外部水分侵入与水平变形给边坡带来的严重危害，结合排水系统、坡面防护和设置支挡结构物综合防治。

②按照建筑物（构筑物）对地基不均匀胀缩变形的适应能力和使用要求进行分类并区别对待，膨胀土地基处理应根据不同类型采取相应措施，使可能发生的变形量减少到容许变形值范围内，同一建筑物尽量不跨越不同的地貌单元、不同土层和不同的工程地质分区之上，力求规划简单，而不局部突出或拐弯过多，必要时，宜设置沉降缝断开。对地基不均匀变形适应性较强的建筑物（排架结构、高耸构筑物等），排架结构只需注意在基础梁底与地面间预留100~150mm 的膨胀间隙或回填松软材料、填充围护墙砌于基础梁之上即可，高

耸构筑物一般可不作特殊处理；对地基不均匀变形具有一定适应性的建筑物（如钢筋混凝土框架结构、砖石排架结构四层以上的砌体结构），应采用必要的加强整体性结构措施，如设置地梁、圈梁，设置水平钢筋加强角端和内外墙壁交接联结等；对地基不均匀胀缩变形适应力较差的建筑物，必须通过地基处理以减轻地基不均匀变形对建筑物的破坏，并辅以必要的结构措施巩固其整体性。

③根据场地膨胀土的特性与胀缩等级、当地材料、工程类型与施工条件，并结合膨胀土埋深、厚度、大气影响和上部荷载等因素，回避或减缓膨胀土的不良特性。

膨胀土的改良方法，如添加非膨胀性的粗砂等填料，添加生石灰、水泥、石膏和水玻璃等，对减轻或根治病害起到了较好的作用，但膨胀土地区的病害具有一定的特殊性，如何选择经济上合理、技术上可行的最佳改性方案还有待深入。即使是应用最广泛和经验积累最丰富的石灰土，实际上还存在如何将块状或过湿的膨胀土和生石灰充分拌和均匀及如何计量掺和比的问题。

膨胀土路基病害防治措施达数十种，如用改性土桩与土工织物综合治理膨胀土基床病害和粉喷搅拌强化基床，土钉墙、尼龙网垫与植物护坡、素混凝土和改性土骨架护坡等。但对有发展前途的新技术原理、施工机械与工艺研究不系统，以半封闭为主的新型柔性防护措施，特别是针对各种灾害特点的工程与植物防护结合的综合防护体系。

对膨胀土的研究有五十年的历史，对膨胀土病害类型和危害程度，制定了相应的病害判别标准，但对膨胀土的力学特性的认识与如何有效治理，还存在着一系列问题，如膨胀土的裂隙扩展与收缩对其工程特性影响；击实膨胀土的强度特征与水稳性能；非饱和膨胀土的本构关系与渗流模型；膨胀土边坡的破坏模式与稳定性分析方法；膨胀土处理技术与施工工艺。

诱发膨胀土胀缩性危害的关键因素是水，膨胀土的灾害防治处理，可划分成建筑物地基的变形、边坡稳定性、堤坝填筑和洞室稳定性四个方面。地基处理主要针对建筑物地基变形与堤坝填筑，边坡与洞室稳定性主要是防护问题。引起膨胀土灾害的内因主要为亲水性矿物、黏粒含量、孔隙比、含水率及其微结构和结构强度；外因是气候条件，如降雨及蒸发、作用压力、地形地貌及绿化、日照和室温。对膨胀土的水分转移与含水率变化控制是地基处理主要关注的。

根据当地的气候条件、土质特性与胀缩等级、场地的工程地质及水文地质情况和建筑物(构筑物)结构类型等,结合当地经验和施工条件,结合上部结构与地基两方面,通过综合技术经济比较,确定适宜的处理措施,尽量做到技术先进、经济合理的膨胀土地基的处理方法。设计中除着重抓住控制膨胀土胀缩性这一主要矛盾,选择合理的地基处理方法外,还需考虑上部结构的措施加强构筑物的整体性与抗变形能力。

从加固机理、适用范围,结合膨胀土工程性质和实践,表8-5列举几种主要处理方法。

表8-5 常用的膨胀土处理方法

方法名称	具体做法	原理	适用范围
治水(隔水)法	预浸水法排水暗沟保湿法帷幕保湿法封闭法	控制土中水的含量,控制膨胀变形	路基、地基
放坡法	边坡的角度放缓	增大膨胀体的表面积,从而相对减轻膨胀变形	边坡或岸坡,路基
置换法	换填非膨胀黏性土、砂土、砂砾土或灰土	减少膨胀土,部分消除膨胀变形	范围广
植物根系加固法	-	发达的植物根系既控制土中水的含量又控制膨胀变形	边坡或岸坡,部分建筑物地基
强力压密法	机械压实强夯	降低渗透性和水含量,减少膨胀变形	场地和地基,部分建筑物地基
土性改良法	-	改变土的物理或化学成分,改变蒙托石的矿物成分	范围广
土工隔栅(或金属隔栅)	-	增加土体抗变形能力	路基、地基

（1）置换法

置换法是将膨胀土全部或部分挖掉,换填非膨胀黏性土、砂土、砂砾土或灰土,以消除或减少地基胀缩变形,其本质是回避膨胀土的不良工程特性,从源头上改善地基,是膨胀土地基处理方法中最简单而且有效的方法。施工工艺简单,采用人工或机械挖除基底下一定深度的膨胀土,分层铺设非膨胀土或粗粒土,分层碾压,其换土效果与填料的含水率和干重度、土料土块尺寸、铺土厚度与碾压的质量等因素密切相关,如换土质量符合各项技术指标要求,并采取一些诸如排水辅助措施,能从根本上消除膨胀土的灾害。

膨胀土地基的换土厚度由胀缩变形确定,使剩余部分土的胀缩变形量在允许范围内。由于各地区的气候不同,在一定深度以下膨胀土含水率基本不受外界气候影响的临界深度和临界含水率有所不同,换土厚度应根据膨胀性的强弱和当地的气候特点确定,一般可采用 1~2m,强膨胀土换土厚度可用 2m,中膨胀土用 1.0~1.5m,但具体换土厚度要根据调查后的临界深度来确定,最大厚度不宜超过 3m。在地基下膨胀土层较薄情况下,该法比较可靠,且能彻底根治膨胀土的危害,主要适用于路床基底、渠道、膨胀性土层出露较浅的建筑场地或对不均匀变形有严格要求的建筑物地基,但对于大面积的膨胀土分布地区显得不经济,生态环境效益较差。

垫层法也可应用于薄的膨胀土层及主要胀缩变形层不厚的情况,但对膨胀土层较厚的地基可采用部分挖除,铺设砂、碎石垫层抑制膨胀土的升降变形引起的危害, 其作用主要是减少地基胀缩变形和调节膨胀土地基差异沉降量,具有补偿功能。此外,砂石层还可防止地下水毛细作用上升使地基不受冻胀作用的影响,施工简单,就地取材还能节约投资,置换法是处理膨胀土地基的一种较为适用和经济的方法。在平坦场地上 I、II 级膨胀土地基处理中,除可用于轻型建筑物地基处理外,还广泛用于道路、堆场等,但在长期干旱地区而又有可能浸水的房屋中不宜采用。

砂垫层能够提高膨胀土地基的承载力,降低膨胀力 25%~30%。减小浸水湿化变形,垫层厚度为 0.5~0.8m,且对差异沉降量的调节作用大小随外荷载大小而变化,荷载小于地基的极限承载力时,调节作用随荷载增大而增大;补偿作用则在外荷载作用下形成压密核的过程中产生的,砂垫层的调节和补偿作用与垫层的厚度及宽度关系密切。膨胀土地基用砂石垫层置换基础下部分膨胀土,对地基的胀缩变形起到缓冲作用,以减少地基胀缩变形量,但这种垫层置换法一般需配合上部结构整体加强,使上部结构适应地基变形,以保证建筑物的结构安全。要想减少膨胀土地基不均匀胀缩变形量,显著发挥其调节及补偿作用,采用垫层应满足以下条件:垫层厚度和宽度与基础宽度的关系不同;当土膨胀压力大于 250kPa 时, 垫层宜用中、细砂;膨胀压力较小时垫层干容重应不小于 16kN/m³。可用粗砂:基底压力宜选用 100~250kPa,基槽两边回填区的附加压力不能大于基底压力的 1/4。

垫层材料宜采用级配良好且质地坚硬的粒料,砂子以中粗砂为好,碎石最大粒径不宜大于 50mm,砂石含泥量不应超过 5%。其夯压效果关键是将砂石夯实加密至设计要求密实度,施工时应控制在最优含水率时分层铺设,逐层振实或夯实,垫层厚度不应小于 300mm,分层厚度一般为 150~200m,一般在基底两侧各拓宽 20cm,基础两侧宜用与垫层相同的材料回填夯实,并做好防水处理使雨水不灌进砂石层内。

在膨胀土中添加其他非膨胀性固体材料,如风积土、砂砾石、粉煤灰与矿渣等,通过改变膨胀土原有的土颗粒组成及级配,从而减弱膨胀土的胀缩能力,达到改善其工程特性的目的。现有的研究表明,对于某中等膨胀土掺入 40%的风积土,虽膨胀土的收缩性有明显的改善,但膨胀率仍很大;掺入粉煤灰和风积土各 20%,膨胀土的收缩性有明显的改善,其无荷载膨胀率仍较大,而在一定荷载作用下,膨胀率就迅速下降;如选用砂子作添加剂,随着砂子含量百分率的增加,本质上是土中的黏粒含量减少了,对于给定的初始含水率和干密度砂粒改良土样,当土中砂的含量超过一定的界限时,由于土孔隙中大量的毛细管通道和相应的虹吸作用减小,土不再易膨胀,超过一定砂量将使重塑后土样对膨胀不再敏感,存在着对应的临界掺砂量,临界掺砂量大约为 60%;如向膨胀土中掺入 10%的石灰和 30%的风积土后, 无论是其膨胀性还是其收缩性都大大降低,改良后的膨胀土几乎可当成普通土看待,混合土的工程性质良好。这些都证实,如单纯用物理改良法处理膨胀土,其应用范围是有限的,实际效果并不十分理想。事实上,由于粉煤灰颗粒平均粒径大于膨胀土的平均粒径,又无胀缩性,在膨胀土中掺加适量的粉煤灰,随着混合土中粉煤灰剂量增加,掺和土中无胀缩性骨架颗粒含量增多,致使其胀缩性减弱或消除,提高土的强度。但掺入量较小时,对膨胀土的胀缩性没有很大的改良效果;掺入量较大时,由于粉煤灰从灰场运入到施工场地时,含水率很高,而膨胀土本身又为过湿土,难以满足在实际施工对含水率的规范要求。因此,单纯的粉煤灰用于膨胀土改良的实际工程鲜有成功的报道,一般都需结合化学改良法才能达到良好的应用效果,如掺石灰与粉煤灰进行膨胀土土性改良。至于砂砾石等其他掺和料也较少单独应用,在通常情况下均与石灰等化学改良添加剂按一定比例混合使用。由于并没有改变膨胀土的本性,采用该法处理膨胀土,除需掺和较高的添加材料外,主要适用于弱膨胀土的改良,实际选用时,需慎重考虑。

（2）治水法

治水法是通过控制膨胀土含水率的变化,保持地基中的水分少受蒸发及降雨入渗的影响,从而抑制地基的胀缩变形。主要分预浸水法、半封闭法、全封闭法和帷幕隔离法。

（3）土工合成材料加固法

土工合成材料具有加筋、隔离、防护、防渗、过滤和排水等多种功能，国内外应用土工合成材料整治膨胀土已很广泛，尤其是在膨胀土路基工程中的应用十分普遍，如土工膜、土工格栅、土工格室以及土工网垫等，主要用于整治膨胀土路基基床与边坡浅层失稳。针对膨胀土基床，主要利用土工膜与复合土工膜的隔水防渗作用，防止其翻浆冒泥；土工格室则对防治基床下沉外挤十分有效，原因在于通过格室的侧向限制作用与填料形成一个整体，从而提高土体的刚度和强度，而将复合土工膜（二布一膜）铺设在基床表层，除能起隔离（隔水、隔浆、隔碴）、排水、反滤作用外，还能分散基床应力、减少路堤填筑后的不均匀沉降、有效提高基床刚度的作用。施工时，土工膜和土工格室采用人工自一端向另一端铺设，复合土工膜设于基床表层，材料上下均铺设砂垫层（上 15cm、下 5cm），垫层底面设置不小于 4% 的横向排水坡，施工作业应确保不损伤已铺土工膜，相邻复合土工膜错接宽度不小于 0.5m，并保证接头处不渗漏。为了控制膨胀土路堤边坡施工质量和增加边坡稳定性，通过在膨胀土路堤施工中分层水平铺设土工格栅作为路堤包边加强层，充分利用土工格栅与土体可共同承受内、外荷载作用，以及格网与填土间的摩擦力和咬合力，使土中的垂直应力和水平应力经土工格网面层水平扩散，转化为土工格网与土界面的剪应力，从而相应降低了土体受力，增大整体抗剪强度，起到固结边坡土体、加筋补强和防止边坡浅层溜塌、塌滑的效果。铺设土工格栅时，应拉紧展开，相邻土工格栅采用 U 形铁卡固定于土层表面，铺设完毕后不允许车辆碾压，为避免因土方的填筑而使土工格栅产生移位、隆起和变形，其上盖松填土厚度宜大于 40cm，以便于推碾作业。按设计坡率进行刷坡时，应刷除施工填筑加宽部分，使边坡加筋土工格栅与坡面平齐，确保格栅不受损坏。将网垫铺设于路堤边坡表面，能起先期保土和固定草种及防止表水冲刷、分解雨水集中的作用。土工网垫与植物根系、泥土牢固地结合在一起，可形成一层牢固的绿色保护层，防止雨水冲蚀、边坡溜坍和滑坡。在土工网垫沿边坡自上而下铺设过程中，坡面网垫幅间搭接 5cm，采用竹节钉或 U 形铁丝钉固定，幅内采用固定钉钉固，间距不大于 1m，施工中坡面要平整密实，且使网垫平顺并密贴坡面，否则，植草难于在坡面生根成长。

土工合成材料处理膨胀土路基，施工简单，不需要特殊的施工机械和专业技术工人，又有利于环保，技术和经济效果均好，是一种值得采用和推广的方法。

膨胀土的处理技术还在不断发展之中,除上述的方法外,还有粉喷桩、石灰桩、砂石桩法与土钉等。在实际工程应用中,应根据实际情况,尽量做到安全、经济、可行。

(4)机械压实法

压实法的实质是用机械方法将膨胀土压实到所需要的状态,充分利用膨胀土的强度与胀缩特性随含水率、干密度及荷载应力水平的变化规律,尽量增大击实膨胀土的强度指标,提高地基承载力与减小胀缩性,以达到工程建设的需求,由于膨胀土的最大干密度随击实功的增大而增大,最优含水率随击实功的增大而减小。膨胀土的干密度增大同时含水率减小,导致其凝聚力和内摩擦角增大,地基承载力增加,但其击实后的胀缩性并没有得到抑制。因此,该法应用范围有限,只针对弱膨胀土,且造价很低,适用于地基承载力满足要求而附加荷载又大于其膨胀力的建筑物,对轻型建筑可能会造成一定的破坏。实际应用较多的是通过合理控制压实标准,利用弱膨胀土作为路基填料来修建路堤。

国内外在确定膨胀土的压实标准时,综合考虑到膨胀土的初期强度、长期强度以及强度衰减、胀缩变形、施工工艺等因素的变化特征,选择控制合理指标,击实膨胀土才可能同时兼顾到较高的强度和较低胀缩。有研究成果表明,采用压实含水率较最佳含水率稍大而略低于塑限、干密度较最大干密度略低的控制原则,只要压实功控制得好,弱膨胀土既可获得较高的压实度与初期强度,又具有较低的胀缩性以及较好的抗渗透性和较低的压缩性。因此,压实含水率与碾压或夯实功的科学控制是压实控制法处理弱膨胀土的关键,初期强度,浸水后强度衰减较小,具有最大的 CBR 值与干密度,浸水后的含水率最低,与其塑限接近,水稳定性较好,科学试验段现场施工以及大面积推广的检测结果均证实了其压实控制的科学性与施工工艺的可行性。

(5)改良土性

改良土性是在膨胀土中掺入其他材料,使其物理、力学特性得到改善,克服其不良的湿热敏感性,而能满足工程的使用性能。膨胀土的改良土性机理主要土壤中化学成分改变,如蒙脱石的改变。

化学改良法是利用在膨胀土中加入石灰、水泥、有机与无机化学浆液,并使添加材料与膨胀土中的黏土颗粒发生某种化学反应或物质交换过程,以达到降低膨胀土膨胀潜势、增加强度和提高水稳定性的目的。改善膨胀土的不良工程性质,基本消除膨胀土的胀缩性,是国内外膨胀土工程处理技术中的热点领域,应用广阔。

改良膨胀土的添加材料既有固体添加剂,也有液体添加剂;有无机与有机添加剂。膨胀土的土质改良法中,如何组织施工问题,如何快速准确的计算掺入料,科学管理,最终使得和控制添加剂有效、充分发挥作用,改良膨胀土。

1)石灰土

石灰改良膨胀土的主要作用是使膨胀土的液限、膨胀性与黏粒含量降低,显著提高土的塑限与强度,增大最佳含水率与降低最大干密度,从本质上改变膨胀土的工程特性。由于石灰能有效抑制膨胀土的胀缩潜势,具有经济与实施方便的优点。不少路基和建筑工程中,常利用石灰与水泥混合添加剂改良膨胀土,充分发挥石灰显著降低土的膨胀性和水泥显著增加土的强度优势,二者比例视改良土要求而定。石灰成本低,大多地方能就地取材,应用普遍。

硬性无机胶凝材料改良膨胀土促进化学改性进程,改变土质成分及密度,一般分为生石灰消化放热反应、碳酸化(硬化)、离子交换与胶凝反应四种作用。天然土中的阳离子绝大部分为钙、镁,石灰中的石灰改性的主要作用为胶凝反应和碳酸化作用,这两种作用都发生实质性的化学反应,即土中无定形或黏土矿物中分离出来的二氧化硅与石灰中游离出来的钙形成水化硅、铝酸钙胶体等新矿物,附着在土颗粒表面及颗粒之间,硬化后将土颗粒粘结在一起,起到良好的胶结作用。

经过改良的膨胀土的物理、力学指标(如抗压强度、塑限、pH 值等)随石灰含量的增加呈单调增加或减少,但膨胀率、膨胀压力、塑性指数等反而降低。从膨胀土的改良目的出发,一方面要求土具有低膨胀和高强度,另一方面要求经济可行。根据国内外资料,从降低膨胀土的膨胀性来看,一般加入 2%~4%的石灰就能使其膨胀率和膨胀压力达到很小,而从提高土的强度角度考虑,在一定范围内石灰含量越高,改良土的强度越高,石灰含量超过一定限度后,改良土的强度会随石灰含量的增加而降低。考虑到在现场实际施工过程中,石灰和膨胀土掺和均匀会比室内试验要差,一般加入 6%左右的石灰,能获得较好的改良效果,至于具体的最佳石灰含量值,应根据膨胀土的胀缩等级通过试验确定,总的原则是改性土的技术指标应属于非膨胀土的范畴,如自由膨胀率小于 20%,胀缩总率小于 0.7 等,常用的范围值为 4%~10%。

采用石灰处理膨胀土时,应避免在雨季施工,保证施工连续与有效衔接,注意严格控制石灰剂量、石灰的均匀性、填料粒径、松铺厚度、拌和均匀程度与碾压遍数等影响工程质量的要素,并加强排水措施的实施和检测工作,以确保工程质量。此外,掺拌石灰施工时易扬尘(尤其是掺生石灰),造成一定环境污染,且易使灰土出现龟裂现象,需要加强施工工艺的改进与一定的保湿措施。在国内外应用化学改良膨胀土的各种方法中,应用最广泛、最有效的还是石灰土,且积累的施工经验也最丰富。因此,采用石灰改良膨胀土不失为一种较好且较成熟的处理技术。

2)水泥土

水泥土是用土料、水泥和水经过拌和的混合物,应用于膨胀土地区的衬砌尤其广泛。作为一种水硬性胶凝材料,水泥与石灰的改性机理类似,主要作用是由于钙酸盐和铝的水化物和颗粒相互间的胶结作用,胶结物逐渐脱水和新生矿物的结晶作用,从而降低其液限和体变,增大缩限和抗剪强度,明显提高水泥稳定膨胀土的水稳定性与抗渗能力。

水泥土与石灰土的不同之处在于,前者的早期效应比后者明显,且水泥可产生更大的凝聚作用,引起的凝聚反应使黏土层之间的胶结力增大,从而使土处于更加稳定的状态,其强度和耐久性比石灰土提高幅度更大,但就膨胀而言,石灰是更好的稳定掺和剂,水泥用于加固膨胀土的掺入量一般为 4%~6%。

3)固化剂

固化剂是一种新型复合黏性土固化材料的简称,由石灰、水泥与合成的"SCA"添加剂改性而成。固化剂加入填料中除具有石灰、水泥对土的改性作用外,它还进一步使土粒和固化剂发生一系列物理化学反应,使膨胀土颗粒相互靠近,彼此聚集成土团,形成团粒化和砂质化结构,增强了土的可压实性,同时,膨胀土颗粒在固化剂水化反应中生成新的水化硅酸钙和水化铝酸钙,加强了土体的强度和稳定性。固化剂掺入土中经拌和后,在初期主要表现为土的结团、塑性降低、最佳含水率增大和最大密实度降低等,后期变化主要表现为结晶结构的形成。固化剂主要有离子交换、碳酸化与胶凝三种作用。其中,生石灰所起的作用是吸水和使黏土砂质化,固化后期与土粒发生胶凝反应提供后期强度,水泥熟料的作用是提供强度和增强土团粒之间的粘结,"SCA"提供早期强度,起强烈吸水、促进土粒砂化并生成针状矿物,具有"微型加筋"功能。实践表明,固化剂具有较强的吸水性和显著提高土体强度的作用,以及固化土具有较好的水稳定性和冻融稳定性。在天然含水率较高的地区,采用6%~10%的固化剂处理膨胀土,其收缩性小于石灰土,与采用石灰土处理土基及用石灰土作底基层相比,提高了路基、路面的整体强度,且在工程的管理、运输使用和配制混合料等方面都比常用的消石灰或生石灰方法简便,可以明显提高工程质量和加快施工进度,并易于控制密实度及均匀性,对施工操作人员与周围环境污染影响甚微,值得推广应用。

4)注浆

注浆加固膨胀土是通过灌浆压力作用,充分利用膨胀土中存在的大量裂隙,将化学改良剂或胶凝材料配制成一定浓度的浆液注入土体的裂隙和孔隙中,使浆液与土发生一系列的物化反应,使得土体改性、达到加固、抑制膨胀性的目的。

注浆材料一般采用硅酸盐水泥、粉煤灰、生石灰、水玻璃和其他有机或无机化学浆液,施工时可根据工程需要单独采用一种材料,或某几种材料按一定的比例混合使用。由于受膨胀土遇水膨胀和低渗透性的影响,浆液在土体中的分布范围受到很大的限制,而且注浆材料与膨胀土的物理化学反主要集中在土体的裂隙面处,被裂隙面分割的较大土块内部的黏土矿物胀缩性未得到抑制,压力注浆在很多情况下加固土体的效果并不理想,应用范围有限。压力喷注灌浆处理膨胀土地基在机理上有其先进性,但由于膨胀土的特殊性,采用此方法时遇到的主要问题是还没有形成简单、成熟、易行的施工工艺方法,具体实施较困难。

5)有机化合物添加剂

有机化合物添加剂主要有三氟丁基焦基苯酚、烷基苄基吡啶为主要成分的水溶液、多羟基多氮原子聚合物为主要成分的水溶液以及命名为705、706和707的专利溶液等。用这些溶液处理膨胀土,其共同的加固机理是有机化合物添加剂中的有机阳离子与蒙脱石类(包括混层矿物)矿物晶层间阳离子的交换反应,即有机阳离子取代了原晶层间的无机阳离子。由于有机阳离子除了具有带正电荷的无机阳离子的功能外,还通过其碳、氢等与晶层底面氧产生氢键等作用,从而对带负电荷的晶层具有更强大的吸引力,使晶层间距变得比较稳定而不易受孔隙液性质变化的影响,土中蒙脱石类胀缩性矿物晶体不发生明显的胀缩变化,从而减弱了膨胀土的胀缩能力,并提高了膨胀土的抗剪强度。虽然有机化合物添加剂是一种无毒、无味、无臭的液体,化学溶液一旦被土吸附后,就被牢牢吸附,不会流失,且具有清洁无污染等多重优点。

综合改良法是利用物理改良与化学改良加固机理,既改变膨胀土的物质组成结构,又改变其物理力学性质,集成化学改良土水稳定性较好、有较大的凝聚力和物理改良材料有较高内摩擦角及无胀缩性的优势,达到强化膨胀土的土质改良效果。由于该法常充分利用了一些固体废弃物与价格低廉的材料,如粉煤灰、矿渣与砂砾石等,有利于环境保护,且改良质量良好,得到工程界的普遍重视。当前在膨胀土工程建设中应用较多的有二灰土、石灰砂砾料与矿渣复合料等。

二灰土是一种用石灰与粉煤灰混合添加剂处理膨胀土的有效措施,由于石灰和粉煤灰之间的化学反应,有效地激发了粉煤灰的活性,生成较多的水化硅酸钙、水化铝酸钙和水化硅铝酸钙等胶结物质,使混合料的强度大幅度提高,胀缩性大幅度下降,具有良好的水稳定性能和抗冻性能,且整体性强,施工方便,造价较为经济,常用于建筑物地基或路基处理。

矿渣复合料由膨胀土、矿渣、水泥和砂等组成。矿渣和加固剂水化后产生氢氧化钙在膨胀矿物表面形成固化层,增加膨胀土的稳定性,提高膨胀土的承载力。矿渣复合料养护28d的抗压强度为5~8MPa,抗折强度为1.5~2.0MPa;矿渣复合料完全失去了膨胀土原有的遇水膨胀的特性,不仅其体积膨胀率为零,渗透系数几乎为零。矿渣复合料具有广阔的应用前景,造价低,施工方便。

石灰砂砾料是在石灰土的基础上,掺入一定量的砂砾石来改良膨胀土,综合了石灰土水稳定性较好、有较大的凝聚力和砂砾料有很高内摩擦角及无胀缩性的优势,处治效果良好。如在湖北省襄十高速公路膨胀土路基修建过程中,就采用了石灰砂砾料填筑(石灰剂量为6%、石灰砂砾土体积比为60:40)。

影响基础有效埋深的外界因素主要有地表大气和地下水。在季节分明的湿润区和亚湿润区,地基胀缩等级属中等或中等偏弱的平坦地区,由于这些地区的大气影响深度较深,选用墩式基础施工有一定困难而且不经济,砂包基础是将基础置于砂层包围中,砂层选用砂、碎石、灰土等材料,厚度宜采用基础宽度的1.5倍,宽度宜采用基础宽度的1.8~2.5倍,砂层不能采用水振法施工。由于砂包基础能释放地裂应力,在膨胀土地裂发育地区,中等胀缩性土地基,采用砂包基础、地梁、油毡滑动层以及散水坡等结合处理，可取得明显效果。如广西武宜县采用上述方法处理普遍开裂的房屋，效果显著。

增大基础埋深可以作为防治房屋产生过大不均匀沉降变形的一项长期处理措施，该种方法在美国、加拿大等国家被普遍采用。由于地表以下 1m 内土中含水率受人为活动和大气影响最大。平坦场地且地下水位较深的情况，膨胀土地基上建筑物基础埋深应大于或等于 1m，通常取 1~1.5m；如果常年地下水位较高，则在地下稳定水位以上 3m 内，土内的含水率变化较小，可以使结构物下面的薄层膨胀土达到完全饱和，将基础埋置在这个深度或地下水位以下即可。常用的基础形式有砂垫层上的条基，砂垫层采用中、粗砂，厚 30~50cm，在含水率约 10% 左右时分层夯实。如果大气影响深度和地下水位均较深，或基础埋深较大，选用墩基础施工有困难或不经济时，则可采用桩基，桩基础应支承在胀缩变形较稳定的土层或非膨胀样土层上。国内目前以灌注桩较为常用，在个别地区也有采用钢管桩、扩底桩等桩基形式。膨胀土中桩基的工作状态较复杂，土体膨胀时，桩侧和土之间产生胀切力，土体收缩作用使桩发生负摩擦。因此，膨胀土中的桩基设计除应符合现行有关规定外，还应满足：

①假设土膨胀变形时，切胀力与桩顶轴力之差小于桩侧摩阻力；假设土收缩时，大气影响急剧层内桩土脱开，桩顶轴力与端阻力之差小于扣除脱开部分后的桩侧摩阻力；桩尖伸入长度应按上述两个条件分别计算后取大值，并应大于大气影响急剧层深度的 1.6 倍，且不得小于 4m。

②由于桩在膨胀土地基中的升降运动量随桩径的增大而成线性上升，所以，宜用较小的桩径，一般为 25~35cm，单桩的承载力应通过现场浸水静载试验，或根据当地建筑纤验确定。

③桩承台梁下应预留孔隙，其值应大于土层浸水后的最大膨胀量。对承台梁两侧应采取措施，防止孔隙堵塞；当桩身承受胀切力时，还应验收桩身材料的抗拉强度，并采取通长配筋，其最小配筋率应按受拉构件配置。

④斜坡场地选用桩基时，桩长应适当增大，桩尖应支承在坡脚下大于 1m 的深度处。许多高层建筑、桥梁、公路和铁路在膨胀土地区营建，如何计算膨胀土湿度变化条件下的桩侧摩阻力及桩端阻力，计算单桩及群桩与膨胀土的相互作用，需进一步工作。

同一地区地形地貌条件的差异以及土层胀缩性能的差异等因素的影响，其大气影响急剧层的深度也不同,所以在确定基础有效埋深时,应重视当地的建筑经验。对于低层房屋,如以基础埋深为主要防治措施,可能会增加造价,通常都采用独立墩式基础或宽散水等方法。当以宽散水为主要防治措施时,基础埋深可为 1m,在亚干旱区,大气影响急剧层深度一般为 2.5m,遇复杂建筑场地,可能会更深,并与地形坡度有关,有时可达 5m 或者更深,宜采用墩式基础或桩基。

第三节 冻土地基处理

一、季节性冻土

1. 冻胀现象

冻结过程中,土中水分(包括外界向冰锋面迁移的水分及孔隙中原有的部分水分)冻结成冰,并形成冰层、冰透镜体、多晶体冰晶等形式的冰侵土体,引起土颗粒的相对移动,使土体体积产生不同程度的扩张现象称冻胀。冻胀的外观表现是土表层不均匀的升高,冻胀变形常常可以形成冻胀丘及隆起等一些地形外貌。在季节冻土区和多年冻土区,由冻胀引起破坏的事例屡见不鲜。黑龙江省某灌区的中小型水利设施如涵闸、跌水及渠道衬砌等,有 80%的建筑物都遭到了不同程度的冻胀破坏;有相当一批工程设施,虽带病运行,但每年都得花大量资金进行维修。

2. 融蚀现象

在铁路及公路建设方面,常因冬季路基冻胀而引起路基变形产生裂缝;中小桥墩冻胀上抬,桥桩被拔出,桥面隆起,有些使桥台出现水平裂缝,甚至倒塌。融沉又称热融沉陷,是指土中过剩冰融化所产生水的排除以及土体在融化固结过程小局部地面的向下运动。一般是由于自然(气候转暖)或人为因素(如砍伐与焚烧树木、房屋采暖)改变了地面的温度状况,引起季节融化深度加大,使地下冰或多年冻土层发生局部融化所造成的。在天然情况下发生的融沉往往表现为热融凹地、热融湖沼和热融阶地等,这些都是不利于工程建筑物安全和正常运营的条件。

在冻土区修建建筑物,除了要满足非冻土区建筑物所要满足的强度与变形条件外,还会产生很大的水平冻胀力,正是这种冻胀力的作用使桥台产生倾斜或断裂。

土体与结构的冻胀相互作用:土体冻结时,不论从其垂直剖面,还是从横剖面上看,都可以发现厚度不等的冰分凝集合体在生长,这种生长的冰分凝集合体使土颗粒相互隔离,产生位移,引起土体体积不均匀膨胀。在封闭体系中,由于土体中孔隙水冻结,体积膨胀而产生向四面扩张的冻胀力,此力将随土温的变化而变化;在开放体系中,分凝冰的劈裂作用,地下水源源不断补给孔隙水而侵入土颗粒间,使土颗粒被迫移动而产生冻胀力,当冻胀力使土颗粒的扩展位移受到约束时,这种反束缚的冻胀力就表现出来,束缚力越大,冻胀变形越小,冻胀力也越大。建筑物或结构约束了地基的冻胀变形,使得地基土的冻结条件发生变化,进而改变基础周围土体的温度状态,同时将外部荷载传递到地基土中,改变地基土冻结时的束缚力。地基土冻结时产生的冻胀力也将引起建筑物的位移和变形。

根据土体冻胀力与建筑物基础间的相互作用关系,将冻胀力分为切向冻胀力、法向冻胀力与水平冻胀力。所谓切向冻胀力,一般指垂直于冻结锋面,平行作用于基础垂向侧表面,且通过基础与冻土间的冻结强度,使基础随着土体的冻胀变形而产生向上的拔起力;法向冻胀力是指垂直于冻结锋面及基础底面,把基础向上抬起的冻胀力;水平冻胀力则指垂直作用于基础侧表面,使基础受到水平方向挤压或推力而产生水平位移的力。建筑物的类型不同,与冻土间的相互关系就不一样,它们间的相互作用也有区别。为了保证冻胀性地基土地基基础稳定性验算的合理性,应对不同建筑物基础受不同冻胀力的作用提出不同的计算式。

3. 季节冻土区建筑物的冻害破坏特征

（1）建筑物和构筑物的冻害

寒冷地区桩、柱基桥、渡槽的冻害相当普遍,归纳起来,其冻害特征表现如下:

1）沿纵向在立面上呈罗锅形。在地基土的冻胀力作用下,桥和渡槽的桩柱基础常常被不均匀地拔起。通常沟（渠）较深,夏季过水部分对应的桩柱上拔量大,而越往沟两侧上拔量越小。边桩或柱一般不产生冻拔现象。对称横断面沟渠,桥面呈锣锅形;非对称横断面沟渠,桥面呈非对称的罗锅形。

2)沿纵向在平面上呈折曲形。有时同一排桩或柱的冻拔上抬量也不等,一般向阳面冻拔上抬量小于背阳面,从而引起桥面或渡槽倾斜,另外,还会使渡槽或桥在平面上呈折曲形。

3)上抬逐年加剧。一旦桩基础产生冻拔,则不易制止,且冻拔量逐年累积,一直到增大的上抬使桥或渡槽失去运营条件或大部分拔出后引起上部桥面或渡槽落架为止。

4)斜坡桩或柱向沟内倾斜。当桥或渡槽通过较深的沟渠时,位于斜坡上的桩或柱在斜坡上方冻胀力作用下,产生向沟渠内方向倾斜的力,这将导致桩或柱断裂。当顶部变位过大时还可能使边跨桥或槽身落架。

5)不均匀冻胀和融沉引起条形基础建筑物产生裂缝。在寒冷地区条形基础房屋各种冻害事例中,因不均匀冻胀和融沉引起的裂缝极其普遍,裂缝的形状主要为斜裂缝、水平裂缝和垂直裂缝。

修建在寒冷地区的飞机跑道,工业与民用建筑中的筏式基础,冬季不蓄水的各种露天水池,水利工程中的水闸底板、闸前铺盖和闸后护坦等均属于板形基础。为保证建筑物的安全,在季节冻深较大地区,要是将大面积的板形基础完全置于冻层以下,将增大工程量。因此,这些地区的板形基础往往置于冻层之内,即相当于板形基础之下还有一定厚度的冻土层。这样,板形基础将受到底部法向冻胀力和周边切向冻胀力的作用。又由于使用和构造上的要求,板形基础将受到上部结构的不同约束。在地基土冻胀力和建筑物约束的共同作用下,板形基础将受到弯、扭、剪等复杂的外力作用。归纳起来,板形基础的冻害破坏主要表现为如下特征:

1)大面积薄板的冻胀裂缝,不规则冻胀裂缝。当板形基础面积较大,四周约束较小时,其冻胀裂缝分布和走向无一定规律。随着逐年冻胀和融沉的反复作用,这些不规则的裂缝逐年增多,宽度逐渐加大,严重时使大片板形基础呈破碎状;规则冻胀裂缝,当基础板的冻胀变形受到约束时,其冻胀裂缝明显表现出规则形状。

2)板形基础整体上抬及上部结构产生裂缝。板形基础刚度较大时,在底部法向冻胀力作用下,往往产生整体不均匀上抬,而板形基础本身并不产生强度破坏。当板形基础的不均匀变形超过某一限度时,便会引起上部结构产生裂缝或因某一部分变形过大而失去运用条件,如闸室底板产生过大冻胀变形时,就会使缝墩止水或闸室与上下游连接止水被拉断,进而使水闸的渗径短路造成渗透破坏。

支挡建筑物的冻害破坏特征主要表现在以下两个方面:

1)支挡建筑物的前倾变位。支挡建筑物的前倾变位主要是由于水平冻胀力作用引起的,水平冻胀力在冻结期产生,融化期消失。随季节的更替,作用于支挡建筑物上,且逐年累积。通常每年从 11 月开始前移,到翌年 2 月末达最大值,而后随气温回升又开始向原位方向变位,到 5、6 月挡土墙基本稳定。挡土墙在前移过程中不断为墙后填土的横向扩张所挤塞,因此,在其复位过程中必然受到墙后填土的阻抗,而使其不能完全恢复到原位,即每次墙体前移都会留下残余变位,经数年残余变位的积累,会使挡土墙产生大的前倾变位。在这里应注意,水平冻胀力与主动土压力不是一个概念,当水平冻胀力产生时,它的值要远远大于主动土压力。

2)支挡建筑物的强度破坏。支挡建筑物的冻害破坏除表现为前倾外,还表现为由于强度破坏而产生各种裂缝。诸如墙雨水平裂缝、斜裂缝、拐角裂缝、长墙的弯曲变形与裂缝等。

（2）地下管道及渠道的冻害

由于渠道衬砌所用的材料和断面形式不同,即使是在同一地质及水文地质条件下,其冻害的形式和破坏形式也不相同。预制混凝土板衬砌方式,因其便于施工,在我国大量使用,但这种衬砌的抗冻害能力极差。渠床的不均匀冻胀,常使预制混凝土板在接缝处开裂或预制板本身产生裂缝。在严重冻胀条件下,出现预制混凝土板块搭架、错位、下滑等现象,使混凝土板衬砌失去防冲和防渗的作用,这时会因渠道渗水、渠床土体含水率增加,使渠道衬砌的冻胀破坏逐年越演越烈,加上通水期水流淘刷,在混凝土板下形成孔洞、踏坑,随之使混凝土板成片地塌陷、滑落,最后导致全部衬砌破坏。穿过季节性冻土地区的地下灌溉管道及其他输水管道,常由于土的冻胀作用而破坏。其表现形式主要为以下两个方面:由于沿管线长度方向的不均匀冻胀使管道产生弯曲受力,在支管周围切向冻胀力作用下地下管道给水柱与连接点破坏。

现浇混凝土衬砌虽分块较大、厚度较薄、接缝少,但这种衬砌对渠床的不均匀冻胀敏感,在渠床地基土的不均匀冻胀作用下,易产生隆起或出现不规则裂缝。裂缝纵横向都有,但多为纵向裂缝。东西走向的渠道阴坡裂缝数量多于阳面,且多呈连续性。

浆砌石衬砌一般比混凝土衬砌厚度大,整体性好,在轻微和中等冻胀条件下,浆砌石衬砌常表现为局部冻胀隆起,同时产生不规则的冻胀裂缝。在强冻胀条件下,冻胀裂缝往往连片发生,并伴随出现局部鼓起、松动、错开、滑塌等现象。沥青混凝土衬砌按施工方法分为现浇和预制两种。这种衬砌虽然抗冻效果良好,但由于沥青混凝土衬砌在阳光的长期照射下会产生老化现象,老化后的沥青混凝土衬砌适应不均匀冻胀的能力会显著降低。

(3)路基的冻害

季节冻土区的铁路、公路、工业与民用建筑等,都普遍存在严重的冻害问题。比如说,铁路、公路的路基常由于不均匀冻胀及融沉作用而失去平坦性,公路路面产生裂缝,冻结路基在春季融化,产生翻浆、冒泥等现象,严重时中断交通。由于建筑物的类型不同,采用的基础形式也不同,不同的基础遭受冻害破坏的形式也不同。道路的冻害,主要是由于冻结期间产生不均匀冻胀,融化期间或融化后路基的承载力下降所致。在季节性冻土地区水文地质条件不良地段,冬季路基土体由于冰冻作用,使含水率增大,春天化冻时路基中水分不能及时排出,形成潮湿软弱状态,由于行车荷载复作用,使路面发生裂纹、鼓包、车辙、"橡皮"土冒泥等现象。据道路道路变形特点和破坏形式,可分为以龟裂为主的轻型,以裂纹、局部鼓包为主的中型和以车辙软深、翻浆冒泥为主的重型。

(4)季节性冻土防治的结构措施

冻土区地基处理技术的发展是随着冻土区经济发展的需要而发展起来的,其目的是为了确保冻土地区工程和建筑物的安全和正常使用。我国自20世纪50年代在多年冻土地区开始修建铁路,60年代开始冻土科学研究,至今已有四五十年的工程实践及研究历史,并提出了许多有价值的理论。青藏铁路、西气东输等工程的建设都遇到了冻土地基处理方面的问题。通过分析建筑物的破坏形式和原因,提出了多种防治建筑物冻害的方法(表8-6),主要为两种基本方法:以消除或削减冻融因为目的的地基处理措施和以增强建筑物抵抗和适应冻融变形能力为主的结构措施。

架空通风基础(通风地下室):填土通风管基础实际上既不是基础,也不是地基,而是为保持地基土处于冻结状态所采取的一种措施。架空通风基础一般适用于热源较大、地质条件较差(如含冰量较大的强融沉土)的稳定多年冻土区

表 8-6　冻土区的基础和结构处理

方法	使用原理	适用范围
架空通风管基础	这种基础形式一般是在桩顶部设置混凝土圈梁,保持与地面间有一定空间,以防土体冻胀时把圈梁抬起。还可以使房屋架空,让空气自由地沿地面与房屋底面板间的空间的空气流通,将室内散发的热量带走,以保持地基土处于冻结状态	稳定的多年冻土区,且热源较大、地质条件较差(如含冰量大的强融沉性土)的房屋建筑
填土通风管	将通风管埋入非冻胀性填土中,利用通风管自然通风带走建筑物的附加热量,以保持建筑物地基的天然上限不变,保持地基的冻结状态	多用于多年冻土区不采暖的建筑物,如油罐基础、公路、铁路路堤等
保温隔热地板法	在建筑物基础底部或四周设置隔热层,增大热阻,以推迟地基土的融化.降低土中温度,减少融化深度,进而达到防冻胀的目的	多用于多年冻土地区的采暖建筑物桩、柱和墩基等基础的埋置
加大基础埋深	加大基础埋深,并使基底之下的融化土层变薄,以控制地基土逐渐融化后;其下沉量不超过容许变形值	持力层范围内的地基土在塑性冻结状态,或室温较高、宽度较大的建筑物以及热管道及给排水系统穿过地基时,难以保持土的冻结状态,可考虑采用此法
加大基础埋深	加大基础埋深,并使基底之下的融化土层变薄,以控制地基土逐渐融化后,其下沉量不超过容许变形值	适用于压缩性较大的土
加强结构的整体性与空间刚度	可抵御一部分不均匀变形,防止结构裂缝	适用于允许有大的不均匀冻胀变形的建筑物;但为防止有不均匀冻胀变形而导致某一部分结构产生强度破坏,应采取措施增大基础或上部结构的刚度或整体性
增加结构的柔性	适应地基土逐渐融化后的不均匀变形	适用于寒冷地区的公路、铁路和渠道衬砌工程,以及在地下水位较高的强冻胀土地段工程
构造措施	增强建筑物的整体刚度或增加其柔性,适应地基变形要求	整体性较强的建筑物

房屋建筑,它是多年冻土地区采暖房屋保持地基土冻结状态设计的基本措施。这种基础形式有两种:一种是在桩的顶部设置混凝土圈梁,使房屋与地面保持一定空间,以防土体冻胀时把梁抬起;另一种是架牢房屋,使空气自由地沿地面与房屋底板间的空间流通,将室内散发的热量带走,从而保持地基土处于冻结状态。架空通风基础形式主要利用冬季自然通风来保持地基土的冻结状态,主要适用于有较大热源的房屋,如锅炉房、浴室等。填土通风管基础是指用非冻胀

性砂砾料将建筑物底板垫高后埋设通风管道等下部结构,此种基础适用于低层公寓、办公室、宿舍及住宅等对室内取暖温度要求不高的房屋或路基工程。在设置架空通风基础不经济时,也可考虑采用填土通风管基础。

填土通风管在青藏高原热源不大的地区已有多处使用。在寒冷季节,有较大密度的冷空气,在自重和风的作用下将管中的热空气挤出,同时不断将周围土体中的热量带走,达到保护地基土冻结状态的目的。填土通风管保持地基土冻结状态所需的通风管数量是根据一维稳定导热原理,在建筑物的附加热量被通风管通风带走的前提下,将矩形垫层区域变换成同心半圆域,使外半圆弧长度对于填土通风管数,可根据流向通风管的总热量与通风管壁面放出热量的平衡条件求得。

填土高度应满足室内地面荷载扩散到原地面软弱土层时应满足软弱土层强度要求:在填土层下季节融化深度范围内,因融沉作用使填土整体下沉时不致妨碍管道通风所需的预留高度(一般取 0.15m)为原则,室内地面不直接接触通风管以便设置地面保温层。

灌注混凝土基础:在多年冻土地区广泛使用,灌注后混凝土即处于冻土的包围中,这时需养护混凝土。如早期冻结,混凝土的水将结冰,引起膨胀破坏混凝土的结构、降低混凝土的强度。混凝土在负温环境中,水泥的水化作用大大降低,强度增长缓慢。所以,需对混凝土加入外加剂,使其具有抗冻早强的性能,才能满足建筑的需要。

以冻土为地基的各种桩基,在施工时带入大量的热量,使地基冻土升温,甚至融化,地基承载力降低很多,为了使地基有足够的承载力,只有将地基冻土温度恢复到原冻土温度。所以可在桩心、桩侧设置测温孔,以观察施工之后桩周围冻土温度状况及回冻时间。由于地表水的渗透是造成冻土融化、地基下沉的主要原因,因此,整个排水系统应在施工过程中尽早开始,如有困难可先建好临时排水设施,以防御地表水对路基坡角和边坡的浸泡、渗透及冲刷,造成融化下沉。

热桩、热棒等基础:当采用其他技术不能维持地基稳定时,可采用热桩或热棒等热虹吸基础。热虹吸是一种垂直或倾斜埋于地基中的液气两相转换循环的传热装置。它实际上是一种密封的管状容器,里面充以工质,容器的上部即冷凝段暴露在空气中,蒸发段埋于地基中。为扩大散热面积,可在冷凝段加装散热叶片或加接散热器。当冷凝段温度低于蒸发段温度时,热虹吸开始工作。由于蒸发段液体工质吸热蒸发,气体工质将在压差作用下,沿容器中通道上升至冷凝段放热冷凝,冷凝成液体的工质在重力作用下,沿容器内表面下流到蒸发段再蒸发,如此反复循环,将地基中的热量传入大气中,从而使地基得到冷却。这种传热装置是利用潜热进行热量传递的,因此,效率很高。热虹吸的传热量与热虹吸的间距有关,且随间距的减小而减小,而传热能力取决于蒸发段与冷凝段之间的温差,温差大,传热多,温差小,传热少,而且只有当冷凝段的温度低于蒸发段的温度时传热循环才能进行。

热虹吸填土基础:是将热虹吸埋于填土地基中,夏季地基的融化深度保持在填土层中,而冬季,热虹吸将地基中的热量带走,使融化的地基填土冻结,并使地基中多年冻土得到冷却,从而保持地基中多年冻土的温度。热桩和热棒都属于热虹吸,它们之间的区别在于热桩是桩基础,不仅可将上部荷重传入地基土中,而且还可将地基土中的热量散发于大气中,而热棒则只起散热作用,本身不具备承载能力。热虹吸地基系统工作时,其热量的传递过程包含了热量传递的三种形式,即传导、对流和辐射。所以,若要计算液气两相对流循环热虹吸在单位时间内的传热量,应根据热虹吸地基系统的热状态分析所得热流程图来确定。

深基础:是指将建筑物的基础埋置于预定地层深度范围内,使地基土在冻结过程中不产生作用于基础底部的法向冻胀力,同时也不受融化下沉的影响。锚固基础是指采用深桩,利用其摩擦力或在冻层以下将基础扩大,通过自锚作用来防治建筑物产生冻拔上抬力。目前采用的主要锚固基础有:桩基础、爆扩桩基础、其他形式的扩孔桩基础及排架下板形基础等。但是就工业与民用建筑中的平房、低层楼房和农田水利工程中的小型过路涵、小型水闸、引水渠道的衬砌及柔性公路路面等具有一定适应不均匀冻胀变形能力的建筑物来说,为了节省投资,多采用浅埋基础,即基础底部将存在一定厚度的冻土层,同时也可采取一定的结构措施,增强其适应不均匀冻胀变形的能力。目前,在寒冷地区,主要采用柔性结构、增加结构的刚度和整体性及合理分割结构、设置变形缝等三种措施来增强建筑物适应不均匀冻胀变形的能力。在允许冻胀变形或不允许冻胀变形的建筑物中,除前述的各种防冻害措施外,还常采用回避性的结构措施。回避措施是指在建筑物的型式选择、总体布置及结构形式等方面采取措施,避开不利的冻胀条件,常采用的回避措施有架空法、埋入法和隔离法三种。

基础埋置深度:为保证长期荷载作用下地基变形不超过上部承重结构的允许范围,且在最不利荷载作用下地基不出现失稳现象,设计者不仅要准确确定冻胀力的大小及其对建筑物的危害程度,还要从节省工程基础资金、减少费用的角度出发,寻求基础的最小埋置深度。但就目前季节冻土地区内地基和基础的设计来说,基础的埋置深度基本上全部在最大冻深线以下。而在多年冻土地区,可根据多年冻土地基的衔接情况采用不同的计算方法,当不衔接的多年冻土上限比较低,低至有热源或供热建筑物的最大热影响深度(相当稳定融化盘)以下时,此时,下卧的多年冻土受上层人为活动和建筑物热影响的不大,可按季节冻土地区的规定进行设计。若上限高度处在最大热影响深度(稳定融化)之内时,要视其动态部分的融化和压缩变形值确定,若基础总的下沉变形量不超过承重结构的允许值时,仍应按季节冻土地基处理方法考虑基础的埋深。对衔接的多年冻土,基础最小埋深要考虑靠近上限位置的多年冻土层地温较高、变形较大、强度较低的特点,一方面还要考虑上限有可能在温暖水分下移,危及基础的稳定性这一特点。所以,一般基础的底面必须置于多年冻土层中一定深度:一般基础取 1m 深;对桩基础,由于其承载力主要在冻土层中,所以要增大埋深,取 2m,这样不仅强度较高,且比较稳定。但是,在采用架空通风基础、地下通风管道和热桩等措施来保持地基冻结状态的方案经综合分析不经济时。在施工条件允许的情况下,也可将基础底面延伸到稳定融化层的最大融化深度之下 1m。

不同施工季节按气温可分为寒冬季节和融化季节。施工中应当根据建筑物的类型,合理安排施工时间,正确选用施工方法,以防止在施工过程中造成的病害影响施工。多年冻土区路基工程的施工一般选在融化季节进行,虽然这时施工条件较好,施工效率较高,工程质量较易控制,但夏季施工也存在着较明显的缺点。比如说,由于夏季雨水多,路堤填土质量很难控制,填土的蓄热对保护冻土十分不利,尤其当夏季施工的路堤高度超过一定值时,还会在路堤堤身内形成残留的融土核,使路堤路面发生变形和下沉。冬季施工条件虽然较差,工作效率较低,路堤填土处于冻结状态,质量很难控制,但对一些特殊地段,如暖季取土和运输困难的沼泽化地段,地表水易聚集地段和基本不能承受大的地表扰动的低填且地基含冰量大的极不稳定多年冻土区,在预先备好较干燥填料的条件下,寒季施工条件反而较好,并且可以使堤体土层在施工过程中得到预冷,这对保护冻土极为有利,因此,合理选择施工季节对路基工程非常重要。对房建工程来说,多年冻土地区冬季地面冻结,沼泽河沟结冰很厚,只需修筑建议的施工便道,车辆既可自由往来运输建筑材料,但夏季到来时,地面融化,尤其是低洼潮湿地段地面融化泥泞,行人行走困难,车辆无法通行,交通中断,对含冰量大的房屋基坑地基土来说,在夏季开挖是相当困难的,开挖时基坑壁融化随挖随塌,所以,冻土地区房屋的施工也是有季节性的。而房屋地基的基础类型是根据地基地质条件及其设计原则确定的,不同类型的基础有不同的施工期间,所以,应按基础类型来确定施工季节:条形基础,由于其地质条件较好,地基土融沉小,可在夏季地基土融化时开挖基槽;按保护冻土原则设计的柱基,可在9~10月开挖基坑,此时地温较高,开挖容易,挖好后即可安装柱基,并回填夯实,而按允许融化原则设计的柱基,在春融后冻结前的一段时间施工,此时地温回升,气温高,便于开挖基坑,还可增加地基土的融深,以减少地基土的融沉量;多年冻土的桩基础,都需钻孔或将桩位冻土融化,才能使桩沉入冻土中,所以,桩基以在融化季节施工为宜,但要避开雨季施工,因为雨季施工,随时都可能有地表水或融化层中水流入钻孔中,造成塌孔或冻结。

取土和填料选择:路基取土不但影响冻土区极为脆弱的生态环境,而且直接影响路基自身的稳定性。冻土路基一般允许回填原地土,但草皮、富含腐殖质土、草炭土和泥炭土等土类不能作为回填材料。在厚层地下冰埋藏地段,若路基回填料属粗颗粒砂砾土,必须先在基地回填一层厚度约为30cm的黏性土,不易排水的沼泽路段基底需回填厚度大于30~50cm的砂砾石作为隔离层,当有较频繁地表水流活动路段,其基底部要回填粗颗粒砾石,以防止路基下横向渗流。而在潮湿沼泽地段则要回填厚度大于50cm的渗水粗颗粒隔离层。在旧路基加高时,属砂砾石路面的,原路面一定要拉平毛,属沥青路面的,要铲除沥青面,底层填料要用细颗粒层作为粘接层,其厚度不得小于30cm。凡路基使用硬质保温材料,保温层上下均要求有一层大于20cm的砂性土或黏性土为过渡稳定层,不能与卵石层直接接触。如在大小兴安岭多年冻土区,除沼泽湿地外,山坡上一般为坡积或洪积的碎石夹土或砂黏土夹碎石,河流阶地表层砂黏土下多为砂砾及卵石土,这些都是良好的填筑材料,因此,除路基设计者有特殊要求外,一般采取因地制宜、就近取土原则。在此前提下,可根据土方工程量的大小、施工机械配备及运输条件、当地土的地质情况等因素综合考虑具体取土方案(集中取土还是分散取土),通常尽量选择融区或虽是多年冻土但上下埋深较深、不含冻结层上水的地段取土为宜。在厚层地下冰地段,取土坑的最大深度不宜大于地下冰埋藏深度的80%,且坑底纵坡要求平顺,并尽可能与排水系统相连,使取土坑中的水能顺利排泄,不形成积水。

涵洞工程施工:由于开挖涵洞基坑工期长,混凝土浇筑缓慢,有时是间断浇筑,抗冻、早强处理不理想,回填不及时,特别是涵洞基础范围回填土常不符合要求,此时,采用快速施工工艺对于减少病害、提高工程质量有很大作用。由于施工破坏了冻土,特别是涵洞基坑,使多年冻土暴露时间过长或地表水较长时间浸泡基坑,在这种基坑中修建的涵洞往往在当年或第二年就遭受严重破坏,所以,防止冻土裸露暴晒、积水是涵洞施工的要点。

冻土区地基处理技术的发展是随着土木工程建设的发展而逐步发展壮大的。而冻土区特殊的工程病害特征——冻胀和融沉,又为冻土区工程建设提出了不同于一般工程建设的新挑战。我国冻土研究在解放前基本处于空白状态,随着寒区和边疆地区经济发展、工程建设的需要,才正式开始了对冻土的调查研究工作。东北及青藏高原冻土区地质与矿藏的调查、林业开发、工业与民用建筑,以及青海热水煤矿、格尔木至拉萨输油管道、南疆铁路及拟建的青藏铁路(格尔木－拉萨段)等各项工程建设项目的需要,才开始把冻土作为工程建筑地基,详细研究它的物理、力学和化学性质,研究冻土与工程建筑物之间的相互作用,寻求经济合理的地基处理方法,为减轻工程建筑物冻害、保持其稳定性服务。

在季节冻土区建筑物的破坏主要是因地基土的冻胀而引发的,所以,为防止冻害发生,应从对地基土的处理和增强建筑物结构两方面着手。就处理地基土来说,主要是通过改变土质、水分及土中负温值之一来达到防冻害的目的。冻土是一种特殊的、低温和易变的自然体,它对寒区经济建设和人类生存发展造成了严重影响,冻土研究者在研究影响冻结和融化的热量、水分、力和土质四大因素,提出了许多防治措施和方法:

1)换填法,即用粗砂、砾石等非(弱)冻胀性材料置换天然地基的冻胀性土;

2)物理化学法,利用交换阳离子及盐分对冻胀影响的规律,采用人工材料处理地基土以改变土离子与水之间的相互作用,使土体中的水分迁移强度及其

冰点发生变化,以达到削弱冻胀的目的;

3)保温法,在建筑物底部或四周设置隔热层,增大热阻,以推迟地基土的冻结,提高土中温度,降低冻结深度,进而起到防止冻胀的目的;

4)排水、隔水法,即降低地下水位季节冻土层范围内土体的含水率,隔断外水补给来源和排除地表水防止地基土变形。

在增强结构措施方面,主要以深基础、锚固基础(深桩基础、各种扩大基础)为主的不允许冻胀变形建筑物和以柔性结构、加强基础或上部结构的刚度或整体性以及合理分割结构与设置变形缝为主的允许冻胀变形建筑物为主。同时,还采用架空法、埋入法及隔离法等回避措施。

4. 季节性冻土地基处理措施

通过对冻胀产生的基本条件及影响因素的分析认为,易冻胀土质、水分(包括外界补给水)和土中负温值是产生冻胀的基本要素,为此,只要消除其中一个因素,就可消除或削弱土体的冻胀。为此提出了以换填法、物理化学法、保温法和排水隔水法等为主的地基处理措施(见表 8-7)。

在实际工程中,需要结合建筑物的等级、运用要求、地基条件及当地材料等具体情况确定防冻胀措施。建在弱冻胀或中等冻胀土地基上允许冻胀变形的小型建筑物,可考虑采用单一的消除、削减冻因措施或结构措施,将冻胀引起的建筑物变形控制在允许范围之内。当在强冻胀土地基上修建不允许变形或允许冻胀变形很小的建筑物时,只采用单一的消除、削弱冻因措施或单一结构措施难以达到防治冻害的目的,而且在经济上也往往是不合理的,在这种情况下,冻害的防治多采用综合措施,即以一种措施为主,同时配合其他一种或几种措施。

在冻土地区进行工程设计和施工时,和非冻土区一样,不仅进行地基承载力、变形及稳定性计算,同时,必须考虑建筑物与地基土之间热交换引起的地基承载力和变形的变化对静力的冻土强度、承载力等数值的影响及与冻土中冰含量的关系。因为,冻土中未冻水含量的变化直接影响着其含冰量和冰－土的胶结强度,地温升高,冻土中的未冻水含量增大,强度降低;地温降低,未冻水含量减少,强度增大。因此,在确定冻土地基承载力时,必须预测建筑物基础下地基土的强度状态,选用建筑物使用期间最不利的地温状态来确定冻土的地基承载力。考虑到冻土区地基基础设计计算的特殊性,现将冻土区建筑物地基基础设计计算时与非冻土区不同的地方从地基计算和基础计算两方面进行说明。在地

表 8-7　季节性冻土地基处理措施

处理措施	主要内容
物理化学法	物理化学法是指利用交换阳离子及盐分对冻胀影响的规律采用人工材料处理地基土，以改变土粒子与水之间的相互作用，使土体中的水分迁移强度及其冰点发生变化，从而达到削弱冻胀的目的。这种方法虽然简单易行，材料来源广泛，但由于其有效期短，特别是人工盐化法，经过 2～4 个冬季的脱盐后，其防冻胀效果就会显著降低，一般经过 5～6 个冬季便会完全失效，地基土盐化防冻胀的寿命取决于地基土的渗透性、排水条件和基础的防渗性能
换填法	换填法是用粗砂、砾石等非（弱）冻胀性材料置换天然地基的冻胀性土，以削弱或基本消除地基土的冻胀。其效果与换填深度、换填料粉黏粒含量、换填料的排水条件、地基土质、地下水位及建筑物适应不均匀冻胀变形能力等因素有关。在采用换填法时，应根据建筑物的运用条件、结构特点、地基土质及地下水位情况，确定合理的换填深度和控制粉黏粒的含量。在有条件的情况下，还应做好换填层的排水
排水隔水法	排水隔水法主要是通过隔断外水补给来源和排除地表水防治地基水致湿等措施来降低地下水位及季节冻层范围内土体的含水率，从而降低土的冻胀。但是，排水和隔水的方法应结合工程的运用条件、工程地点的地质及水文地质条件进行选择，否则，不但起不到防冻害的效果，反而会给工程造成危害
保温法	保温法是指在建筑物基础底部或四周设置隔热层，增大热阻，以推迟地基土的冻结，提高土中温度，减少冻结深度，进而起到防冻胀的一种方法。可以用来隔热的材料相当多，例如草皮、树皮、炉渣、陶块、泡沫混凝土、玻璃纤维、聚苯乙烯泡沫等，在某些条件下，甚至像土、冰、雪、柴草等亦可作为隔热材料。近些年来，由于各种人造材料的发明，保温法的应用范围越来越广，涉及道路、工业与民用建筑及水利工程等领域
其他措施	除了采用上述地基处理措施来防治建筑物的冻害之外，还应根据其重要程度、运行年限、运用条件及结构特点等采用不同的设计原则和防冻害的结构措施来保证建筑物地基的安全。对于以墩、桩为基础的桥梁、渡槽及其他重要建筑物，应保证建筑物在土冻胀或融沉作用下不产生变形，所以，常采用深基础或各种形式的锚固基础

基计算方面，主要说明多年冻土中建筑物地基融化深度计算方法、冻胀性土地基上基础的稳定性验算方法、冻土融化下沉系数和压缩指标的确定方法；在冻土基础设计方面，主要计算基础埋置深度、融化深度、架空通风基础通风孔面积确定方法，以及热桩、热棒基础计算方法。

影响融蚀深度的因素很多，最主要的是气温，除此之外还有土质类别、土的含水率以及坡度和坡向等对融化深度的影响。当其他条件相同时，因粗颗粒土的导热系数比细颗粒土的大，所以粗颗粒土的融化深度比黏性土的大。与相变耗热随含水率的变化相比，导热系数随含水率增大而增大的趋势要缓慢得多，因此,含水率越多的土层融化深度相对越小。通过影响地表接受的日照和辐射热,坡向和坡度对土层融化深度也会产生影响。所以,在冻土地区,融化深度设计值一般应根据当地实测资料确定,无实测资料时可按所处地区的不同采用不同的计算公式,多年冻土区建筑物地基来说,其融化深度计算又有不同。对于采暖房屋地基土融化深度,地基土的融化深度不仅受到采暖温度、冻土组构及冻土的年平均地温等因素的影响,而且这还是一个三维不稳定导热温度场的计算问题。若房屋已使用了很长时间,地基融深已达到最大值,融化盘相对稳定。此时,冻土地基可被看作空间半无限体,按一维传热原理考虑。在这种情况下,可假定地基土为均质土体,室内地面温度不变,室内地面到融冻界面的距离均相等,同时从室内地面至冻土内热影响范围面的距离均相等。在以上假定条件下,同时考虑到融化盘温度场的空间性和导热系数取值的差异性、冻土地基的组构在一栋房屋下的不均匀性以及室内外高差的影响等因素。计算用的参数来源于钻探、观测的融深资料和对试验房屋的融深观测资料中获得的最大融深进行分析综合反算求得,同时还需考虑使用年限问题;粗颗粒土土质系数大,需通过对多年冻土地区天然上限深浅的分析,确定粗颗粒土与细颗粒土融深的关系比后作出判断。

不同建筑物基础的处理方式:

(1)裸露的建筑物基础

1)切向冻胀力作用下的基础稳定性验算。在土体冻结过程中,建筑物基础周围湿土中的水分冻结后产生的胶结力将土颗粒与基础紧密地胶结在一起,这种胶结力称为土与基础间的冻结强度(以冻土沿物体表面的界面剪切强度来度量),它就是冻土对基础产生切向冻胀力的原因。切向冻胀力既依附于冻结强度又不等于冻结强度。在自然界土体冻结过程中,由于冰晶体的生长垂直于热流方向,故使整个大地地面向上移动,当基础埋入土中后,将改变基础侧面埋入土体的冻结条件,基础周围产生聚冰。在冻结层向上膨胀时,通过冻土与基础侧面的冻结强度,把埋入冻土中的任何物体(桩柱或墙体)顺着冻胀方向拔起来,这种冻胀力称为切向冻胀力。基础侧面切向冻胀力是在土冻结过程中各种因素综合作用下形成的,因而,它受许多因素的影响和约束,其中主要包括:土体性质、土中的水热状态、土体的冻结条件、基础材料性质及其表面的粗糙度等。在季节冻土与多年冻土之间,具体取值不同。对于季节冻土和多年冻土地基按保持冻结状态利用地基土时,基侧表面与冻土之间的锚固力不同。

2)法向冻胀力作用下的基础稳定性验算。法向冻胀力同样是紧随着土体冻胀的发而出现的,但又稍迟于土体的冻胀。土的粒度、水分状态、温度,以及土体冻胀性和约束度、土层厚度、基础板面积等都会对法向冻胀力的大小产生影响。

(2)自锚式基础

根据规范要求,对于机扩桩、爆扩桩及扩展基础等自锚式基础来说,其抗切向冻胀力的稳定性又与当基础受切向冻胀力作用而上移时,基础扩大部分顶面覆盖土层产生的反力有关,反力按地基受压状态承载力的计算值取用,当基础上覆土压力为原状时,根据实际回填质量还应乘以折减系数。

冻土融化下沉系数的确定:土在冻结过程中由于水分迁移的原因,形成水分凝冰,产生不同程度的冻胀变形。而当此冻土体融化时,由于土中冰的融化和一部分水从土中排出,会使土体仅在自重作用下就产生下沉,这种现象称为冻土的热融沉陷。我国以融化下沉量的相对值即融沉系数的大小来描述冻土的融沉性,而以融化体积压缩系数表示冻土融化后在外载作用下的压缩变形。实际上孔隙比的变化与外压力的关系是非线性的,但在压力变化范围不大时,可近似地看成直线关系,而以融化体积压缩系数表示其压缩性的大小。冻土融化下沉系数和压缩指标的设计值均通过实验室试验确定或原位测定后确定。

通过实验室试验确定时,所采用的冻土试样以原状冻土试样为主,但在没有条件采取原状冻土时,可从工程地点采取扰动土样,根据冻土天然构造及物理指标(含水率、密度)进行制备。在取原状冻土试样时,应根据建筑物对冻土地基的要求,按不同深度用专门的冻土取样器来切取试样,并将土温控制在−0.5~−1.0℃。其原因为土温太低会造成冻土试样的脆性破坏,而太高时,即在接近0℃的冻土中取样时表面会发生局部融化。通过对相同土质、含水率的原状冻土与扰动冻土试样融沉系数测定结果的比较表明,扰动冻土试样的融沉系数小于原状冻土试样的融沉系数,其差值一般小于5%。原位试验法测定时,其测定方法与融土地区原位荷载试验方法相似,即开挖试坑后用热压模板进行逐级荷载试验。

二、多年冻土问题

1. 多年冻土冻害特征

(1)路基不均匀冻胀。当路基为含水率较大的黏性土时,路基下土体水分的不均匀性会引起路基的冻胀变形使路面不平坦,影响行车安全。即使采用沥青等柔性公路路面,也常因变形过大而产生纵、横向裂缝。

(2)路基的融沉破坏。不管是路堤还是路堑工程的修筑,都会破坏天然地表的自然状态,从而改变原天然地层的水热平衡条件,引起天然上限位置的改变。比如说,采用砂石或沥青路面,会因路面吸热量过大,地基土温升高,导致多年冻土上限下降;路堑工程,由于开挖,揭去了原来的天然覆盖层,引起天然上限大幅度下降;特别是当遇到厚层地下冰地段时,会产生像热融滑塌、融冻泥流和热融沉陷等一系列不良的地质现象,造成路基堵塞,严重时将威胁行车安全。

融沉引起的破坏在多年冻土地区比较普遍,因此,在利用多年冻土作为建筑物的地基时,除了考虑常规的变形因素之外,更多地要考虑与温度有极密切关系的有效应力对冻土的作用以及与温度分布和控制有关的热源问题。可根据建筑物的结构、施工特点和工程冻土条件及地基土性质,采用保护多年冻土原则或允许融化原则。保护多年冻土原则即在建筑物施工和规定使用期间,使地基土永远处于冻结状态,而允许融化原则是允许地基土在建筑物使用期间或施工前,使冻土融化到计算深度。但是,由于建筑物类型不同,冻害形式千差万别,所以,在两个基本原则下采用的冻害防治措施各有千秋。比如说,按保持冻结原则设计工业与民用建筑基础时,常采用桩基础、填土垫基、填土与架空或辐射冷却设备结合基础,而对于修建铁路和公路等路基工程而言,由于这些工程不仅受到人为活动和自然条件热平衡状态的影响,还受到厚层地下冰、热融沉陷、热融滑塌、冰丘、冰锥等不良地质条件的影响,所以,为防止路基的冻害或将因修筑路基造成热平衡失调而产生的病害控制在工程运营允许范围内,既要合理选择路基工程线路和断面形式,还要放缓路堑边坡、加大侧沟、增设平台以及尽量采用适宜高度的路堤等措施。对待冻土问题,冻土的存在对工程建设产生的不良影响,多年冻土地基较非冻土来说具备高强度和高承载力的优点。在设计、施工、养护和管理方面采取必要措施加以预防和处理,充分利用优点。

2. 多年冻土地区地基处理

在我国多年冻土地区,多年冻土的连续性不是很高,所以,建筑物的平面布置具有一定的灵活性。通常情况下,应尽量选择各种融区和粗颗粒的不融沉性土作地基,上述条件无法满足时,可利用多年冻土作地基,但一定要考虑到土在冻结与融化两种不同状态下,其力学性质、强度指标、变形特点、热稳定性等物理力学特征相差悬殊的特点。所以,在这种情况下首先应根据冻土的冻结与融化状态,确定多年冻土地基的设计状态。

根据建筑物的结构和技术特点、工程地质条件和地基土性质变化,采用不同的地基设计状态。一般来说,在坚硬冻土地基和高震级地区,采用保持冻结状态进行设计是经济合理的,如果地基土融化时,其变形不超过建筑物的容许值,且采用保持冻结状态又不经济时,应采用逐渐融化状态进行设计。当地基土的年平均气温较高(不低于 –0.5℃),且处于塑性冻结状态,采用保持冻结和逐渐融化的设计方案都不经济时,宜采用预先融化状态进行设计;对一栋建筑面积很小、基础相连或很近的整体建筑物来说,是没有办法将地基土分成冻结与不冻两个稳定部分,所以,此时应采用同一种设计状态。

多年冻土的年平均地温低于 –1.0℃的场地,持力层范围内的地基土处于坚硬冻结状态。最大融化深度范围内存在融沉、强融沉、融陷性土及其夹层的地基。非采暖建筑或采暖温度偏低,占地面积不大的建筑物地基,可采用保持冻结状态原则进行设计。

在多年冻土地区,进行建筑物设计时,是否采用保持冻结状态,关键取决于建筑物场地范围内冻土的稳定性条件。在下列情况下应采用逐渐融化状态进行设计:多年冻土的年平均地温为 –0.5~1.0℃的场地,持力层范围内的地基土处于塑性冻结状态。在最大融化深度范围内,地基为不融沉或弱融沉性土,室温较高、占地面积较大的建筑或热载体管道及给排水系统等对冻层产生热影响的地基。

若建筑场地内有零星岛状多年冻土,并且需要将建筑物平面全部或部分布置在岛状多年冻土范围之内,这时采用保持冻结状态或逐渐融化状态都不经济,可考虑采用预先融化状态进行地基设计。当然,此时对于地基土的地温、冻结状态、融化深度以及建筑物类型也有具体规定,比如说,在地基土年平均地温不低于 –0.5℃的场地,以及在最大融化深度范围内,存在融沉、强融沉和融陷土及其夹层的地基都可考虑采用预先融化状态的设计原则。

为控制地基土的变形,可根据需要采用不同的地基处理措施和结构设计方法。以多年冻土区地基设计原则为出发点,表 8-8 对各种方法的加固原理及其使用范围进行了比较,并对各种地基处理方法根据所遵循的设计原则进行了分类。为保持地基土冻结的状态,可根据地基土和建筑物的具体型式选择使用架空通风基础、填土通风管基础、用粗颗粒土垫高地基、热桩和热棒基础、保温隔热地板以及把基础底板延伸至计算的最大融化深度之下等措施。当采用逐渐融化状态进行设计时，以加大基础埋深、采用隔热地板、设置地面排水系统、加大结构的整体性和空间结构或增加基础的柔性等基础设计措施来减少地基的变形。假如按预先融化状态设计，且融化深度范围内地基的变形量超过建筑物的容许值时，可采取下列措施之一来达到减小变形量的目的。用粗颗粒土置换细颗粒土或预压加密、保持基础底面之下多年冻土的人为上限不变、加大基础埋深或必要时采取适应变形要求的结构措施等。

对地基处理方法的选用要力求做到安全使用、确保质量、经济合理、技术先进。我国地域辽阔，多年冻土区的工程地质和水文地质条件千差万别，各地的施工机械条件、技术水平、经验积累都不尽相同，所以在选用地基处理方法时一定要因地制宜，充分发挥各地的优势，有效地利用当地条件。对每种处理方法要有明确的认识，分清它的适用范围、局限性和优缺点。对每一具体工程应从地基条件、处理要求、工程费用以及材料等各方面进行具体细致的分析，因地制宜地确定合适的地基处理方法。

冻土区地基处理最新发展与非冻土区地基处理发展一样，主要反映在冻土区地基处理机械、材料、地基处理设计计算理论、施工工艺、现场检测技术，以及地基处理新方法的不断发展和多种地基处理方法综合运用等各方面。而青藏铁路工程项目的开工为如何处理多年冻土地基提供了广阔的试验平台，不论从地基处理计算理论、施工工艺等方面，还是新材料、新技术以及现场检测手段使用方面都可使冻土区地基处理技术发展迈上一个新台阶。

新材料的使用，提高了冻土区地基处理的效能。可以说，抬高路堤高度或铺设保温材料保护冻土路基均是被动消极的方法，不足以或不可能完全消除冻土路基的融化下沉。尤其在全球气温升高的大趋势下，更是如此。为了应对高温冻土和全球变暖的严峻挑战，必须改变以往一直沿用的消极被动保护冻土的措施，采用积极主动的保护冻土措施，即冷却地基的办法。表现在工程措施上可有遮阳、改变路堤表面颜色、通风、热桩、抛石路堤、抛石护坡、变导热系数材料等。

在地基处理施工过程中和施工后对地基处理进行监测日益得到人们的重视。动态设计和信息化施工是目前国内外日益兴起的新技术。由于青藏铁路建

表 8-8　多年冻土地区地基处理方法(包括季节性冻土)

方法	使用原理	适用范围
用粗颗粒土垫	主要是利用卵石、砂砾石等粗颗粒材料的较大孔隙和较强的自由对流特性,证明冻结过程中不产生水分迁移和聚冰现象,且在冻结过程中水分从冻结锋面的高压端向非冻结面压出。冬夏冷热空气由于空气密度等差异而不断发生冷量交换和热量屏蔽	多用于卵石、砂砾石较多的多年冻土区
热桩,热棒	利用热桩、热棒基础内部的热虹吸将地基土中的热量传至上部散入大气中,来达到冷却地基的效果 热棒是作为已有建筑物在使用过程中遇到基础下冻土温度升高、变形加大等不利现象时的有效加固手段	热桩适用于多年冻土的边缘地带,在遇到高温冻土时,重要建筑与结构为下面的基础可用热桩隔开
基础底面延伸至的最大融化深度之下	当基础底面延伸至计算的最大融化深度以下时,可以消除地基土在冻结过程中法向冻胀力对基础底部的作用同时也可以消除融化下沉的影响	多适用于多年冻土区的桩、柱和墩基等基础的埋置
人工制冷降低土温措施	冻土只能在负温下存在,且温度越低,冻土强度越大	只有保护冻土才能保持建筑物的稳定,当以上措施都无法使用时,可考虑采用人工制冷法
选择低压缩性土为持力层	压缩性低的土为地基时,其变形量也小	-
设置地面排水	降低地下水位及冻结层范围内土体的含水量,隔断外水补给来源和排除地表水以防止地基土过于潮湿	-
保温隔热板或架空热管道及给排水系统	防止室温、热管道及给排水系统向地基传热,达到人为控制地基土融化深度的目的	适用于工业与民用建筑热水管道的铺设以及给排水
用粗颗粒土置换细颗粒土或预压加密土层	利用粗颗粒材料较大的孔隙和较强的自由对流特性,降低土的冻胀对地基变形的影响	-
保持多年冻土人为上限相同	具有相同多年冻土上限值,可消除建筑物地基冻胀量和不均匀沉降量的相对变化	-
预压加密土层	预压加密后可减小地基的变形量	适用于压缩性较大的土

设的特殊性与复杂性,尝试性地采用了动态设计与信息化施工技术。虽然目前建设、设计工作正在进行之中,但已取得了良好的效果。

　　虽然现有的冻土知识和冻土区地基处理技术为寒区工程建设做出了很大贡献,但随着人类对寒区经济开发的广度和深度的增加,与地基处理方法有关

的许多环境问题、生态破坏问题日益突出,冻土区地基处理的发展应重视以下问题:

(1)通过对冻土中水、热、力三场耦合的研究和各种措施加固地基的机理研究,完善各种地基处理措施的设计计算理论,从而更好地指导地基处理实践的进一步发展。

(2)大力开展新型防冻胀、防融沉和防渗漏材料的研制,开展复合地基及新技术的推广和应用研究,为解决冻土区病害,保证寒区工程建筑物的安全运营,开辟新的途径。

(3)由于多年冻土和深季节冻土分布区生态环境严酷和脆弱,在受到全球气候转暖和人为因素干扰时,引起的冻土退化、冻土环境破坏已威胁着人类的正常生存和发展。所以,在以后开发多年冻土区时,应以保护人类生产、生活的冻土环境为宗旨,制定合理的冻土地基处理方法。

(4)必须在了解气候和工程与冻土相互作用规律的基础上,研究新的地温调控原理和高新技术,提出能冷却地基的新的基础结构形式和设计参数,确保工程稳定。

(5)发展冻土区地基处理的原位测试、现场试验以及监测技术,为实现工程建设的动态设计和信息化施工奠定基础,提高冻土区地基处理技术的综合应用水平。

第四节 土壤(或地基)液化处理与地基抗震

一、地基抗震的基础资料

1. 地基刚度影响

软土地基对周期震动有选择性的放大作用。可见在 III 类基础上烟囱的震害比砖平房震害严重,且随震中距增加衰减缓慢,砖平房震害衰减很快。实测资料清楚地反映出,二者自振动周期相差甚大,砖烟囱自振周期约为 $1{\sim}2s$,砖平房则为 $0.1{\sim}0.2s$。另一方面,地震波在传播路径中短周期成分被吸收得快,主要周期随震中距增加,软土层对适当周期的地震动有较大的放大作用。因此,在 III 类地基上自振周期较长的砖烟囱容易与长周期分量产生显著的共振作用,从而加重破坏效应。随震中距的增加，基岩层的幅值虽会递减但主要周期加长，在III类地基上会受到选择放大，所以烟囱的受损仍然会较高。国外对不同刚度地基础上的地震记录所作的反应谱分析后发现，随着地基础变软，反应谱最大峰值便向长周期方向移动。地基土刚度对地震动频谱特性的影响，反映在对反应谱形状的改变方面，在软土地基上的反应谱形状比较宽缓，长周期成分的谱值较高，且无明显的高峰值；硬地基则相反，多半出现 1~2 个高峰值，谱值随长周期的增加而衰减很快。

2. 土层厚度的影响

在场地划分中不仅要考虑土层的强度，而且对影响地震动的土层厚度给予充分的注意。它对具有较厚松散层场地震动反应异常显著，所以再次予以强调。

3. 软弱夹层的影响

软弱土层作为地基，总的说来对结构抗震是不利的。但是，如果软弱土层以夹层形式存在，其影响表现为降低地面峰值加速度，当斜率达 1/12 时，地震峰值加速依然低于水平状态下基岸面相应的数值。此外，地层结构对震害影响可能以地基失稳表现出来，出现地表滑移、震陷或其他形式的不连续变形。

4. 地表地形条件的影响

多次地震都出现过因地形条件导致震害加重的现象。对地震动反应最敏感的地形则为弧突出丘，高度显赫的人工堤坝、渠道或距堤边坡等四周或侧向临空地形。

5. 其他条件的影响

主要强调地震工程地质地层结构类型划分和地层结构对震动影响的分析。

6. 场地分类

场地分类的主要内容，见表 8-9 ~ 表 8-11。

表 8-9　场地类型划分

场地土类型	场地覆盖土层厚度 d(m)				
	0	0<d<3	3<d<9	9<d<80	d>80
坚硬场地土	I	—	—	—	—
中硬场地土	-	I		II	
中软场地土	-	I	II		III
软弱场地土	-	I	II	III	IV

表 8-10　有利, 不利和危险地段的划分

类别	地质, 地形, 地貌
有利	稳定基岩, 坚硬土, 开阔、平坦、密实、均匀的中硬土等
不利	软弱土, 液化土, 条状突出的山嘴, 高耸孤立的山丘, 非岩质的陡坡, 河岸和边坡的边缘, 平面分布上成因, 岩性, 状态明显不均匀的土层(如故河道, 疏松的断层破碎带, 暗埋的塘沟谷和半填半挖地基等)
危险	地震时可能发生滑坡, 崩塌、地陷、地裂、泥石流等及发震断裂带上可能发生地表位错的部位

表 8-11　场地土类型按土类划分

土的类型	剪切波速(m/s)	岩土名称和性状
坚硬土	＞500	稳定的岩石, 密实的碎石土
中硬土	500～250	中密、稍密的碎石土, 密实、中密的砾、粗、中砂, f_k＞200kPa 的黏性土和粉土
中软土	250～140	稍密的砾、粗、中砂, 除松散外的细、粉砂, f_k<=200kPa 的黏性土和粉土, f_k＞130kPa 的填土
软弱土	＜140	淤泥和淤泥质土, 松散的砂, 新近沉积的黏性土和粉土, f_k＜130kPa 的填土

　　我国将场地分为四类:第 I 类场地为稳定基岩, 第 II 类为一般土壤, 如砂砾石、坚硬土等, 第 III 类为松软土壤, 如松散砂土、软黏土等, 第 IV 类为异常松软土壤, 如新近沉积的软土和淤泥等。分类指标有承载力、纵波速度、卓越周期等。在设计规范中对不同场地采用不同的反应谱为我国首创。对于不同类别的场地, 在进行结构的地震反应计算时, 应采用不同的设计反应谱(在建筑抗震设计规范中表示为不同的地震影响系数曲线)或不同的基底办入运动, 以较准确反映场地与结构的耦合作用;当然, 将结构与地基视作一个整体进行时程分析, 可能得到更接近实际的结果。

　　应指出, 这里所谈到的土层的刚度对地面运动的影响, 都是针对自由地面而言的, 也就是针对建筑物或构筑物未建立之前的环境来讨论的。如果构筑物的体积、重量可刚度已胸有成竹, 且半埋于土中, 例如土坝、核电站等, 则构筑物的存在将影响地面运动的特征, 所谓土—结构相互作用就是研究这种影响的。

二、地基抗震主要问题

　　地震现场表现出来的地基震害形式主要有沉降(包括均匀沉降和不均匀沉降)、滑坡、地裂缝和隆起等。这些震害有的可从地面直接观察到, 有的则需从建筑物的倾斜、裂缝等来判断。从土动力学的观点分析, 地基震害的原因可以归纳为:砂性土震动液化, 黏性土震动软化。上部结构所受的各种荷载, 包括地震荷

载都要由地基来承担。地震的强度不同,地震作用下地基的性能也不同,设计的任务则是保证在地震过程中和地震停止后,地基在强度和变形方面能满足使用要求。

1. 场地的地震液化问题

砂体受到震动将要变得密实,也就是体积减少。如果饱和砂体突然的体积减少,来不及排出的孔隙水承受压力,导致有效应力减小。当有效应力接近零时,土体就液化了。影响土壤液化的因素有内因和外因。砂的粗细、密度、级配,特别是细颗粒含量,生成年代等属于内因,外因有静应力状态(包含地下水位、埋深、地形的影响),动应力状态(包括应力幅值大小、变化规律、作用次数和排水条件等)。砂土越密实,平均粒径越大,级配越好,黏土颗粒含量越多,越不容易液化。从抗震设计角度考虑应注意,有些级配不好的砂砾石也可能液化了。对于这种砂砾石不能只考虑它的平均粒径。黏土颗粒或直径小于 0.774mm 的细颗粒的加入会使土的黏聚力提高,即使有效应力丧失也不会液化。但对黏土颗粒含量甚少的粉土、轻亚黏土等,在地震时也可能液化,不只是纯砂才能液化,砂性土,或砂土类土在一定条件下也可能液化。

地震发生之前土体所受的静应力对液化与否有重要作用。土体所受覆盖压力越大,初始剪应力越大,越不容易液化。因此,从设计角度考虑,当砂性土埋深和地下水位超过一定数值,例如地下水位为 5m,土壤埋深达 20m,是否液化或液化后果对一般建筑物的影响不必研究。

地震剪应力是不规则的,事先很难准确估计土体所受的地震应力。目前通用的办法是根据未来地震可能的震级估计等效的均匀循环剪应力的幅值和次数。动应力值越大,作用的次数(或时间)越多,就越容易液化。

排水条件对于液化的形成有重要作用。只有在不排水或排水很慢的条件下土中才会在地震时产生孔隙水压力。目前,绝大多数试验研究是在不排水条件下进行的,在应用这些结果时应考虑这一点。例如,夹在砾石中草药薄砂层就不一定会液化。

在室内用一个土试件研究液化与现场的实际情况有很大差别。土体内某一点的液化经过发展才能波及到一个土层,某一土层的液化还不一定导致上部结构的破坏。因此,在设计中不要把土的液化与结构物破坏等同起来。虽然砂土地基的震害灵敏大多都是由液化引起的,但不是任一土层的液化都会导致严重的后果。

影响液化的因素很多,且这些因素既不容易测定,也不容易控制。因此,在抗震设计中,对判别一个场地能否液化、液化后会使上部结构有何损害、应采取何种措施减轻液化的后果等一系列重要问题,目前,主要还是靠以经验判断来解决,而经验判断是以土动力学的知识为基础的。

液化判别方法分两步:第一步为初步判别;第二为用标准贯入试验判别。凡经初步判别为不液化或不考虑液化影响的场地,可不进行标准贯入试验判别工作。

饱和砂土和饱和粉土(不含黄土)的液化判别和地基处理,6度时,一般情况下可不进行判别和处理,但对液化沉陷敏感的乙类建筑可按7度的要求进行判别和处理,7~9度时,乙类建筑可按本地区抗震设防烈度的要求进行判别和处理。

存在饱和砂土和饱和粉土(不含黄土)的地基,除6度设防外,应进行液化判别:存在液化土层的地基,应根据建筑的抗震设防类别、地基的液化等级,结合具体情况采取相应的措施。

饱和的砂土或粉土(不含黄土),当符合下列条件之一时,可初步判别为不液化或可不考虑液化影响:

(1)地质年代为第四纪晚更新世(Q_3)及其以前时,7、8度时可判为不液化。

(2)粉土的黏粒(粒径小于0.005m的颗粒)含量百分率,7度、8度和9度分别不小于10、13和16时,可判别不液化土。

注:用于液化判别的黏粒含量系采用六偏磷酸钠作分散剂测定,采用其他方法时应按有关规定换算。

(3)天然地基的建筑,当上覆非液化土层厚度和地下水位深度符合下列条件之一时,可不考虑液化影响:

$$d_u \rangle d_o \rangle d_b - 2 \quad d_w \rangle d_o + d_b - 3 \quad d_u + d_w \rangle 1.5 d_o + 2 d_b - 4.5$$

式中:d_w——地下水位深度(m),宜按设计基准期内年平均最高水位采用,也可按近期内年最高水位采用;

d_u——上覆盖液化土层厚度(m),计算时宜将淤泥和淤泥质土层扣除;

d_b——上基础埋置深度(m),不超过2m时应采用2m;

d_o——液化土特征深度(m),可按表8-12采用。

表 8-12   液化土特征深度(m)

饱和土类别	7°	8°	9°
粉土	6	7	8
砂土	7	8	9

(4)当初步判别认为需进一步进行液化判别时,应采用标准贯入试验判别法判别地面下 15m 深度范围内的液化,当采用桩基或埋深大于 5m 的深基础时,尚应判别 15~20m 范围内土的液化。当饱和土标准贯入锤击数(未经杆长修正)小于液化判别标准贯入锤击数临界值时,应判为液化土。当有成熟经验时,尚可采用其他判别方法。

在地面下 15m 深度范围内,液化判别标准贯入锤击数临界值可按下式计算:

$$N_{cr} = N_0[0.9+0.1(d_s - d_w)]\sqrt{\frac{3}{p_c}}(d_s \leq 15m)$$

$$N_{cr} = N_0[2.4+0.1d_s]\sqrt{\frac{3}{p_c}}(15m \langle d_s \leq 20m)$$

式中:N_{cr}——液化判别标准贯入锤击数临界值;

N_0——液化判别标准贯入锤击数基准值,应按表采用;

d_s——饱和土标准贯入点深度(m);

p_c——黏粒含量百分率,当小于 3 或为砂土时,应采用 3。

(5)对存在液化土层的地基,应探明各液化土层的深度和厚度,按下式计算每个钻孔的液化指数,综合划分地基的液化等级,见表 8-13。

$$I_{EL} = \sum_{i=1}^{n}\left(1-\frac{N_i}{N_{cri}}\right)d_i W_i$$

式中 I_{EL}——液化指数;

n——在判别深度范围内每一个钻孔标准贯入试验点的总数;

N_i——i 点标准贯入锤击数的实测值和临界值;

N_{cri}——实测值大于临界值时应取临界值的数值;

d_i——i 点所代表的土层厚度(m),可采用与该标准贯入试验点相邻的上、下两标准贯入试验点深度差的一半,但上界不高于地下水位深度,下界不深于液化深度;

W_i——i 土层单位土层厚度的层位影响权函数值(单位为 m⁻¹)。若判别深度为 15m，当该层中点深度不大于 5m 时应采用 10m，等于 5m 时应采用零值，5~10m 时应按线性内插法取值；若判别深度为 20m，当该层中点深度不大于 5m 时应采用 10m，等于 20m 时应采用零值，5~20m 时应按线性内插法取值。

表 8-13　液化等级

液化等级	轻微	中等	严重
判别深度为 15 时的液化指数	$0<I_{IE}\leq5$	$5<I_{IE}\leq15$	$I_{IE}>15$
判别深度为 20 时的液化指数	$0<I_{IE}\leq6$	$6<I_{IE}\leq18$	$I_{IE}>18$

美国 Seed 教授推荐的判别式。Seed 用来建立判别式的全部资料均绘于图，除了美国的资料以外，还收集了日本、中国、南美等国的资料，几乎全世界的大地震资料都尽可能地收集到了。

Seed 采用地震剪应力比 τ/σ' 和修正标准贯入击数 N_1 判别液化。τ 为地震产生的平均剪应力，用下式估算：

$$\tau = 0.65\frac{\alpha_{max}}{g}yhy_d$$

式中：α_{max}——地表最大水平加速度；

g——重力加速度；

y_d——折减系数，地表为 1.0，地下，10m 处为 0.9，中间直线内插；

y——砂的重度；

h——砂的埋深。

为修正标准贯入击数，即将不同深度处测得的标准贯入击数。

2. 软土震陷

（1）软黏土的低周疲劳强度

在地震荷载下土的破坏可用低周疲劳加以解释，像对待混凝土、金属材料一样。在土工部门中经常用允许的最大应变 ε_f 来定义破坏，此时，低周疲劳强度可表示为 $\triangle\sigma$ 作用下产生应变 ε_f 所需的往返次数。Seed 证明土存在这种持久限极。下面介绍他们工作中的一个例子：在静水压力下固结的三个试件，随受不同大小的脉动应力，其数值分别为静力不排水抗剪强度（σ'_v）的 1.0、0.8 和 0.6，频率为 2Hz。在这种情况下，土体所受的剪应力将往返地改变方向，这种应力状态使土的低周疲劳强度降低。在一定的范围之内，频率和波形对疲劳强度的影响不很明显。往返荷载也会导致软土中的孔隙水压力升高，但不容易测定。还有用动、静应力比或摩尔圆来表示软土动强度的方法。

（2）软黏土的震陷

上面所谈到的强度为给定往返次数时产生规定的改变所需的脉动应力与静应力组合。在实际工程中，常常希望预测地震引起的沉陷（简称震陷），也就是已知地震应力和静应力的条件，求土地产生的永久变形。

Lee 对软土的震陷进行了研究，给出了残余应变的经验表达式：

$$\varepsilon_p = 10 \left(\frac{N}{10}\right)^{-s_1/s_2} \left(\frac{\sigma_d}{c_2}\right)^{1/s_2} \%$$

式中：ε_p——残余应变；

N——应力循环次数；

σ_d——循环动应力幅值；

s_1、s_2、c_2——试验参数，与土性有关。

工程力学所地基组参照 Lee 的结果，通过研究，提出了两个应变势经验公式：

$$\varepsilon_p = \left[\frac{\frac{\sigma_d}{\sigma_3}\left(\frac{N}{10}\right)^{-s_1} + k_c}{c_3}\right]^{1/s_1} \% \text{和} \varepsilon_p = \left[\frac{\sigma_d}{\sigma_3}\frac{1}{c_4}\right]^{1/3_1} \left(\frac{N}{10}\right)^{-s_1/s_3} \%$$

式中：k_c——初始有效固结压力比；

c_3、c_4，s_3——试验参数，与土性有关。

根据海城地震和唐山地震经验和室内试验测试结果可知，只有一些发软弱黏土才会产生大的震陷。初步查明，对于孔隙比大于1，含水率大于液限的淤泥质土会产生大的震陷，设计时应加以注意。

通过室内试验求得软土的残余变形表达式之后，要估算建筑物的震陷还需要有一个计算方法，由残余应变无法简单的通过求和或积分求得震陷，目前比较实用的方法是"软化模型法"。这个方法假定，震陷主要是因为地震的作用使土变软，静变形模量减小了，因而，在同样的静荷载下沉陷增加了。至于地震荷载的加入使外荷发生变化则是次要的影响，可以忽视不计。根据这种概念，计算建筑物震陷的步骤可归纳如下：

1)取有代表性的土样，进行静力试验，测定土的力学参数，如邓肯－张模型中的参数；

2）用有限元法计算地震前的应力和节点位移。计算时要考虑土的非线性，还要用精确的或近似等效的方法考虑上部结构的存在对基础上的应力产生的位移的影响；

3）通过测波速的室内动力试验，确定剪切模量、阻尼比以及它们随剪应变的变化；

4）用动力有限元程序，计算地基中的地震应力，此时，也要考虑土的非线性；

5）取一组有代表性的土样，进行震陷度试验，确定试验常数；

6）根据 1）、2）步算出的第一单元的动、静应力，算出每一单元的残余应变，由引残余应变可估计软化后的每一单元的模量；

7）用软化后的模量和静力有限无程序计算各节点的位移；

8）步骤 7）计算的节点位移，减去 1）步计算节点位移，就是待求的震陷。

三、地基抗震设计与措施

1. 液化危害分析方法

对经过判别断定为地震时可能液化的土层，从工程的需要看，最要紧的是预估液化土可能带来的危害，并根据危害性的严重程度采取措施。液化危害程度因液化层的密度、层位、层厚、是否骨动（侧向扩展）及建筑物对不均匀沉降的耐受性而定。一般液化层土质越松，土层越厚，位值越浅，地震强度越高，则液化危害越大。目前，对没有侧向扩展危险的液化层，建筑抗震设计规范用液化指数来衡量液化危险期危害程度。可以看出，液化层越松、越厚、越浅则液化指数越大，液化危害也越大。上式未能考虑结构类型与地面滑动等影响，只反映水平场地的地面破坏情况。但由于一般浅基础建筑的地基失效与液化不均匀沉降与地表破坏密切有关，因此，液化指数通常也能反映浅基房屋的液化危害。由液化指数与震害的对比可知，IEL 值越大则地面喷冒与房屋的破坏一般也越大，二者相关。

2. 地震液化小区划工作

地震液化小区划是根据某一特定的地区的地震工程地质条件和岩土条件，依据自由场地的液化判别方法和有关规范进行液化判别，将发生液化和不发生液化的地方在平面图中区分出来，同时，将液化区发生液化地方的液化势计算出来,将液化势相同的点连接在一起,这样变形成液化势的等值线图,这样该地区的液化可能性及液化危害性便一目了然。

3. 场地液化的防治措施

为保证承受场地液化危险性的建筑物的安全和适用,可以从结构和地基两方面来采取措施。我国建筑抗震设计规范提出的抗液化措施的原则要求避免将未经处理的可液化土层作为天然地基持力层。表中要求的全部消除、液化沉陷的措施包括:①采用桩基或沉井、全补偿筏板基础、箱形基础等深基础。采用桩基时,桩端伸入液化深度以下稳定土层的长度应按计算确定,且对碎石土、砾、粗砂、中砂,坚硬黏性土不应小于 0.5m,对其他非岩石土不应小于 2m。采用深基础时,基础底面埋入液化深度以下稳定土层中的深度不应小于 0.5m。②液化土层全部加密或全部挖除。加密处理方法主要有振冲、挤密砂桩、强夯等。加密处理或换土处理以后土层的实测标准贯入击数应大于规范规定的临界值。部分消除液化沉陷的措施,指挖除或加密部分液化土层。处理深度不浅于基底以下加 5m 或加基础宽度,液化指数应小于 4。

液化土层处理方法从原理上来分,除了换土、挤密以外,还有胶结和设置排水系统。胶结法包括使用添加剂的深层搅拌和高压喷射注浆。设置排水通道往往与挤密结合起来做,材料可以用碎砾石或砂。各种液化情形的处理方法的具体做法见 8-14~表 8-15。

表 8-14 抗液化措施

建筑抗震设防类别	地基的液化等级		
	轻微	中等	严重
乙类	部分消除液化沉陷,或对基础和上部结构处理	全部消除液化沉陷,或部分消除液化沉陷且对基础和上部结构处理	全部消除液化沉陷
丙类	基础和上部结构处理,亦可不采取措施	基础和上部结构处理,或更高要求的措施	全部消除液化沉陷,或部分消除液化沉陷且对基础和上部结构处理
丁类	可不采取措施	可不采取措施	基础和上部结构处理,或其他经济的措施

基础与上部结构一般可使用下列措施:①选择合理的基础埋深,尽量保留地表非液化土层持力层;②调整基础底面积,以减小基底压力和荷载偏心;③选用刚度和整体性较好的基础型工,如十字交叉条形基础、筏板基础、箱形基础

表 8-15　地基液化等级和对应的抗液化措施

液化等级	液化指数	场地震害特点	建筑物的震害	抗液化措施		
				乙	丙	丁
I	<5	无喷水冒现象，局部有零星喷砂冒水砂	小	部分消除液化沉降或对基础和上部结构处理	基础和上部结构处理或不处理	可不采取措施
II	5~15	中等喷砂冒水	较大，有不均匀沉降或开裂	全部消除液化沉降或部分消除液化沉降，且对基础和上部结构处理	基础和上部结构处理或采用更高要求和措施	可不采取措施
III	>15	形变化大，剧烈的喷砂冒水，有地裂缝	严重，有些可能产生 10~30cm 的不均匀沉降，有些建筑物严重倾斜	消除液化沉降	消除液化沉降或部分消除液化沉降且结构进行处理	经济措施

等；④增加上部结构的刚度、整体性和对称均匀性，不采用对不均匀沉陷抵抗能力差的结构形式；⑤合理设置沉降缝，室外管线采用柔性接头等。对于有土体滑动危险的液化场地，首先应着眼于场地土体稳定性的研究，不能仅着眼于个别建筑物的安全考虑。

消除液化沉陷措施指液化土加固或桩基，部分消除液化沉陷的措施指加固部分深度的液化土，但加固深度小于液化深度。重点应放在量大面广的丙类建筑上。对中等以下液化危害的场地要尽量先考虑由结构构造上采取措施，而不是首先考虑液化地基的加固。液化指数 IEL 不大于 10 者约占全部液化事例的50%以上。

四、地基抗震处理

地基震害多半来自液化土、软土、不均匀地基等情况下产生的沉降、倾斜或水平位移。液化后的土也可以说是瞬间变软的土，很多软土地基上或湿陷性黄土上减少不均匀沉降影响的结构构造措施大半都可以用来防治地基震害。

减轻或消除地震害的有效措施之一就是地基加固。加固的方法很多。在我国最常用的加固液化砂土的方法是振冲法、沉管碎石挤密桩法、强夯法等。地基的抗震加固在施工上自然与非抗震加固时一样，但在加固设计，如承载力、加固宽度、加固深度、加固后的状态等方面的要求上应按抗震的要求进行。由于一般抗震规范中在这方面常常缺乏明确规定，工程中就因设计者的认识而定，从而

在工程投资上造成相当大的差别,特别是加固宽度的确定,最不易掌握。加固参数的确定方法如下:

(1)确定加固深度

一般要求加固至液化层底。在液化层很厚或建筑物要求不太高的情况下,也可以只加固液化层的上部,但按照建筑抗震规范,液化地基的处理深度使残留液化层给出的液化指数不大于 4,对独立基础或条形基础还不应小于基础底面的 5m 和桩基础的长边。这样,当残留液化层液化时,不至于产生过大的震陷。与此同时,还希望尽可能的加强上部结构以适应可能的不均匀沉降。对于软土地基,由有限的试验和计算显示,基底下基础宽度范围内的沉降所占比例较大。因此,初步的看法是加固深度不宜小于基础宽度,最好达到 1.5~2 倍基础宽度。

(2)确定加固宽度

在确定加固宽度方面,情况远远不如人意。各种规定与建议间的差别相当大,而且其证据也不是那样经得起推敲,说明这个至关重要的课题的研究还需要深入。我国工程界更常用的习惯做法是,对一般建筑采用基础外加一排振冲桩或碎石桩,实际超宽范围约 1~2m,对筏基等宽度大的基础再适当放宽。上述涉及的还仅是液化土中的加固宽度的各种做法。

(3)确定加固后的密度

复合地基式地基由刚度相差较小的桩及桩间土两种材料构成,其承载力由桩身材料与桩间土的刚度比决定。按桩身刚度大小排列大体有:灰土桩、碎石桩、高压喷射注浆桩、混凝土灌注桩、混凝土预制桩及钢桩。但对后三种桩因为刚度与土相差太多。桩间土承担的荷载只是很小一部分,绝大部分基础荷载均由桩承担,因为传统上都假定全部基础荷载均由桩承受。这一传统做法近年来受到冲击。越来越多的人认为即使对混凝土或钢桩也应尽可能考虑桩间土的分担作用,亦即认为是复合地基。

1. 地基抗震构造措施

(1)控制荷载的对称与均匀性,控制建筑物的长高比在 2~3 以内,采用筒支结构,吊车轨道的标高与轨距宜设计成可调措施在抗震害方面仍是有效的。

(2)对工业厂房宜在屋架下弦预留静空,对民用房屋则预先提高设计地坪标高以防震陷。应该根据震陷计算结果预留必要的高度。在缺乏震陷计算依据时，下列数值可以作为粗估时参考：8度、9度震陷性软土10~20cm或静沉降的1/2。轻微液化场地≤5cm；中等液化场地10~20cm；严重液化场地宜大于20cm。

（3）采用筏基、箱基等整体性好的基础形式。在这方面有不少成功实例。如天津医院筏基下3.5m处就是2.3m厚的液化层（粉土），震后室外喷冒但房屋完好，仅有轻微倾斜。营口饭店筏基的持力层即为4.2m厚的可液化砂层，震后仅沉降缝处有错位。初步分析认为筏基的宽度大于液化层厚度，为后者的3倍以上，且液化层的标贯值与液化临界标贯相比不宜相差太多，以防附加应力不足以抑制液化或基础外侧的液化区对地基中部的太多削弱。筏基还具有较好的抗地裂缝能力，唐山地震时，天津605所锅炉房位于海河故河道旁，地基土产生液化侧向扩展，沿河道出现数十条地裂缝，筏基亦被拉裂，室内出现喷冒孔，但尽管如此，在筏基附近地裂缝有绕行现象或在筏基处中断。另一例为天津北塘糖业烟酒公司汽车地泵罩棚，为一2m深的钢筋混凝土槽，位于孟家河故河道旁，地震时地裂缝穿越泵房，但基础与结构无损。此二例说明虽未经抗裂设计，小型筏基有可能避免拉裂或使裂缝绕行。

（4）适当选择基础埋深。对宽度不大的柱基或条基，不宜将基础直接置于液化层上，宜利用上覆非液化土层并尽量浅埋。液化层面距基底的距离宜超过基础宽度。震害表明以液化层为持力层者比以液化层为下卧层的基础的震害要重。

（5）在墩、柱间设置抗水平力的构件，如刚性地坪、水平支撑等，以防止水平位移或相互间的移位，或将水平力传递到相邻基础上。美、日、法等国的抗震规范中要求在柱子间设拉梁，并按承受1/10的柱子轴向力设计。我国铁路工程抗震经验证明，中、小型桥梁如果河床在设置防止桥台、桥墩基础下土被冲刷的片石铺砌，则桥台向河心滑移就可避免或大大减轻。这种满河床铺砌虽然厚度仅数十厘米并由片砌成，但平面内刚度大，足可防止地震时桥台的滑移。房屋中地坪的抗水力作用，国内外均有实例。柱子常在距地面1m左右处剪裂，说明地坪起着水平力的支承点的作用，从而可以设计抗拉或抗压的地坪以减小震害。加厚的地坪是震后为了加强柱间支撑的下节点而设，这样的设计可使柱间支撑外来的剪力大部分由地坪承受。

（6）增加房屋刚度和抗拉能力，按抗震规范的要求设置圈梁。圈梁的作用有二：首先作为抗震后不均匀沉降的构件，增加墙体的抗拉能力；其次，地震时墙体,圈梁与构造柱共同防止墙裂和坍塌。圈梁的造价不高,但提高房屋抗震能力方面成效卓然。

（7）对液化地基上的已有建筑可在其周围设置加筋室外地坪或覆盖重物（堆土）,以防止地基土在液化隆起,防止基础旁喷冒,降低土中液化势。地坪应与基础拉结,其宽度一般不小于 5m,或经过地震反应分析确定。由于地坪的保护可使喷冒发生在地坪范围以外,从而减少了对建筑物的威胁。如果不设地坪而代之以一定厚度的土台或较厚的混凝土板,则覆盖所形成的地面荷载（土或板的自重）,可降低土中的液化势并将高孔压区向远处推移,使液化的危险减少,其效果比单纯的没有压重的地坪要好。但不论设地坪或设压重都应在地面与它们之间设一层砂砾层,以利地震时孔隙水排出。

2. 地基抗震设计和抗震验算

由于地震作用的不确定性和建筑结构在地震作用下所反应和破坏机理的复杂性,结构抗震设计的验算往往不如静力设计来得可靠。因而,必须强调抗震概念设计,即强调场地因素,强调建筑和结构方案,强调抗震构造措施等。使建筑结构具备较强的抗震能力。对地基基础地震反应的研究,目前更落后于上部结构,对地基基础的抗震设计更应该强调概念设计。

（1）场地影响的考虑

场地条件对结构物的震害和结构的地震反应都有重要的影响。所以,场地的选择、处理和地基与上部结构动力相互作用的考虑等都是概念设计的重要方面。原则上,应选择对抗震措施有利的场地,避开对抗震不利的场地,实在无法避开时,应采取适当的抗震措施。场地土层的软硬、覆盖层的厚度对地面运动的谱特有明显影响。深厚、软弱场地上高柔建筑物的地震反应肯定比较小;反之,在浅薄、坚硬的场地上,则低矮刚性建筑物的地震反应比较大。在选择建筑平、立面布置和结构方案时应仔细考虑小区域的场地因素。原则上应避免结构与场地"共振"。当然,进行场地土层－结构体系的整体地震反应分析是定量考虑共同作用的有效方法。不过,这种定量计算的结果,目前,多半还只能应用于理论分析。

（2）地基抗液化、抗震陷、抗滑移措施

对有可能发生的液化的地基如何进行地基基础抗震设计参考上面所述。消除或减少震陷的地基处理方法主要有:采用桩基础或其他深基础,将桩端和深基础底面深入非软弱土层。挖除或加固处理方法主要有:采用桩基础或其他深基础,将桩端和深基础底面深入非软土层,挖除或加固处理土层,挖除或处理范围应达到基础底下一定深度(基础宽度的 1~2 倍)和一定宽度(基础宽度的 2~3 倍)。在无条件采取地基处理措施时,可将软土地基基础作为上部结构的构造措施,这也是一种合适的对策。例如,选择合适的基础埋置深度;减轻荷载,包括采用轻质材料,减少基础上的回填土重量等;调整基础底面积,减少基础荷载偏心;加强基础整体性的刚性;加强基础上部结构整体性的刚性;合理设置沉降缝等。对土地地基性质变化明显,属于严重不均匀地基的情况,为避免地震时基础倾侧,首先应考虑避开,不然则应采取类似于震陷地基的处理措施。对于地基上偏硬的部分,有时可加设"褥垫"。对于可能在地震时产生滑动的地基土,应采取地基加固或抗滑桩等抗措施。

(3)如何提高各类基础的抗震性能

震害调查表明,与上部结构的震害相比较,基础结构本身和地下室等埋入式结构在地震中的破坏都比较轻。这可能是因为基础结构和埋入式结构主要处于地基土的包围之中,结构与土体的相对运动较小,本身不承受太大的惯性力。在地震过程中,基础主要是承受上部结构传来的惯性力,并直接传递给地基土。所以基础在提高整个结构的抗震能力方面应起的作用主要是加强结构整体刚度和加强结构与土体的连接。常见的基础形式有:

1)独立浅基础

通常假设由上部结构中抗侧力构件的基础底面与地基之间的摩擦力来平衡水平地震力。其他基础,如果它们的上部构件与主要抗侧力构件有适当的联结的话,也可认为同样提供了抗剪能力。基础总的抗侧向运动决定于这些基础的竖向静荷载和基底与地基土之间的滑摩擦系数。当基础侧在填土充分密实时,还可以考虑部分被动土压力的抗震水平力作用。当柱子与附近的刚性地坪联结良好时,刚性地坪的断面材料强度也可以予以考虑,但不与被动土压同时考虑。为了提高单独基础的抗倾覆能力,除了控制基础边缘的最大压应力以外,还应注意基础荷载的偏心距不要大于基础宽度的 1/4。为了提高浅基础对水平向或竖直向不均匀地面运动抵御能力和调整差异沉降的能力,基础之间设置系梁是必要的。系梁设计一般按构造要求。可以考虑的一个设计准则是:使系梁能承受的拉力和压力相当于相邻二柱中最大竖向荷载的 10%。

2)条形基础和筏板基础

条形基础适用于柱距不大,地基略差的场合。两个或更多的柱子通过刚性较好的条形基础联系在一起,其抗震性能要比单独基础加系梁好得多。不过,当垂直于基础纵轴线的水平倾覆力矩较大时,条形基础的设计也要慎重对待。

筏板基础是将整座建筑的基础用厚板或梁板连成一片,它在平面上刚度很大,侧向稳定性也好,可适当地调整基底反力,减小基础沉降或不均匀沉降,从而减轻上部建筑的震害。在软土地基上采用筏基时,为减小差异沉降,应使建筑物自重中心的垂线接近基础底板的形心,以尽量减小基底压力的偏心,这样对整个结构的抗震比较有利。在采用筏板基础处理液化地基时,筏基底板沿建筑物周围最好放宽 2~3m,以减小地基土液化喷水冒砂的影响。

3)箱形基础

箱形基础埋置深,强度和刚度大,与地基土的联结良好,来自上部结构的地震作用和来自侧面土的压力都能比较好地传递到基础底面以下的土层。因而箱形基础有较强的抗倾覆能力和调整差异沉降的能力,而且,在发生较大规模的地基土滑或液化时,也能保持基础和结构的整体性尤为合适。为使箱形基础有较高的抗震安全度,保证足够的纵横墙刚度和保证施工缝的抗剪能力是必须加以注意的。

4)桩基础

桩基础能够将地震作用传到较深的土层,有较好的抗震性能,尤其是基础抗液化的一种有效形式。为保证上部结构与桩基础的动力整体性,地震区桩基础设计中应注意使桩基础的刚度和承载力与上部结构的刚度和荷载分布情况相协调。为此,应合理布置桩位:同一建筑的各个单元不应混用天然地基和桩基;在同一桩基中,不应混用端承桩和摩擦桩,桩端应尽可能支承于同一垂线上,有必要的话,桩的平面布置可做成内稀外密。

桩的水平承载力远小于轴向承载力。为提高桩基抵抗水平荷载的能力,桩基抗震设计中应注意如下各点:加大承台埋置深度,承台混凝土最好原坑浇注或将回填夯击密实。承台之间设置系梁可使桩基础之间的相对位移尽可能减小,将承台做成长形或筏板基础当然更好。桩基承台之间做成刚性地坪,也是提高桩基水平刚度的简易办法。桩顶与承台应做成刚性嵌固,埋入深度不小于 5cm,桩身钢筋伸入承台足够长度(一般不小于 30cm),并适当加密承台底下 1m

范围内的桩身箍筋。为使桩身能承受地震力引起的变矩,沿桩长应配置一定截面的钢筋,最好通长配置。对于长桩,尽量减少接头,必须采用接头时,应使用钢板电焊接头,并将接头位置错开。在软硬土层交界处,避免设置接头,并加强桩身箍筋以提高桩身抗侧力的能力。

3. 地基抗震验算

震害资料表明,我国多次强地震中遭受破坏的建筑,只有不到10%的例子是因为地基的原因导致上部结构的破坏。地基破坏的实例中有40%以上属于地裂、滑坡和明显不均交地基,40%左右是地基液化,不到20%为软弱黏性土震陷。大量的一般性地基都具有较好的抗震性能。很少发现因地基承载力不够而导致震害的例子。基础结构损坏的事例更是绝无仅有。下列建筑可不进行天然地基及基础的抗震验算:①砌体房屋,多层内框架房屋,水塔;②地基主要受力层范围内不存在软弱黏性土层的一般单层厂房、单层空旷房屋和多层民用框架房屋及与其基础相当的多层框架厂房。所谓软弱黏性土主要是指7度、8度和9度时,地基土承载力标准值分别小于80kPa、100kPa和120kPa的土层;③7度和8度时,高度不超过100m的烟囱;④可不进行上部结构抗震验算的建筑。对于承受竖向荷载为主的低承台桩基,当地下无可液化土层,且承台周围无淤泥、淤泥质土和地基静承载力标准值不大于100kPa的填土时,上列的①、②、③类建筑及7度和8度时的②类建筑,可不进行桩基抗震承载力验算。上述以外的建筑,例如,主要受力层范围内在软弱黏性土层的一般单层厂房和多层框架房屋,高层建筑,桩周围存在可液化土层的桩基建筑等,则需要验算地基土的抗震承载力。地基和基础一方面把地震动传给上部结构,另一方面又承受上部结构运动惯性力造成的荷载。由于地基、基础和上部结构之间的相互作用以及发生液化等地基情况的变化,地基和基础承受的动荷载会有大幅度的上下,故确切的基础动荷载的求取将是困难的。目前工程实用方面是考虑作用于上部结构各层的水平力总和,求出作用于基础顶面的往复剪力和往复倾覆力矩,作为基底地震作用的标准值,并与静荷载和其他荷的标准值组合后进行"拟静力法"的地基基础抗震验算。

(1)天然地基抗震强度验算和加固处理

地基按弹性设计验算,满足地基土竖向抗震承载力要求。对于黏性土,容许摩擦力不得大于不排水抗剪强度(qu/2)。对于重要工程,应通过现场试验确定基底摩擦力数值。基础前面被动土压力的发挥有赖于很大的水平位移,故一般只取其计算值1/3供验算。有足够整体性和刚度的混凝土地坪,可用地坪与基础正面接触面积和地坪混凝土压设计强度的乘积供验算用,但验算式中被动土压力提供的抗力和刚性地坪提供的抗力不能同时出现,以大者为准。基础水平抗滑验算的安全度可取 1.2~1.3。天然地基抗震验算难以满足时,根据地基情况、工程要求和其他客观条件考虑采用人工地基加固处理方法。较常用的有换土垫层法,适用于软弱土层,该方法造价低、施工简便,但当荷载较大、要求较高时则不宜应用。松散填土或杂填土地基宜用重锤夯实法处理,但该法加固深松散砂土和粉土地基,能有效的提高土的密度。对于饱和软黏土层的加固,可采用砂井预压法,经济有效,但所需时间较长,要具备一定的加荷条件。

(2)桩基的抗震强度验算

地基中无可液化土层,承台周围无淤泥、淤泥质土和松散填土的低承台桩基,基抗震强度的验算,可采用荷载标准值的地震作用效应组合。验算方法同静承载力。单桩抗震竖向承载力可较静力承载力提高 20%~30%,一般取 30%,其理由如同天然地基承载力的调整。单桩静力竖向承载力根据荷载试验结果确定,当然也可根据经验公式加以确定。摩擦群桩还应视作一假想的实体基础,验算桩端土层及其软弱下卧层的天然地基抗震承载力。假想实体基础的底面积不考虑土体沿桩长的扩散角。桩基抗震水平承载力验算,可计入桩的水平承载力(一般按静力水平承载力提高 25%)、桩承台前面土的被动土压力或刚性地坪的水平抗力(二者中取大者),由于桩周土沉降,桩承台底面与地基土之间摩擦力一般无法计入,单桩水平承载力可通过水平静荷载试验求出,也可以将单桩视作竖向弹性地基梁,按 m 法解挠曲微分方程算出对应于桩顶水平位移容许值(可取为 10mm 或更小)的水平荷载。计算中比例系数 m 可较其静力值提高 25%。

对于可液化土层中桩基的抗震验算,情况比较复杂。当承台周围和下面有厚度不小于 2m 的非液化土和非软弱土来保证桩顶嵌固条件时,可按下述方法进行两阶段抗震验算。第一阶段:荷载按地震作用标准值组合,不考虑土层液化对单桩承载力的影响,或者只是部分扣除液化土层的摩擦阻力。第二阶段:地震作用取标准值的 20%,单桩承载力中扣除液化土层和承台底面以下 3m 范围内土层提供的桩周摩阻力。由于对桩、土、承台和上部结构在地震中的动力相互作用的了解还很不够，目前，通用的桩基抗震验算方法还不可能很准确地反映桩和承台工作情况。因此，桩基础在通过抗震验算以后，注意采取构造措施予以适当加强还是很重要的。

第九章 特殊条件下的地基处理技术

第一节 水下地基处理

一、水下挤淤方法

挤淤方法有压载法、振动法、强夯法、爆破法、卸荷法、射水置换法。挤淤形成的填筑体结构有整式填筑体、散式填筑体及桩式填筑体三种。按形成填筑体接底情况又可分为悬浮式及着底式两种。

1. 压载挤淤

当在淤泥中抛填的填筑体的总压力超过淤泥的承载极限时,四周淤泥被迫隆起,产生流滑。填筑体沉入淤泥内一定深度,形成顶部露出淤泥面,两侧成鼓形、底部呈抛物线形的整式挤淤稳定填筑体。

压载挤淤不仅是形成挤淤置换地基的主要方式,也是形成挤淤施工道路及其他挤淤措施所需工作平台的必要步骤。

(1)填筑体(挤淤平台)的填料选择。填筑体重度越大挤淤效果越好,因此宜选用重度大,且有一定透水性的填料,利于邻近淤泥的孔隙水压力消散。若采用过大块石,填料架空严重,淤泥便会进入块石孔隙中,甚至上窜至填筑体顶部,形成橡皮土,填筑体只增宽,不下沉,有淤泥的填料抗剪强度也明显降低。因此,宜选用粒径大小搭配、孔隙率小的爆破石渣,其级配曲线宜在计算的颗粒堆积最密实状态的理论级配曲线附近。

(2)填筑体宽度。压载挤淤填筑体宽度应满足施工及永久工程运用要求,维持悬浮于淤泥中的填筑体不增宽、不解体。

(3)填筑体厚度。填筑体越厚,沉入淤泥内越深,填筑体以下残存淤泥越薄,承载力越大,剩余沉降量也越小。

压载挤淤方法及结构特点,见表9-1:

2. 强夯挤淤

表 9-1 压载挤淤方法及结构特点

项目	具体内容
整式压载挤淤	填筑体被整体挤入淤泥中,除与淤泥接触的面层外,填料中不混有淤泥。根据填筑体接底情况不同又分为悬浮式、接底式及侧向约束式三种结构形式。整式压载挤淤结构整体性好、抗剪强度高,以接底式稳定性最好,还可承受一定的内外高差,兼起挡淤作用。条形荷载的地基塑性区开始于边缘。对称三角形荷载,地基淤泥为零时,塑性区出现始于深度为底宽 1/4 的中轴上。因此,有一定宽度、等厚填筑体有利于挤淤下沉
散式挤淤	块石分散于淤泥中,形成以块石为骨架、淤泥为填料的置换地基。由于块石间充满淤泥,侧限情况下的抗剪强度低、稳定性差。用于处理四周被封闭的淤泥,块石接底且互相接触,能形成稳固受力骨架时,仍有足够承载力和较小沉降量

强夯挤淤是在飘浮于淤泥中的堆石体强夯平台上进行的。与常规强夯动力加固不同,强夯挤淤具有下述明显特点:

(1)强夯挤淤要求单击能量比动力固结大;且一次施加,使强夯平台产生局部或整体剪切位移;强夯整式挤淤孔距较密;强夯顺序必须按先中间后两侧,才能保证强夯平台整体下沉;桩式挤淤为定点强夯。强夯加固,第一序夯点间距较大,以使夯击能量传递到深处。

(2)强夯挤淤宜连续进行,使淤泥产生触变,降低强度,才有较好的挤淤效果。常规强夯加固往往须间隔一定时间,使强夯引起的超孔隙水压力消散。

(3)强夯挤淤夯坑为倒圆锥体,口径较大,夯坑深达 2m 以上,四周土体都下沉。强夯加固形成的夯坑底部有平底部分,夯坑深度一般不超过 1m,夯坑附近土体有隆起现象,强夯挤淤时的堆石平台底部有一层淤泥,可吸收残留夯击能量。因此,强夯挤淤不会破坏淤泥下压持力层的结构强度,也不会对下压持力层起动力加固作用。

(4)强夯挤淤侧向约束较小,挤淤后强夯平台或碎石桩体增宽作用明显、影响深度大。整式挤淤边孔增宽可达坑深的 40%左右。桩式挤淤增宽为竖向变形量的 15%~20%。强夯加固产生的侧向位移一般在竖向变形量的 10%以内,且深度小,约在夯锤直径 1.5 倍范围内。在悬浮于淤泥中的石渣填筑体工作平台上,用大能量的重锤强夯,使填筑体挤开淤泥下沉。强夯挤淤由填筑体中心向两侧逐点强夯的整式挤淤,采用隔点跳、定点夯击两种桩式挤淤方法。

1)夯锤重量

当荷载面中心点下的填筑体中竖直应力大于填筑体下淤泥承受总竖直应

力时才能产生挤淤效果。据此推得夯锤单位底面积重量。

2)夯点布置

整式挤淤应保证填筑体底部接底,为此,夯点布置应使填筑体底部均在强夯应力扩散角有效范围内,即桩式挤淤需根据要求设计成桩直径(约为夯锤直径的 1.15 倍)和置换率。

采用强夯方法使抛投在淤泥中的堆石体下沉,挤开淤泥形成人工置换地基或部分置换的复合地基,不仅可以克服淤泥加固施工的困难,且见效快,成本低,形成的置换地基整体性好,抗剪强度高,剩余沉降量小。该方法已在我国深圳国际机场中应用,取得了满意的效果。强夯挤淤的原理与方法,强夯是将机械能转换为重锤势能,再转变为重锤动能——夯击能的过程。在重锤快速下落并作用于漂浮在淤泥中的堆石体瞬间,使其产生剧烈振动,并形成强大冲击波。产生的压缩波可在固体及液体中传播,对正下方土体产生冲压作用及推拉运动,使土骨架解体;随后通过固体传播的剪切波产生冲剪作用,使土体沿剪切窗部位下沉,挤附近的饱和淤泥,使其孔隙水压力迅速增高(实测增高值可达 40kPa 以上),有效压力减少,抗剪强度降低,淤泥便被下移的土体推动向两侧滑移、加高,产生挤游效果,并使堆石体密实。

根据强夯挤淤的方法及形成地基性质的不同,强夯挤淤可分为整式挤淤及桩式挤淤两种。整式挤淤可使整个强夯平台全部沉到持力层,形成完整的人工置换地基。上部建筑物产生的附加应力通过置换地基扩散,传到下压持力层的附加应力已很小,因此,对下压持力层强度要求不高。堆石置换地基不仅取代淤泥且创造了下压持力层的排水条件。承载试验成果表明,采用石渣形成的强夯置换地基的允许承载力高达 500~900kPa 以上。

桩式挤淤只是使若干碎石柱状体挤开淤泥,沉到持力硬层上,又称强夯碎石桩。它主要依靠碎石内的摩擦角本身维持桩体平衡,通过置换、挤密、排水、加筋及应力集中作用,在强度很低的淤泥中形成由碎石桩平台、碎石桩体及其间被挤密排水加固的淤泥组成的复合地基,允许承载力可达 250~400kPa。

强夯碎石桩为柔性桩,应力从基底即开始扩散,因而,附加应力传到下卧层时的应力远小于刚性桩,且创造了淤泥排水固结条件,地表沉降基本可在施工期内完成。

淤泥特性及厚度:强夯挤淤特别适用于天然含水率大于液限、孔隙比大于

1.5 的流塑状饱和淤泥。这类淤泥易受外力扰动,具有明显的触变性,一旦受扰动强度大大降低,有利于减少挤淤阻力。淤泥厚度小于 2~3m,可采用抛石压载挤淤及振动挤淤,使置换地基填料沉到下持力层。此时,采用强夯挤淤易产生破坏下压持力层现象,将增加附加沉降量。对深度超过 10m、含水率在 50%~100% 的常见淤泥,由于所需强夯能量过大,亦不经济。淤泥深度在 5~6m 以内时,可采用整式或桩式挤淤。但当淤泥深度超过 5~6m 时,若采用桩式挤淤,为满足一定承载力或沉降量要求的置换率过高,造成施工困难,强夯平台上抬现象严重,故宜改用整式挤淤。

填料:黏性土吸收夯击能量大,泊松比大(约 0.5);堆石及石渣传递夯击能量效果好,泊松比小(0.25~0.30)。用黏性土作为强夯平台填料,进行强夯挤淤时侧向增宽作用大,竖向沉底效果差,因此,宜选用块石、石渣等粗粒料作为平台填料。填料内混进淤泥后,会降低抗剪强度,由于淤泥的消震作用,挤淤效果明显降低,甚至出现只增宽、不下沉的现象。因此,宜选用透水不透淤泥、大小级配搭配、结构密实、抗剪强度高的块石及石渣料填筑。采用块石粒径过大,大部分能量要消耗在击碎大块石上,且填料会产生架空现象,亦会影响强夯挤淤效果,因此,采用块石最大粒径不宜超过 1000mm。对桩式挤淤,为保证碎石桩的整体性、密实度和透水性,填料的最大粒径不宜大于桩径的 1/5,含泥量不大于10%。采用这种填料形成的强夯碎石桩,大型原位直接剪切试验得出的内摩擦角可达54°。

夯坑进水后,夯锤击至水面不仅造成溅水、飞石,影响施工人员及夯机安全,且会消耗夯击能量,因此,强夯平台四周的地面或地下水位均应在形成的夯坑底部以下。强夯挤淤所形成的夯坑深度可达 2.5~3.0m,因此,强夯平台附近的地面或地下水位应比强夯平台顶部高程低 3m 以上。

强夯平台:强夯平台是施工平台、施工道路,也是置换地基的组成部分,应该满足施工期和运行期的各项要求。强夯平台顶部填筑高程应满足厚度要求,且应高出淤泥面 2m 以上,以便强夯接底后,堤顶仍高出附近淤泥面。形成置换地基后的高程应满足上部结构对地基设计高程的要求。桩式挤淤应结合碎石桩工作垫层厚度(一般不小于 2m)确定;强夯平台堆石体厚度若过薄(整式挤淤不足 3m,桩式挤淤不足 2m),易造成强夯击穿事故,夯坑内涌进淤泥或水,甚至丢失夯锤。若过厚(大于 6m),要求强夯能量过大,夯击次数增多,不经济。因此,堆石体厚度以 3~6m 为宜。在淤泥中采用抛石压载挤淤形成的施工平台,为中间厚、旁边薄,进行强夯时,边孔易产生击穿现象。我们采用沿平台两侧挖去部分淤泥,进行卸荷挤淤的方法加厚平台两侧 1.0~1.5m,杜绝了旁孔击穿现象。

强夯施工中,若夯坑附近产生摇晃现象,或夯坑内进水、溅起淤泥,均表明平台填料厚度不够,或夯坑布置太靠边,应补料加高或调整夯点位置。采用桩式挤淤时,应及时对夯坑补石满夯。最后采用振动碾压实。强夯挤淤的工效:统计资料表明,每台夯机每班约可强夯 200 击,最高 280 击,每天处理面积为 360~500m²(两班制)。

3. 其他辅助挤淤方法

(1)爆破挤淤:利用爆破动荷载的冲击作用破坏淤泥的结构强度及淤泥与填筑体间的极限平衡状态。一部分淤泥向外抛掷,水下的淤泥受爆破振动作用,产生振动触变软化,填筑体便下沉充填抛出淤泥留下的空间,产生挤淤下沉效果。为增大抛掷挤淤效果,尽可能采用集中药包,药包以上的填筑体重量应大于两侧可能被抛掷淤泥重量的 1.2~1.3 倍以上。当要求爆破挤淤深度为 3~5m 时,爆破孔距宜控制为 0.5~4.1m,每孔装药量为 8~33kg。

(2)卸荷挤淤:利用索铲、反铲或抓斗挖除填筑体两侧及堤头附近淤泥,形成卸荷槽,从而减少淤泥对填筑体的侧压力及上托力。淤泥受扰动后,结构强度明显降低,填筑体便靠自重进一步挤淤下沉。卸荷挤淤应坚持近挖远卸原则,在填筑体两侧对称挖淤,严格控制其两侧淤泥面高差满足一定要求。

(3)射水置换挤淤:用高速水流掏刷并冲刷石渣填筑体两侧及堤头的淤泥,使其逐渐稀释、流失,形成充水的卸荷槽,填筑体因自重下沉。最大冲淤深度应满足射水形成充水卸荷载,泥槽壁稳定的要求。填筑体下沉深度:

1)压载挤淤措施。有足够压载力时,采用压载挤淤即可使填筑体着底。当填筑体自重不足以着底时,可通过强夯或爆破挤淤方法使其着底。卸荷及射水置换挤淤是增大压载挤淤效果的主要辅助措施,特别适用于填筑体顶部设计高程与周围淤泥面相差不大(3m 以内)情况。

2)主要靠填料重量下沉的压载、爆破、卸荷及射水置换挤淤,填筑体越厚,挤淤效果越好。主要靠外力下沉的强夯及振动挤淤,填筑体不能过高、过厚。

3)在深厚淤泥(厚度 5~10m)中,使填筑体着底的最佳整式挤淤措施是:首先,大量抛投填料进行压载挤淤,再进行卸荷挤淤,最后通过强夯挤淤使其着底。在淤泥中的抛填体压力(包括大型车辆、施工机械行走及工作压力)超过淤泥极限承载能力时,淤泥产生整体剪切破坏,两侧淤泥向上翻涌、隆起,并在淤泥中产生连续的滑动面。填筑体便挤开淤泥,下沉至一定深度,达到新的极限平衡状态,产生压载挤淤效果。压载挤淤后的填筑体,远大于淤泥的承载力。施工期起施工道路及工作平台作用,运营期又是可靠的构筑物。

二、挤淤置换法

挤淤置换地基法可以就地取材,根本上改善天然软弱地基的沉降变形及强度条件,成本小,技术难度小,易于实现的地基处理方法。流塑状淤泥的含水率大、孔隙比大、强度低,又为高灵敏土。在大面积深厚淤泥中,采用钢板桩或地下连续墙围护后进行换土施工,或不加围护,直接开挖淤泥及换土形成置换地基,均具有一定难度。但直接在挖除硬壳层的淤泥中一次大量抛投土石填料,依靠填筑体自重及外力扰动挤开淤泥下沉,形成顶部高出淤泥面、底部悬浮于淤泥中或与下卧持力硬土层相接的挤淤置换地基,挤淤下沉所遇阻力却远较其他土质小。淤泥具有明显触变性,被挤淤扰动后,强度进一步降低。挤淤过程完成后,淤泥处于相对静止状态,强度又逐步恢复。可以根据工程运用要求在淤泥中形成施工平台、压淤平台及高标准稳定人工地基。

1. 挤淤置换地基分类

挤淤置换地基分类,见表9-2。

2. 挤淤置换地基结构特点

(1)挤淤置换地基系一次向淤泥中抛投大量土石填料形成,采用填料均一,断面结构型式简单。

(2)挤淤置换地基在施工期兼起施工道路及工作平台作用,具有施工措施与地基结构措施合为一体的结构特点,因此,其设计宽度、高程、填料选择及沉底要求应同时满足施工期及运用期要求。挤淤置换地基结构稳定性,会随四周被扰动淤泥强度逐渐恢复及失水固结而不断增强。

(3)挤淤置换地基的断面轮廓系在挤淤过程中形成,难以人为控制。离心机模拟试验及现场原型探测结果表明,整式挤淤形成的置换地基未接底前为悬浮于淤泥中、底部为抛物线型的倒梯形,接底后为两侧向淤泥突出的鼓形。散式挤淤的块石间混有淤泥,在外侧无硬土层或构筑物约束情况下,呈正梯形断面。

表 9-2 挤淤置换地基分类

类别	主要内容
桩式挤淤置换地基	通过振动或强夯使碎石或石渣填筑体中部分碎石呈桩状体接底,形成所谓碎石桩(墩柱)。它主要靠碎石内摩擦角本身维持桩体平衡,通过置换、挤密、排水及应力集中作用,在强度很低的淤泥中形成由碎石桩平台、桩体及其被挤密排水加固的淤泥组成的复合地基。这种形式可以减少填料数量,能形成大面积置换地基。我们采用强夯碎石桩方法处理拦淤堤封闭式置换地基中被拦淤堤内坡三角体封闭的残存淤泥
整式挤淤置换地基	填筑体被整体挤入淤泥中,除两侧及底部与淤泥接触的面层外,填筑体内不混进淤泥。这种结构整体性好,抗剪强度高,特别适用于建造条带状置换地基。根据填筑体底部与下压持力硬土层接触情况,又分为悬式、着底式及一侧或两侧的侧向约束式三种
拦淤堤封闭式置换地基	在要求形成置换地基的四周采用整式挤淤措施沉底的拦淤堤,然后挖除被拦淤堤封闭的淤泥,再加填合格土石填料。
散式挤淤置换地基	在抗剪强度小于 2kPa 的极稀淤泥或深度不超过 3~4m 淤泥中散抛碎石,依靠单块自重或外力夯击下沉,形成以块石为骨架,淤泥充满在块石间空隙中的置换地基。这种形式对抛投强度无要求,可以人工施工,但形成的填筑体抗剪强度低,用于处理四周被天然地形或构筑物封闭的淤泥时,块石能形成稳固的受力骨架,仍有足够承载力和较小沉降量。我们曾用于处理万安水电站土坝左接头局部残存 2~3m 厚的淤泥,散抛块石出淤泥面后,采用振动碾压密实,满足了土坝坝基要求

第二节 冷冻法施工

在人工冻结黏土蠕变分析中,平均法向应力的影响可不计,内摩擦角最小且受负温影响不明显,可忽略其变化对人工冻结黏土蠕变的影响。得到人工冻结黏土本构关系中温度对蠕变的影响规律以及对应参数,可以建立各变量分离的人工冻结黏土本构关系,进一步完善有关冻土本构关系。它将为解决冻结凿井在深厚冻结黏层中冻结管断裂问题提供关键的冻土力学理论基础。人工冻结黏土的强度在承载最初 10h 以内,下降最快。在此阶段,人工冻结黏土强度一般降低约 1/5~1/4,这是应该引起工程界高度重视的。要想使地层冻结成冰,就必须将其中水的温度降到冰点以下,水才会冻结成冰。进入地层内的冷媒通过进、回管路与要冻结的地层相连,通过冻结管与地层进行能量交换。将冷量传递给四周地层,而将地层中热量带走。由此,使冻结管周围地层由近向远不断降温,逐渐使地层中的水变成冰,把原来松散或有空隙的地层通过冰胶结在一起,形成不透水的冻土柱。若干个这样的冻结管排列起来,通过冻结管内冷媒不断循环,使这些冻结管周围土都冻成冻土柱。随着冻土柱半径不断扩展,相邻冻土柱就会相连,彼此通过冰紧密结合在一起,形成密封连续墙。根据不同冻结时间冻结管周围冻土发展和冻柱相连接过程,冻结法加固地层分为直接式(消耗型制冷剂系统)和间接式(循环冷媒系统)。典型间接式冻结系统主要包括冷冻站系统和地层冻结系统,冷冻温度一般在 $-20\sim-35℃$ 之间。

直接式冻结法,所用制冷剂主要有液氮或固体二氧化碳溶于酒精后的液体。它们既是制冷剂,又是冷媒。用泵直接把这种液体泵入地层里的冻结管内,另一端排出已同地层发生过热交换的尾气。这种方法中,冻结管内温度一般较低,液氮可达 $-190℃$ 左右,而后者也可达 $-70℃$ 左右。这时冻土墙可在几小时内形成。对于处理一些工程事故和高大建筑物下施工,具有速度快、操作方便和冻土墙承载能力大等优点,当然成本也就高。组合制冷剂的指标见表 9-3。

表 9-3　制冷剂的指标

主制冷剂	次制冷剂	指标	
		温度℃	压力(MPa)
N_2	N_2	$-170\sim-190$	$17\sim106$
CO_2	CO_2	$-40\sim-55$	$56\sim106$
NH_3	CO_2	$-15\sim-40$	$106\sim211$

冻土中冰的力学性质主要取决于温度和时间,而水是关键。它可用于任何含水的土层或岩层中,无论什么样的结构、颗粒或渗透特性。尽管饱和含水量对冻结法更好,但即使含水率低到 10%时,或地下水流速不大于 10m/d,冻结法应用也不会有什么问题或困难。软土、流砂层、砾石地层,以及高水压或高土压地层,冻结法较其他方法更具优越性。随着冷冻法施工在市政工程,尤其在深表土(第四系地层)中的应用,出现了许多问题,有的还是灾难性的问题,如冻结凿井中断管淹井事故,市政工程中冻胀融沉给地下管线和现有建筑带来的损害,以及因设计施工和管理等环节上的失误导致重大事故等。而冻结凿井中断管淹井事故主要是由于过去对人工冻结黏土的力学性质,尤其是流变性质认识不够,设计理论和公式与实际相差甚远。我国在应用人工地层冷冻法施工时所必须解决的问题:对冻土的物理力学性质认识不足,对水文地质了解不够,设计失误,施工中遇到问题处置不当,监测监控数据把握和分析不周到,应急措施不到位等问题。

在不稳定含水地层或含水丰富的裂隙岩层中进行地下建筑或基坑施工时，利用冷冻法施工形成冻土墙来隔绝地下水和开挖区域是最有效的措施之一。一般情况下，地下含水率大于10%，其流速不大($\leqslant$3~10m/d)、含盐量较小、水温变化幅度不太大，可以使用冷冻法施工。若这些条件不满足，经比较后仍然要用冷冻法施工，就需要缩小冻结孔间距，或增加冻结孔排数，降低冷媒温度等措施，以及采用干冰或液氮做冷媒。因此，对地下含水率、流速流向、含盐量、水温以及和其他水源的水力联系、开挖体及影响范围内地层中含水层和隔水层等一定要勘察清楚，这是冻结设计和施工必备的重要资料。根据开挖范围和地层含水层、隔水层等资料，就可决定冻结深度(垂直冻结)或冻结长度(水平或倾斜冻结)。

冻土墙作为地下建筑施工过程中的临时结构，无论是各类挡土墙、地下连续墙、水平圆形或其他形状结构或竖直圆形结构，其设计仍然采用常用的同类结构设计公式，只是其中的力学参数采用前面的冻土力学指标。

冻结壁的承载能力除了与冻土的物理力学性质密切相关外，更重要的是与冻结管材、冻结壁的平均温度、未支护段高度和掘砌时间直接相关。考察冻结壁的承载能力时，冻土本身的力学参数在施工中是很难改变的。冻结管的允许变形，在选定管材和接头后，只能通过冻结壁平均温度的降低和未支护高度的协调改变来改变。而在施工中可人为且较容易控制的参数是冻结壁的平均温度、未支护段高度和掘砌时间，因而，考察这些可控变量对冻结壁承载能力的影响程度和方式，不但可了解这些变量的作用，更重要的是在施工中可根据当时当地的情况进行变量的调整，以达到使冻结壁稳定安全的目的。降低段高是提高深部泥岩冻结壁承载能力最有效的途径，也是最容易实现的；缩短掘砌时间和降低冻结壁平均负温(实际提高了强度和弹性模量，同时实际也增厚了冻结壁)可作为辅助手段。有时可组合采取上述手段来提高冻结壁的承载能力，当然还要看冻土的蠕变参数和实际条件来定。深冻结壁时空设计理论反映了深冻结壁实况，经实践检验是正确的。它不但更新了冻结壁设计的传统理论及观念，同时为深表土中冻结凿井信息施工奠定了理论基础，并能产生良好的经济效益。

冻结工程中主要钻孔为水位观察孔、测温孔和冻结孔。冻结孔是冻结器放入的孔，实现地层冻结能量传递的关键部分，冻结孔的布置对冻土形成起着关键作用；水位观察孔是用来观察冻结过程中冻结封闭体内水位的变化情况；测温孔用来监测冻结过程中冻结温度在土中发展变化情况。

在冻结温度确定后,冻结孔的间距和排数(单排、双排或多排冻结孔)决定冻土墙的发展速度和厚度。当冻土墙的厚度确定后,就可根据冻结深度或长度、打钻设备精度、地下水流速和流向、土壤的热物理参数等计算冻结孔的间距和排数。当冻土墙厚度不很厚时(如小于 3~4m),单排冻结孔间距一般在 0.5~1.2m 范围内取值。孔间距越小,冻土形成越快,相应的成本也要增大,反之亦然。孔间距主要取决于工期、地下水温度、水中的盐分、冻结深度和打钻设备精度、土壤热物理参数、冻土墙的设计平均温度等因素。

当冻土墙厚度很厚(如大于 3~4m)或地下水流速较快时,单排冻结孔不能满足要求而必须采用双排或多排冻结孔时,孔间距和排距的选取,主要根据冻土墙设计的平均温度、土层常规和负温下的物理力学参数、冻结速度的要求等主要因素决定。这时冻结孔一般成错位布置或梅花形布置。冻结孔间距一般在 0.8~1.2m 范围内,而排距一般在 0.5~1m 范围内取值。类似地,单排孔,距离越小,冻土墙形成越快。相应的成本也要增大,反之亦然。圆形冻土墙冻结孔的布置圈径要考虑开挖体的直径、深(长)度、冻结深(长)、冻土墙厚度占钻孔可能的最大偏斜率和冻土墙在已冻结孔布置轴面上相对开挖区的内侧分配比例等因素。

冻土墙的积极冻结时间是指从冷冻站开始向地层供冷到冻土墙形成并具备开挖条件所需要的冻结日期。冻结时间确定仍是一个难题。

实施冻结工程,要建冷冻站给地层提供降温冻结的能量。煤矿冻结凿井中主要用氨压缩机(即制冷剂是液氨),相应的配套设备除了盐水泵、冷却水泵、冷凝器、蒸发器、中间冷却器外,还有油氨分离器、集油器、储氨器、空气分离器和众多连接管线等。这样一个冷冻站所占场地非常大,尤其在市政工程中,用地面积往往非常有限,而采用这类设备就非常困难。随着科技进步,使用氟利昂或液氨作为制冷剂的组合式螺杆压缩机组,将不会影响地面交通和商贸。

第三节　建筑物纠倾与移位技术

一、建筑物纠倾技术

建筑物纠倾是指既有建筑物由于某种原因造成偏离垂直位置而发生倾斜,影响正常使用,甚至导致建筑物结构损伤,危及生命及财产安全时,为了恢复建筑物使用功能,保证建筑物结构的安全,所采取的扶正技术措施。建筑物纠倾技术,又称为纠偏技术。它往往与基础加固相结合,建筑物发生倾斜的原因很多,但大多与地基基础有关,包括上部结构、周边环境等影响因素,最终通过建筑物基础出现不均匀沉降,导致建筑物倾斜。

建筑物倾斜的主要原因:

①软弱的土层不均匀,层厚差异较大,在建筑荷载作用下,土层因固结速度不一致使局部产生过大沉降,导致倾斜。湿陷性地基上,由于地基部分浸水,土层湿陷下沉而发生建筑物倾斜。地基下存在未发现地下洞穴,其地基局部下沉,使建筑物倾斜开裂。

②建筑物荷载偏心,即建筑物重心与基础形心不重合造成倾斜。新旧建筑物相距较近,相互影响,相邻基础设计处理不当,使地基中的附加应力叠加,产生应力集中引起倾斜。

③施工中桩基中断桩、严重缩径、沉渣过厚、未达持力层等。

④建筑物堆载不当,使基础中局部承受大的附加应力,造成建筑物倾斜。邻近建筑物施工,大量降低地下水引起建筑物不均匀沉降。邻近建筑物基坑开挖、支护不当,土体侧向变形过大,引起建筑物倾斜。由于山体滑坡、砂土地震液化等引起建筑物倾斜。

当建筑物超过允许倾斜值,且倾斜造成建筑物结构损伤,或明显影响建筑物使用功能,导致人们产生不安全感,且在技术条件和经济效益评价可行时,应考虑对建筑物进行纠倾处理。建筑物常用的纠倾技术可归纳为两大类:一种是迫降纠倾技术,包括基底冲砂、掏土、侧面成孔取土、抽水、堆载、卸载、拔桩加压、断桩下降等;另一种是顶升纠倾技术,包括整体托换顶升、局部基础抬升等。进行纠倾处理,有时要结合对结构与基础进行必需的加固处理。常见纠倾技术见表9-4。纠倾技术方案的设计难以用一种模式进行,它与建筑物特征、地质情况、周边环境等有关。因此,对具体工程应针对建筑物倾斜的原因,结合工程特征、工程地质情况,合理选择纠倾技术方案,做到经济合理、技术可靠、施工方便。

1. 建筑物纠倾技术一般要求

(1)基本过程

搜集有关资料,包括建筑物的设计和施工资料、地质、周围环境资料,建筑

表 9-4　常用的建筑物纠倾技术及分类

方法名称	基本原理	适用范围
降水纠倾法	利用地下水位降低出现水力坡降产生附加应力差异，对地基变形进行调整	不均匀沉降量较小，地基土具有较好渗透性而降水不影响邻近建筑物
堆卸载纠倾法	增加沉降小的一侧地基附力应力，加剧其变形，或减小沉降大的一侧地基附加应力，减小其变形	基底附加应力较小的小型建筑物的纠倾
加固纠倾法	通过对沉降大的一侧地基或基础的加固，减少该侧沉降，让沉降小的一侧继续下沉	沉降尚未稳定且倾斜率不大的建筑纠倾
浸水纠倾法	通过土体内成孔或成槽，在孔或槽内浸水，使地基土湿陷，迫使建筑物下沉	湿陷性黄土地基
掏土纠倾法	人工或机械方式局部取去基底或桩端下部土层，迫使土中附加应力局部增加，加剧土体侧向变形	塑性地基土层或具有砂垫层的基础
切断纠倾法	在沉降大的一侧对柱或桩进行限位切断迫降处理	桩基且采用掏土纠倾法无法实施时
整体结构顶升	通过结构墙体的托换梁进行抬升，在框架结构中设托换牛腿进行抬升；利用结构的基础作反力对上部结构进行托换抬升	各种地基土、标高过低而需整体抬升的或有特殊要求的建(构)筑物
压桩反力顶升	在基础中压足够的桩，利用桩竖向力作为反力将建筑物抬升	较小型的建筑物
高压注浆顶升	利用压力注浆庄地基土中产生的顶托力将建筑物顶托升高	较小型的建筑物和筏基

物的沉降、倾斜和裂缝观测资料等；分析建筑物倾斜原因、危害程度和发展趋势，对建筑物纠倾进行可行性分析与评估；对建筑物进行必要的检测鉴定，以确定建筑物的安全可靠性；选择合适的纠倾技术方案；编制详细的纠倾方案；组织纠倾施工；后期定期的监测，观测纠倾的效果和稳定性。

（2）具体内容

建筑物现有状态下结构计算分析；纠倾施工状态下结构计算分析；建筑物各控制点纠倾变量；建筑物纠倾观测监控；纠倾施工技术说明，包括纠倾的顺序措施；纠倾速率要求；纠倾完成后的结构修复。

（3）纠倾施工要点

纠倾施工要点，见表 9-5。

2. 迫降纠倾法

通过调整土体固有的应力状态，用人工或机械施工的方法使建筑物原来沉

表 9-5　纠倾施工要点

要点	具体内容
纠倾速率	控制纠倾速率目的是防止上部结构适应不了太快的回复变形,产生裂缝甚至破坏。纠倾速率的上限主要取决于建筑物抵抗变形的能力,即建筑物的整体刚度和结构构件的强度。一般可以控制在 4～10mm/d,对于刚度较好的建筑物可以适当提高,而对变形敏感的建筑物,可以定在 4mm/d 以下。此外,在纠倾初期速率可以较快,后期则应减慢。至于快慢的调整,应严格由监测结果控制
纠倾值	由于建筑物存在施工允许值偏差,因此,实际测量的各控制点倾斜值是不一致的,在纠倾施工中不大可能达到绝对纠平的目标,也无此必要,纠倾施工组织方案中,纠倾值应是各控制点经计算平衡后的一个控制值
纠倾预留及增量	在迫降纠倾中,纠倾到位时,建筑物仍会有一定量的纠倾,因此,在迫降纠倾中往往需考虑一定的纠倾预留值来防止可能出现的过量纠倾;与迫降纠倾相反,在顶升纠倾中,必须适当增加一定的纠倾量,来抵消顶升后的回缩
纠倾监测	常用的仪器为水准仪、经纬仪;采用的方法为垂球法、垂直仪等观测方法。当被纠建筑物整体刚度不足时,应在施工前先行加固,防止在施工过程中发生破坏。在施工中应根据监测结果进行动态管理,即根据反馈的信息调整方案或程序,控制纠倾速率,指导施工。在纠倾过程中,应重点监测建筑物沉降值变化及建筑物上部结构变形,防止在施工过程中对建筑物结构造成损伤或破坏。纠倾施工监测工作频率应根据不同纠倾方法和不同纠倾速率而定,纠倾速率增大时,频率相应增加。对于迫降纠倾,每天应进行两次沉降观测,其他监测可每 2～3d 一次;对于顶升法纠倾,则应进行连续的监测。在纠倾完成后,应定期监测建筑物沉降;判定纠倾效果,确定是否需加固补强。如有变化,应采取补救措施
安全技术措施	针对每种纠倾方法应详细考虑纠倾施工过程中可能出现的各种不利情况以及危险,做好预防措施。例如,在迫降纠倾中应防止纠倾过程中的过量,应设置限位装置,预先考虑回填材料和支承方法

降较小侧的地基土局部掏除或增加土体应力,迫使土体产生新的竖向变形或侧向变形,使建筑物在一定时间内侧沉降加剧,从而纠正建筑物倾斜。这种纠倾方法称为迫降纠倾法。

（1）降水纠倾法

通过强制降低建筑物沉降较小一侧的地下水位,迫使土中孔隙减少,从而增加土中的有效应力,使地基土产生同时沉降,从而达到纠倾。在建筑物沉降较小的外侧,设置多个沉井或降水井管,采用机械抽水来降低水位,或采用挖沟排水降低水位。降水纠倾方法施工简便,安全可靠,费用较低,但纠倾速率较慢,施工期长。单一使用降水纠倾方法效果有限,一般情况下经常与其他方法一起使用。

（2）堆卸载纠倾法

在建筑物沉降较小的一侧采用堆载加压或在沉降较大的一侧采用卸载减压方法，从而增加沉降较小一侧沉降，或减少沉降较大一侧沉降，达到纠倾目的。该方法适用于淤泥、淤泥质土及松散填土等软弱土地基，其纠倾速率慢，周期长。

（3）掏土纠倾法

掏土纠倾法是迫降纠倾技术中最常用的一种方法，根据基础底部土层不同，有时可分为掏土和掏砂两种方法，相对于掏土，当基底有一定层厚的砂层时，采用压力水冲砂方法将更为简便实用。掏土纠倾法的原理是在倾斜建筑物沉降量较小的一侧，采用机械或人工方法将基底下土层掏出一定数量后造成基底下土体部分应力集中，导致土体产生侧向变形，从而使建筑物调整沉降差异，达到纠倾目的。掏土纠倾时，根据掏土位置可分为浅层掏土和深层掏土，浅层掏土一般在基底面进行，它适用于匀质黏性土层和砂质土层上，结构完好、具有较大整体刚度的建筑物，一般为钢筋混凝土条形基础、片筏基础和箱形基础。深层掏土主要指在沉降较小侧基础外采用钻孔取土和沉井掏土，由于深层掏土影响范围限制，该方法主要适用于淤泥、淤泥质土等软土地基。掏土纠倾法施工安全可靠，工程费用较低，工期较短，适用范围较广。

（4）切断纠倾法

由于桩基质量原因，导致建筑物产生不均匀沉降，发生整体倾斜，在这种情况采用一般的迫降纠倾技术无法达到理想效果。与顶升纠倾技术原理相类似，通过托换体系，将主体结构与基础进行切断后，对沉降较小的支承点进行定量下降，调整建筑物沉降差，达到纠倾目的。该方法适用于桩基，其施工技术要求较高，需加强安全技术措施。

（5）加固纠倾法施工

在建筑物沉降大的一侧，用桩基将基础进行锚固，制止其继续沉降，随着沉降较小一侧继续沉降达到自身平衡，达到纠倾目的。该方法所需时间较长，往往与掏土纠倾法相结合，即在沉降较小侧采用掏土方法来加快沉降。

（6）浸水纠倾法

浸水纠倾法适用于有一定厚度的湿陷性黄土的地基。其主要原理是利用湿陷性黄土的特性，在含水率较小、相对湿陷系数大的条件下，通过在沉降较小一侧开槽、成孔，有控制地注水，使土产生湿陷变形，从而调整倾斜，达到纠倾目的。浸水纠倾前,应根据主要受力土层的含水率、饱和度以及建筑物纠倾值计算所需的注水量,必要时应进行现场注水试验。确定浸水影响半径、注水量与渗透速度的关系。

二、建筑物移位技术

1. 基础内容

建筑移位是通过托换技术将建筑物沿某一确定标高进行分离,而后设置能支承建筑物的上下轨道梁及滚动装置,通过外加的牵拉力或顶推力将建筑物沿规定的路线搬移到预先设置好的新基础上,连接结构与基础,即完成建筑物的搬移。

(1)移位的适用范围及分类

移位技术,适用于各类在城市规划及工程建设中需要搬迁的具有可托换及一定整体性的多层及多层以下一般工业与民用建筑,也可适用于构筑物。实施平移应以不破坏建筑物整体结构和建筑功能条件为原则。根据移位的路线及方位,建筑物整体移位可分为整体直线平移、整体斜线平移、整体折线平移和水平原地转动平移,实际施工时可以采用以上一种或几种组合的方式,平移距离可根据需要确定。

(2)建筑物移位可行性分析

在整体移位可行性分析中,主要以安全可靠、经济合理作为是否可行的衡量标准,平移之关键在于建筑物本身结构的整体性及平移路线。结构的整体性是整体移位的必要条件,因此确定移位的可行性,应先对结构自身进行全面检测、分析和计算。当需要对建筑物进行维护且费用过大或者结构无法通过维护满足整体性要求时,平移方案就不可行。

行走机构、外加动力、基础处理要求与建筑物自重有关,如建筑物自重过大,引起行走机构变形,则整体平移无法进行。随着建筑物自重的增加,对行走轨道基础承载力的要求随之提高,则地基处理费用相应增加。平移的费用与平移路线和距离成正比,平移过程中如存在换向或旋转,则需增加一定的费用。除特殊情况外,当建筑物的整体平移费用超过该建筑物拆除重建所需工程造价的80%时,对其实施平移将失去意义,其平移的可能性也不大。

(3)稳定性分析

在外力作用下,建筑物开始移动,在实际施工中,一般采用机械手摇千斤顶或电动油压千斤顶两种方式提供推力。当采用机械手摇千斤顶提供外加动力，由于千斤顶空载时的速率约为 0.2mm/s，重载时的速率为空载时的 1/3。实际施工时，由于人为因素导致推力的不连续性，顶推点无法保持同步，推进时似撬杆作用，建筑物移动速度缓慢，位移不明显。当采用电动油压千斤顶时，顶推力是连续的、均匀的，因此平移速度可达到 150mm/ms。顶推时建筑可明显看清位移，但人员在建筑物内无明显感觉。

建筑物平移中，结构在推力和摩擦力作用下，处于变速运动状态。相应地，结构内部件也将由于运动而产生额外的内力（即平移内力）。平移内力是任何一个建筑物在原设计时都不可能考虑到的。因此，必须对平移中的建筑物进行受力分析，以确定平移过程不会危及建筑物的稳定性。为确保结构的安全，平移速度当然是越慢越好。但对施工效率而言，平移速度却是越快越好。如何确定平移速度也是目前建筑物平移中的一个难题。通过对结构进行动力分析可以为建筑物平移提供一个合理的速度。

（4）风险评估

1）建筑物移位应首先进行综合技术经济分析和可靠性论证，按国家现行有关规范和标准进行检测、核算和鉴定。经综合评定适宜移位后，方可进行整体移位设计。建筑物移位设计应符合国家现行设计规范和标准，在进行整体移位设计前应预先确定如下参数：移位的路线和距离；基础加固处理方案；托换梁（上轨道梁）的计算方法。在砖混结构中可根据实际情况适当考虑墙梁，下轨道梁形式。下轨道可采用装配式钢构件、现浇钢筋混凝土结构或砌体结构，基础可按墙下条形基础设计。

2）对于临时受力构件如整体平移线路上台阶的基础设计，其设计安全系数可适当降低，即其承载力设计值可考虑相应的折减系数，一般可取 0.8。对于反复受力构件，如上轨道梁及推力支座，由于循环反复受力，其安全系数可适当提高并加强构造措施。

3）整体移位后，若出现新旧基础的交错，则应考虑新旧基础间的地基变形差异，分别计算既有建筑物基础残余沉降值和新基础部分沉降值。设计时根据实际情况可适当考虑既有建筑物地基承载力的提高，必要时应对基础作加固处理。整体移位后，建筑物位于地震区，则应按抗震鉴定标准进行鉴定，不满足时应进行抗震加固处理。整体移位结构计算简图必须与实际结构相符合，应有明确的传力路线,合理的计算方法和可靠的构造措施。

4)整体移位时,应尽量保持建筑物原受力特征,使受力符合移位设计的要求,防止建筑物出现过大的变形和产生过大的附加应力。整体移位后,建筑物应有可靠的连接。

采用建筑结构三维动力分析程序对平移工程中的建筑物进行动力时程分析。假定地基为一刚体(即认为地基是不变形的),建筑物上部结构作为一个整体通过滚轴在轨道梁(即地基)上滚动或滑动。通过实际施工经验发现,当采用油压千斤顶进行平移时,建筑物的移动是按均匀加速度进行的。前 30s 为加速过程,后 30s 为减速过程,当每分钟移动 150mm 时,加速度为 $0.17mm/s^2$。加速反应谱长度为千斤顶一个回程,即 60s。若原建筑物按 7 度抗震设防,相应地把平移的加速度放大到 $350mm/s^2$,进行时程分析,得到各楼层剪力。实际平移时的楼层剪力可按实际平移时的加速度值进行折减得到。实际平移加速度远小于地震时的加速度,仅达到 0.5%,因此楼层剪力也是极微小的。这也就是施工中人员在建筑物内无明显感觉的原因。建筑物平移可用的最大平移加速度,应保证各楼层剪力均小于原设计的地震剪力。

2. 既有建筑移位

(1)既有建筑移位设计时应具备的条件

1)场地地质状况,包括平移路线及就位场地的工程地质资料。

2)原有建筑物的设计图纸,施工内业资料、施工期及使用期的有关观测资料。

3)建筑的使用情况调查,包括建筑物的结构、构造、受力特性及现场实地勘察情况及必要的检测与鉴定,建筑物移位方案及可靠性论证和分析。

(2)移位的基本步骤

建筑物移位与大型设备(如重物)的水平搬运相似,建筑物整体水平移位差,体形大,且建筑物平面复杂,与基础之间有可靠的连接。基本步骤为:

1)将建筑物在某一水平面切断,使其与基础分离,变成一个可搬动的"重物"。

2)在建筑物切断处设置托换梁,形成一个可移动托架,其托换梁同时作为上轨道梁。

3)既有建筑物基础及新设行走基础作下轨道梁,对原基础进行承载力验算复核,如承载力不满足要求,需经加固后方可作下轨道梁。

4）在就位处设置新基础；在上下轨道梁间安置行走机构。

5）施加顶推力或牵拉力将建筑物平移至新基础处。

6）拆除行走机构，将建筑物上部结构与新基础进行可靠连接，修复验收。

（3）迁移力的估算

迁移力主要指顶推力或牵拉力，即克服各种摩擦阻力，其大小与建筑物荷重、行走机构材料等有关。

外加动力是指对建筑物平移时所施加的外力，它一般可分解成若干个平移分力，其总和等于或大于平移需要的动力。其力作用点应尽可能降低，以利移动。通常情况下，根据作用力作用的位置不同，外加动力分为顶推力和牵拉力两种。顶推力作用于建筑物平移方向后端，其优点是比较稳定，平移偏位易调整。其缺点是作用点偏高，平移时，建筑物移动一定距离后反力支座需重新安装，给施工带来一定困难。实际平移过程中，由于传力装置——垫箱之间存在间隙，随着平移距离的增加，平移效率将降低，同时，垫箱稳定性能随之降低，需采取一定的加固措施。因此，一般平移 10~20m 后，应重新安装反力支座。顶推力一般由油压式千斤顶或机械式千斤顶提供。

牵拉力作用在建筑物前方，在远距离单向平移中，只要设置一个反力装置即可实现平移，千斤顶及反力装置无需反复移动，其动力可由油压千斤顶提供。牵拉力传力由拉杆或拉绳提供，其作用点较低，可施加在上轨道板上。建筑物平移常采用滚动平移行走，滑动平移稳定性好，但摩阻力大，需要提供较大的动力，移动速度缓慢，需一种高强度、高硬度、摩擦系数小的材料。滚动的优点是摩擦系数小，需提供的移动动力小，移动速度快。其缺点是稳定性差，易产生平移偏位。建筑物平移常采用滚动平移行走机构设计，机构本身应具有足够强度及适宜的刚度，也即滚轴及轨道板具有足够的强度和硬度，平移轨道具有足够的承载能力，加上合理的外加动力布置、施工过程完善的测量措施，从而建筑物平移过程中的安全性和稳定性是完全可以得到保证的。

（4）迁移的主要设备

1）轨道：轨道板的作用在于扩散滚轴压力和减少滚轴摩擦，轨道板一般通长布置，建筑物平移中荷重较大，轨道板均采用钢结构。通常布置的轨道板其接缝处应保持平整，并有一定的连接处理，以形成一个整体。轨道板根据位于滚轴上下的位置分为上轨道板与下轨道板。轨道宽度等于墙体厚度。

上轨道板可选型钢,如槽钢、工字钢、H型钢,组合钢轨或者普通钢板,通常情况下,为了安装方便,多数采用钢板,其轨道板宽同上部托换梁宽,其板厚一般在10~20mm之间,具体板厚应根据建筑物荷重及现场加工能力确定,当板厚大于20mm时,由于切割加工的困难,可采用多层钢板叠合使用或采用其他高强度钢板代换。钢筋板厚10~20mm的钢板,宜在钢厂剪切成型,以保证其尺寸及平整度准确。在现场加工时,应采取预防措施,防止切割变形。下轨道板当不需要提供动力支座时可采用钢板,其要求同上轨道板。当外加动力支座由下轨道板提供时,应采用组合式型钢结构。组合式型钢可提供一个活动的动力支座,给顶推平移提供帮助,提高工效。这一点在远距离平移中具有明显优势,另外,组合式型钢刚度较大,能调整地基局部沉降差。组合式型钢下轨道板设计通常采用槽钢,根据具体情况确定其断面尺寸、材料及形式。

2)拉杆或拉绳:拉杆或拉绳受力后变形较大,因此,应尽量采用应变值一致的拉杆或拉绳,同时对于单台千斤顶牵拉多根拉杆或拉绳时,对其应变值有更高的要求,以防止拉杆或拉绳受力不均。一般应优先采用弹性模量较大的牵拉材料。根据牵引力,可选择钢筋、钢丝绳、钢绞线。采用牵拉方式平移时,其动力施加一般采用预应力张拉设备。

3)滚轴:建筑物平移,一般情况下重量较大的建筑物常优先采用圆钢作为滚轴材料。荷重相对小的建筑物,滚轴可采用高压钢管,但必须进行室内抗压试验,以确定其承压能力及变形值是否满足要求,如不满足要求,则应采用在钢管内灌细石混凝土的措施,混凝土需掺适量膨胀剂,混凝土强度不低于C30,并在两端进行封口处理。采用钢管混凝土滚轴不适用于远距离平移工程,因为在远距离的平移中,钢管中的混凝土经反复碾压后易产生破坏,且两端由于反复敲打将产生变形。

1)滚轴的长度。滚轴的长度一般比轨道宽150~200mm,这样当出现偏位时,滚轴可通过斜放来调整,同时外露一定长度以便人工用锤敲击滚轴端头,对滚轴进行矫正。

2)滚轴直径。滚轴直径与外加动力有关。随着直径增大,外加动力将减小,但由于直径增大以后,成本费用将增加,因此,直径与重量成平方关系,且滚轴直径过大,其平移时稳定性不易控制,因此,建议钢管滚轴直径为100~150mm;圆钢滚轴直径为50~150mm。

3）钢滚轴允许荷载值。荷载过大，钢滚轴将产生变形，从而引起外加动力急剧增大，因此，对钢滚轴上的荷载应加以限制。当钢滚轴行走在钢轨道上时，以W=（53~42）D 取值。

4）钢滚轴间距。钢滚轴的数量决定了其间距大小。

5）滚轴最小间距。钢滚轴应有最小间距限制，以利滚动正常，避免滚轴相互卡住。一般情况下，应控制其最小间距 5mm 内。

第四节　托换技术

建筑物的基础托换技术主要是基础托换，应属基础工程，但往往处理时涉及地基和岩土问题。如城市修建地铁往往穿过既有建筑和线路时，需切断既有建筑的基础，尤其是桩基，此时，如何保护既有建筑物的安全和稳定，并顺利进行下部工程施工，托换技术比较关键。

托——托住上部建筑物和结构；换——换成新的基础，以达到转移应力。

托换技术分为基础加宽技术，墩式、桩式、地基处理和综合措施，一般综合措施用得比较多。

坑式静压桩托换法适用于基础及地基需要加固补强的下列建筑物：地基浸水湿陷，需要阻止不均匀沉降和墙体裂缝发展的多层或单层建筑；部分墙体出现裂缝或严重裂缝，但主体结构的整体性完好，基础地基经采取补强措施后，仍可继续安全使用的多层和单层建筑。地基土的承载力或变形不能满足使用要求的建筑，其坑式静压桩的桩位布置，应符合下列要求：纵、横墙基础交接处；承重墙基础的中间；独立基础的中心或四角；地基受水浸湿可能性大或较大的承重部位；尽量避开门窗洞口等薄弱部位。坑式静压桩宜采用预制钢筋混凝土方桩或钢管桩。方桩边长宜为 150~200mm，混凝土的强度等级不宜低于 C20；钢管桩直径宜为 59mm，壁厚不得小于 6mm。坑式静压桩的人工深度自基础底面标高算起，桩尖应穿透湿陷性黄土层，并应支承在压缩性低（或较低）的非湿陷性黄土（或砂、石）层中，桩尖插入非湿陷性黄土中的深度不宜小于 0.30m。托换管安放结束后，应按下列要求对压桩完毕的托换坑内及时进行回填。托换坑底面以上至桩顶面（即托换管底面）0.20m 以下，桩的周围可用灰土分层回填夯实；基础底面以下至灰土层顶面,桩及托换管的周围宜用 C20 混凝土浇筑密实,使其与原基础连成整体。坑式静压桩的质量检验,应按下列要求:制桩前或制桩期间,必须分别抽样检测水泥、钢材和混凝土试块的安定性、抗拉或抗压强度,检验结果必须符合设计,检查压桩施工记录,并作为验收的原始依据。

对既有建筑物进行纠倾设计,应根据建筑物倾斜的程度、原因、上部结构、基础类型、整体刚度、荷载特征、土质情况、施工条件和周围环境等因素综合分析。纠倾方案应安全可靠、经济合理。在既有建筑物地基的压缩层内,当土的湿陷性较大、平均含水率小于液限含水率时,宜采用浸水法或横向掏土法进行纠倾,纠倾施工前,应在现场进行渗水试验,测定土的渗透速度、渗透半径、渗水量等参数,确定土的渗透系数;浸水法的注水孔(槽)至邻近建筑物的距离不宜小于20m,根据拟纠倾建筑物的基础类型和地基土湿陷性的大小,预留浸水滞后的预估沉降量。在既有建筑物地基的压缩层内,当土的平均含水率大于塑限含水率时,宜采用竖向掏土法或加压法纠倾。当上部结构的自重较小或局部变形大,且需要使既有建筑物恢复到正常或接近正常位置时,宜采用顶升法纠倾。当既有建筑物的倾斜较大,采用上述一种纠倾方法不易达到设计要求时,可将上述几种纠倾方法结合使用。距离拟纠倾建筑物 20m 内,有建筑物或有地下构筑物和管道,靠近边坡地段,靠近滑坡地段,上述情形不得采用浸水法纠倾。在纠倾过程中,必须进行现场监测工作,并应根据监测信息采取相应的安全措施,确保工程质量和施工安全。为防止建筑物再次发生倾斜,经分析认为确有必要时,纠倾施工结束后,应对建筑物地基进行加固,并应继续进行沉降观测,连续观测时间不应少于半年。

参考文献

[1] 滕延京.建筑地基基础工程施工技术指南[M].中国建筑工业出版社,2005.

[2] 北京土木建筑学会.地基与基础工程施工技术图解[M].冶金工业出版社,2008.

[3] 山西建筑工程总公司.地基与基础工程施工工艺标准[M].

[4] 北京土木建筑学会.地基与基础工程施工技术速学宝典[M].华中科技大学出版社,2011.

[5] 周毅.地基工程施工中常见的质量事故及原因[J].科技传播,2012(11):79-80.

[6] 陈建昌.关于高层建筑地基工程施工的探析[J].建筑工程技术与设计,2016(12).

[7] 汤学聪.浅谈地基工程施工技术问题[J].城市建设理论研究(电子版),2012(4).

[8] 付笑宇.当代房屋建筑结构地基基础工程施工控制技术[J].建材与装饰,2019(12).

[9] 张佳佳.房屋建设中地基工程施工技术的探析[J].建材发展导向,2013(3):122-123.

[10] 张玉延.浅谈地基工程施工技术[J].中国房地产业:理论版,2013(3):105-105.

[11] 牛志荣.地基处理技术及工程应用[M].中国建材工业出版社,2004.

[12] 朱博鸿.房屋建筑地基处理与加固[M].西安交通大学出版社,2003.

[13] 于文.地基处理实用技术[M].中国铁道出版社,2005.

[14] 张永涛.浅谈房屋建筑施工工程中的地基处理技术[J].科技与企业,2014(2):202-202.

[15] 张立恩.软土地基处理技术在房屋建筑工程中的应用[J].科技创新导报,2010(06):52.

[16] 罗辉.房屋建筑施工工程中的地基处理技术探讨[J].中华民居,2013(33).

[17] 邓首兵.房屋建筑施工中地基处理技术的应用解析[J].建材与装饰,2018,No.519(10):52.

[18] 郭高升.高层建筑基础施工及地基处理技术现状及发展趋势[J].环球市场,2016(31):177-177.

[19] 肖伊静.房屋建筑施工中的地基处理技术分析[J].科技创新与应用,2014(25):257-258.

[20] 李宇男.房屋建筑施工中地基处理技术的应用研究[J].江西建材,2015(09):110-117.